U0317167

硫化矿自燃预测预报理论与技术

Prediction and Forecast of Spontaneous Combustion of Sulfide Minerals — Theory and Technology

阳富强　吴　超　著

北　京

冶 金 工 业 出 版 社

2011

内 容 提 要

本书在阐述硫化矿自然发火本质特征的基础上,以预测预报金属矿山硫化矿自燃火灾为出发点,详细介绍了硫化矿常温氧化的行为及影响因素、自然发火机理、自燃倾向性测试技术、自燃预测数学模型、数值模拟技术、自燃危险性评价方法、自燃火灾的非接触式检测技术等方面的最新研究成果。

本书可供有关矿山设计、研究、开发和管理的科研人员、工程技术人员和现场施工管理人员等参阅,也可供高校采矿工程和安全工程等专业的研究生参考学习。

图书在版编目(CIP)数据

硫化矿自燃预测预报理论与技术/阳富强,吴超著. —北京:冶金工业出版社,2011.12
ISBN 978-7-5024-5777-8

Ⅰ.①硫… Ⅱ.①阳… ②吴… Ⅲ.①硫化矿物—自燃—预测 ②硫化矿物—自燃—预报 Ⅳ.①P578.2

中国版本图书馆 CIP 数据核字(2011)第 231367 号

出 版 人 曹胜利
地　　址 北京北河沿大街嵩祝院北巷 39 号,邮编 100009
电　　话 (010)64027926 电子信箱 yjcbs@ cnmip. com. cn
责任编辑 马文欢 美术编辑 李 新 版式设计 孙跃红
责任校对 王永欣 责任印制 李玉山
ISBN 978-7-5024-5777-8
北京兴华印刷厂印刷;冶金工业出版社发行;各地新华书店经销
2011 年 12 月第 1 版,2011 年 12 月第 1 次印刷
787mm×1092mm 1/16;14 印张;333 千字;202 页
43. 00 元
冶金工业出版社投稿电话:(010)64027932 投稿信箱:tougao@cnmip. com. cn
冶金工业出版社发行部 电话:(010)64044283 传真:(010)64027893
冶金书店 地址:北京东四西大街46号(100010) 电话:(010)65289081(兼传真)
(本书如有印装质量问题,本社发行部负责退换)

前　言

　　硫化矿自然发火是金属矿山和化工矿山开采过程中可能遇到的重大灾害之一，火灾的发生将引发一系列的安全与环境问题，并且造成矿物资源的巨大浪费。硫化矿石被崩落以后，其比表面积骤然增大，矿石与潮湿空气发生氧化反应而放出热量；若反应生成的热量大于其向周围环境散发的热量，矿石温度将不断上升，直到达到自燃点，从而导致自燃火灾。随着全球矿产资源日益贫乏，矿山开采的深度必将加大，深部开采的高温问题又将加剧高硫矿山自燃火灾事故的高发。因此，开展硫化矿自燃预测预报技术研究，是有关新建矿山和延深矿山实现有效安全开采的重要工作，其研究结果可以使矿山达到避免盲目设计、节省投资、保障矿井安全生产、减少国家资源损失的目的。

　　作者在系统检索及深入分析前人已取得研究成果的基础上，采取理论分析与实践应用相结合的研究手段，在硫化矿石的常温氧化行为、自然发火机理、自燃倾向性测试技术、自燃预测的数学模型、数值模拟、非接触式检测技术等方面做了数年的深入研究工作。本书是在完成上述研究工作的基础上写成的。全书主要内容如下：

　　（1）借助著名数据库，统计分析了国内外有关矿山自燃火灾研究的文献共计300余篇。阐述了现有解释硫化矿石自然发火的各种理论，包括物理吸附氧机理、化学热力学机理、电化学机理以及微生物氧化机理。综述了硫化矿石自燃倾向性测试技术的研究成果，着重评述了硫化矿石自燃倾向性测试的吸氧速度法、传统的交叉点温度法、动态自热率测试法、绝热氧化法、金属网篮交叉点法、综合指标测试法、程序升温氧化法等，并将各种测试方法加以分类。

　　（2）从典型金属矿山采集了多个具有代表性的硫化矿石矿样，在实验室环境中模拟了各个矿样的常温氧化反应过程。综合运用X射线衍射（XRD）、电镜扫描（SEM）、能谱分析（EDAX）、傅里叶变换红外光谱（FTIR）等先进测试技术获得矿样的特征图谱，并对每一个矿样在发生氧化作用前后，宏观与微观特征的差异进行了分析。测得各个矿样在经历不同反应时间后，其氧化增重率及内部水溶性铁离子、硫酸根离子等含量的变化。系统分析了影响硫化矿石常温氧化行为的矿物晶体结构、化学成分、痕量元素的含量、环境温度、铁离子含量、氧气浓度、空气湿度、矿样的粒度分布、环境的 pH 值、微生物以及地质条件等诸多因素。

（3）提出了一种新的解释硫化矿石自燃的机械活化理论，认为矿山开采中施加于矿体上的各种机械力使得硫化矿石经历了机械活化作用，相应的化学反应活性得到提高，在一定的环境条件下容易发生氧化自热，最终引发自燃火灾。表征了硫化矿石在经历不同机械活化时间后，各种矿样的表观形貌、微观结构、粒度分布、比表面积、热行为等物理化学性质的差异。结果发现，硫化矿石在经历机械活化作用以后，粒度变小、比表面积增大、出现团聚效应、产生晶格畸变与晶格缺陷，且初始放热点及最大反应速率所对应的温度均有所下降；暴露在自然环境中，经历机械活化后的矿样更容易发生氧化作用。

（4）提出了硫化矿石自燃倾向性测试的氧化动力学研究方法，自行组装了一套实验系统。基于金属网篮交叉点温度法，测试了不同类型矿样的氧化自热性质，并得到相应的氧化动力学参数。运用 TG-DSC 联合法测试了多个硫化矿石矿样的热行为，获得不同升温速率下的 TG-DTG-DSC 曲线，并找出相应的特征温度值，基于 Ozawa-Flynn-Wall 方法求得相应区间内的表观活化能值。提出运用 TG-DSC 联合法测试硫化矿石的自燃倾向性，并以获得的反应动力学参数（活化能）作为划分矿石自燃倾向性的鉴定指标。在获得多个样本的活化能值以后，新建立了硫化矿石自燃倾向性的鉴定标准，将硫化矿石的自燃倾向性等级划分为三大类，并规范了矿样的具体测试程序。

（5）将采场硫化矿石爆堆视为多孔介质，基于传热传质学理论、达西定律、质量守恒定律、能量守恒方程等，建立了描述硫化矿石自然发火的数学模型，包括矿堆内部的风流场、氧气浓度场、温度场。基于电化学与传热学理论，推算出硫化矿石自然发火期的数学模型，并予以修正。提出了矿仓硫精矿自燃临界堆积厚度的概念，基于 Frank-Kamenetskii 自燃模型解算出高硫精矿与硫铁精矿在不同环境中的自燃临界堆积厚度。综合考虑了影响硫化矿石爆堆自燃的各种因素，将未确知测度理论应用于矿石爆堆的自燃危险性评价中，该方法解决了硫化矿石爆堆自燃危险性评价中诸多因素的不确定性问题，并能进行定量分析。

（6）采用室内测试与理论分析相结合的研究方法确定了硫化矿石自燃数学模型中的重要参数，包括矿石的放热强度、导热系数、耗氧速率、矿石堆的孔隙率、渗透系数等。运用 ANSYS 与 FLUENT 等数值分析软件对硫化矿自然发火的数学模型进行解算，揭示出不同矿样的动态自热规律、采场硫化矿石爆堆（硫精矿堆）在某个时刻的风流场、氧气浓度场、二氧化硫浓度场，以及温度场的分布规律，可以指导有自燃倾向性的硫化矿矿山的现场防灭火工作。

（7）运用 Raytek 红外测温仪与 Center 接触式测温表同时测定了三种不同类型矿样（粉状、小块、大块）的表面温度；找出了红外测温仪在不同感温距离、不同感温角度、不同环境条件、不同类型矿堆等参数条件下，感温读数与矿堆实际温度之间的变化规律；揭示了硫化矿堆自燃非接触式检测中各种测量误差的产生机理。开展了实验仪器配套装置的改进研究，并应用于典型金属矿山自燃火灾的检测中，验证了所选仪器的适用性。

作者在开展本项目研究和撰写本书过程中得到了许多人的帮助，在此首先要特别感谢中南大学安全与环保研究所的有关老师和研究生，感谢李孜军副教授、胡汉华教授等的关心与指导，感谢毛丹硕士、汪发松硕士、郗军芳硕士等参与了部分实验工作。书中引用了大量国内外有关矿山自燃研究的专业文献，谨此向所有参考文献的作者们表示感谢！本书的部分研究背景源于国内冬瓜山铜矿、银家沟硫铁矿等矿山，感谢这些单位及相关工作人员的大力支持。最后，还要感谢国家科技支撑计划课题资助（2006BAK04B03）、国家自然科学基金项目资助（51074181）、教育部博士生学术新人奖专项资助（1343-71134001011）、中南大学优秀博士学位论文扶植项目资助（2009yb047）等为本项目的研究和本书的出版提供的经费支持。

由于作者水平所限，书中的某些内容与观点还有待进一步研究和完善，不足之处在所难免，敬请各位读者批评指正！

作　者

2011 年 10 月

Foreword

Spontaneous combustion of sulfide minerals is one of the most serious disasters in the mining of metal and chemical mines. Once a fire is initiated in stored sulfide ores or concentrates, the disaster will lead to a series of environmental and safety problems, and losing large quantities of mineral resources. When sulfide ore deposit exploited and exposed to air for a period of time, sulfide minerals will begin chemisorbing oxygen and oxidizing, releasing lots of heat. If the rate of heat generation in sulfide mineral stockpiles exceeds that of heat removal from the boundaries, the heat accumulates and their temperature rises gradually, and the oxidizing reaction will accelerate, up to the auto-ignition point. With the mineral resources becoming poorer over the world, the mining depth will be increased. The high environmental temperature in deep mines will aggravate spontaneous combustion of sulfide ores. Therefore, predicting and forecasting spontaneous combustion of sulfide minerals are the prerequisits for new mines to avoid blind design, save investment, keep safe mining, and reduce resource loss.

By referring to and analyzing many former research fruits about spontaneous combustion hazard in mines, a lot of study work has been made by combining theoretical analysis with practical application, aiming at the oxidation behavior of sulfide ores under ambient environment, the mechanism of spontaneous combustion, the test method and standard for evaluating spontaneous combustion tendency of sulfide minerals, mathematical models and simulations, non-contact measuring of temperature in metal mines. The main study contents and conclusions of the book are as follows:

(1) Based on several famous databases over the world, about 300 papers toward spontaneous combustion in mines were consulted and analyzed. The current mechanisms on spontaneous combustion of sulfide minerals were discussed systematically, including the physical oxygen adsorption theory, chemical thermodynamics mechanism, electrochemistry mechanism, and bio-oxidation theory. Also, the test methods for spontaneous combustion tendency appraisal of sulfide minerals were set forth, including oxygen-adsorption velocity test, traditional crossing-point temperature test,

adiabatic oxidation test, comprehensive test, new wire-mesh basket method, temperature programmed oxidation method, etc. ; these methods were classified by their intrinsic characteristics.

(2) Several representative sulfide ore samples were obtained from typical metal mines. The oxidation process of each sample at ambient temperature was simulated in the laboratory. The colors, agglomeration properties, microstructures, chemical compositions, and mineralogical analysis of each sample before and after the oxidation were compared by scanning electron microscope (SEM), Energy Dispersive Spectrometry (EDAX), X-ray diffraction analysis (XRD), and Fourier Transform Infrared Spectroscopy (FTIR). The weight increment rate of each sample and the contents of water soluble iron and sulfate ions at different time were also measured. Furthermore, the main factors affecting the oxidation of sulfide ores were identified, including the crystal structure, chemical compositions, trace metal content, environmental temperature, oxygen concentration, air moisture, particle size, environmental pH value, ferric iron ion, bacteria, geological conditions, etc.

(3) A new theory of mechanical activation for explaining spontaneous combustion of sulfide minerals was put forward, in which the chemical reaction activation of sulfide ores was considered to be heightened by all kinds of mechanical forces during the mining. The apparent appearances, microstructures, particle sizes, specific surface areas, and heat behaviors of activated samples were characterized by advanced apparatuses. It is found that sulfide ores after mechanical activation show many evident changes with decreased particle sizes, increased specific surface areas, agglomeration phenomenon, defect and deformation of lattice structure, and lower temperatures for the initial heat release and self-ignition points. At ambient environment, the activated samples are more susceptible to being oxidized.

(4) The oxidation kinetics test method for spontaneous combustion tendency of sulfide minerals was advanced. Based on the new wire-mesh basket crossing-point temperature (CPT) method, an experimental system was assembled to gain oxidation and self-heating properties of three different sulfide minerals, and corresponding oxidation kinetics parameters were calculated. The combination of thermogravimetry (TG) with differential scanning calorimeter (DSC) was applied to test sulfide ores, and the TG-DTG-DSC curves for each sample at different heating rates were gained. By the peak temperatures on DTG curves, the whole reaction process of each

sample was divided into different stages, and the corresponding apparent activation energies were calculated using the Ozawa-Flynn-Wall method. Furthermore, activation energy value was considered to be used as the index for evaluating spontaneous combustion tendency. A new appraisal system for assessing spontaneous combustion tendency of sulfide minerals was built, and the concrete test procedure was also regulated.

(5) Sulfide ore stockpile in stope was seen as porous media, and the mathematical models for describing the dynamic process of spontaneous combustion of sulfide minerals were deduced by the theories of heat and mass transfer theory, Darcy Law, conservation of mass and energy laws, etc. Also, the mathematical formulas for calculating spontaneous combustion period of sulfide minerals were improved. The concept of critical accumulative thickness for spontaneous combustion of sulfide concentrates in storage was put forward; the corresponding critical values for each sample under different environmental temperatures were gained by Frank-Kamenetskii model of spontaneous combustion. Furthermore, considering the main factors that influence spontaneous combustion of sulfide ores in stope, the uncertainty measurement theory was applied to evaluate the spontaneous combustion hazard, which can solve the uncertainty problems in spontaneous combustion assessment of sulfide ores and can analyze the problems quantitatively.

(6) The combination of experimental test and theoretical analysis was used to obtain several important parameters in the mathematical models of spontaneous combustion, including the heat release intensity, heat conductivity coefficient, oxygen consumption rate, porosity of ore piles, osmosis coefficient, etc. Combining with the locale boundary and initial conditions in stope, FLUENT and ANSYS softwares were applied to simulate the air flow field, SO_2 and O_2 concentration fields, and dynamic temperature fields of typical metal mines that had serious spontaneous combustion phenomenon, and the simulation results were used to direct the fire control work effectively.

(7) The surface temperatures of diverse sulfide minerals samples were measured simultaneously by Raytek infrared thermometer and Center tangent thermometer. The relationship between the sensing data of the infrared thermometer and the actual surface temperature with various measuring distances, measuring angles, mineral types, and environmental conditions were investigated. Also, how the measuring errors come

in bad conditions during practical applications were analyzed systematically. The improved instruments adopted in the laboratory were utilized to measure the temperature of sulfide ores and concentrates on locale, and had good effects.

The research work in this book has been supported financially by several important projects, such as the National Science and Technology Pillar Program during the 11th Five-Year Plan Period of China (2006BAK04B03), the National Natural Science Foundation of China (51074181), and the Scholarship Award for Excellent Doctoral Student Granted by Ministry of Education of China (1343-71134001011), etc. The authors greatly appreciated much help of the other relevant researchers of the project group and would like to acknowledge Associate Professor Li Zi-jun, Professor Hu Han-hua, and graduate students Mao Dan, Wang Fa-song and Qie Jun-fang for a part of experimental work. At the same time, lots of references on spontaneous combustion in mines are cited in this book, so the authors would like to acknowledge all the references' authors. Moreover, the authors would like to acknowledge some workers in Anhui Tongling Dongguashan Copper Mine and Henan Lingbao Yinjiagou Iron Sulfide Mine for their support in the locale work.

Since some contents and viewpoints maybe need to be furtherly studied and complemented, corrections and suggestions are warmly welcomed.

The Authors

October 2011

目　　录

Catalogue

1 绪 论

1.1 引言

　　硫化矿物系指硫的金属矿物，如黄铁矿、黄铜矿、方铅矿、闪锌矿等，硫化矿石则是多种硫化矿物的集合体。目前已勘探发现的硫化矿物种类繁多、数量巨大，具有重要的工业应用价值。在金属矿山生产过程中，爆破堆积的硫化矿石以及储存在矿仓中的硫精矿与空气接触时，会发生氧化反应而放出热量；若氧化释放出的热量大于其向周围环境散发的热量，矿堆将自发增高其温度，直到达到自燃点，即发生自燃（自然发火）[1~3]。硫化矿石自燃是金属矿山开采中所面临的严重自然灾害之一。因为具备自燃危险性的矿石大多为硫铁矿，且黄铁矿几乎与所有的硫化矿物伴生在一起，所以可将通常提及的金属矿山矿石自燃火灾狭义地理解为硫铁矿石的自燃。我国硫铁矿资源丰富[4]，全国约有硫铁矿矿床441 个，其中大型68 个、中型165 个、小型208 个，分布在28 个省市（区）。

　　随着国民经济的快速发展，矿产需求量不断增加。由于开采范围及开采强度的持续加大，浅部资源日趋枯竭，大部分矿山不得不转入深部开采，如图 1 - 1[5]所示。据不完全统计，国外千米深的金属矿山有 80 多座；我国也有三分之一的矿山即将进入深部开采，目前深井的开采深度大多在 1000m 左右[6]。

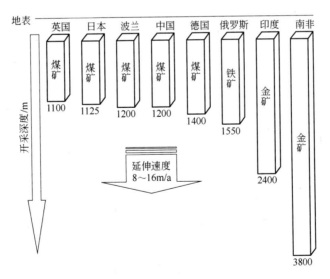

图 1 - 1　国内外深部资源开采的现状

Fig. 1 - 1　Present status of deep mining over the world

　　随着矿山开采深度的逐渐增大，人们又将面临地温升高这一突出的环境问题[5]。例如，我国某些稀有金属及冶金矿山的井下温度已达 45℃；国外南非的西部矿井，深度

3300m 处位置的气温达 50℃；日本的丰羽铅锌矿，深部 500m 处的温度高达 80℃。矿井深部的高温现象必将加剧硫化矿石自燃灾害的频发，矿山一旦发生火灾事故，所造成的后果将不堪设想。

1.2　研究意义

　　高硫矿床开采中矿石自燃的防治工作一直是矿井防灭火技术攻关的重点，国内外许多金属矿山均存在严重的自燃隐患。据统计，我国约有 20% ~ 30% 的硫铁矿及 5% ~ 10% 的有色金属或多金属硫化矿山存在内因火灾的危险[7]。表 1 - 1 统计了自 20 世纪以来，国内外典型金属矿山曾发生过自燃火灾现象的部分事故案例。

表 1 -1　国内外金属矿山开采中的自燃火灾简况（不完全统计）

Table 1 – 1　Some cases of spontaneous combustion of sulfide minerals in metal mines over the world

	发 火 矿 山	记载时间	发火情况概述	文献
国外	美国 Granite Mountain 矿	1917 年	硫化矿物自燃引发矿山火灾，造成 163 名矿工死亡	[8, 9]
	智利 Braden 铜矿	1945 年	硫化矿物自燃引发矿山火灾，导致 355 人死亡	[8, 9]
	澳大利亚蒙德尔萨铅锌矿	1966 年	井下硫化矿堆温度高达 1000℃，同时释放出大量 SO₂ 有毒有害气体	[8, 9]
	美国克洛克矿	1972 年	硫化矿物自燃引发火灾，造成 91 名矿工死亡	[10]
	阿尔巴尼亚普雷尼亚斯镍铁矿		硫化矿石自燃产生高温现象并释放出大量 SO₂ 气体，矿山日常生产受到极大的限制	[10]
	西班牙呼尔瓦黄铁矿	1978 年	硫化矿物氧化放出大量热，使得矿井壁面温度高达 55℃，生产受限	[8, 9]
	日本下川铜矿		木材与硫化矿物均发生自燃；产生高温并释放出大量 SO₂ 气体，回采作业受到限制，短期停产	[10, 11]
	俄罗斯乌拉尔铜矿	1906 ~ 1956 年	火灾频繁发生，某矿超过 160 次，矿体面积 80% 被烧过；产生高温并释放出大量 SO₂，生产受到限制	[10, 11]
	普良文斯基铜矿		硫化矿石自燃，使得矿山被迫更改采矿方法	[11]
	加拿大沙利文铅锌矿		回采中，矿石温度高达 1000℃，释放出 SO₂ 气体，从漏斗放出着火矿石，放矿口温度高达 200℃	[11]
	加拿大霍尔内铜金银矿		在已充填的采空区留下损失的矿石和木材，引发多次火灾，影响回采作业，矿山被迫短期停产	[11]
国内	江西武山铜矿	1985 ~ 1986 年	未放出的矿石爆堆发生氧化自热，矿石在进一步落矿、放矿过程中发生自燃	[7]
	大厂锡矿		在崩落区域内出现大范围的自热、冒烟现象	[10]
	松树山铜矿	1954 ~ 1965 年	硫化矿石在崩落放矿期间发生自燃	[10]
	向山硫铁矿	1955 ~ 1980 年	工作面温度达 30 ~ 60℃，放矿时有烧红的矿石放出	[10, 11]

	发 火 矿 山	记载时间	发火情况概述	文献
国 内	大厂铜坑矿	1970~1980 年	矿区地表的塌落坑出现冒烟自燃现象,近火区炮孔最高温度达 196℃,致使矿山生产中无法装填炸药	[12]
	黑龙江西林铅锌矿	1975~1978 年	大爆破作业后起火,电耙道矿石的温度达 76~78℃,漏斗放出高温矿石	[13]
	湖南水口山铅锌矿	1982 年	矿石氧化自热引发炸药自爆,现场 6 名装药工人、技术员全部遇难	[13, 14]
	江西东乡铜矿	1989 年	某巷道堆积矿物表层 3cm 深处的温度为 90℃,某进路的最高孔温达 240℃,多人灼伤	[7, 15]
	江苏句容硫铁矿	1989~1993 年	采场上部残留矿石和木材崩落到巷道迎头,发生矿石燃烧事故,迎头工作面的矿石温度达 50~65℃	[16]
	铜陵有色铜山铜矿	1990 年	采场矿石未等出完便发生自燃,放出大量热和 SO_2 气体,造成 3 个中段遭受半年的侵蚀	[17]
	浙江建德铜矿	1991~1993 年	放炮 5 天后空气中有强烈刺激性气味,矿堆表层温度达 50℃,扒矿时在漏斗口可见滚动的火球;自燃持续近 40 天,崩落的矿石全部烧净	[18]
	江西德兴铜矿	1990~1996 年	混装乳化炸药进行爆破作业时,曾发生 8 次炸药自燃、自爆事故,造成严重的经济损失	[16]
	安徽铜陵新桥硫铁矿	1992~1995 年	采用分层充填、分段空场嗣后充填法,采场死角矿堆出现氧化自热、冒烟现象	[19]
	泗顶铅锌矿	1991~1997 年	崩落矿石发生自燃,大量铅锌金属流失,给矿山生产带来极大损失,造成古丹坑口井下停产 65 天	[20]
	云浮硫铁矿	2006 年	使用装药车装填乳化炸药时有两个炮孔发生自燃,严重威胁到作业工人的生命安全	[21]
	河南银家沟硫铁矿	2004 年至今	矿山未能有效抑制矿石自燃火灾,至 2007 年 9 月,火灾范围明显扩大,矿山被迫停止 2 号矿体的开采	[22]
	安徽铜陵冬瓜山铜矿	2005 年至今	夏季储存在矿仓内的硫精矿发生自燃,释放出大量 SO_2 气体,金属门窗遭受严重腐蚀,频繁更换	[23]

金属矿山硫化矿自燃事故的发生不仅影响到整座矿山的正常生产,而且还会引发一系列的安全及环境问题,同时造成巨大的经济损失[24~29]。

(1) 发生自燃时,局部范围内的矿石将损失掉,由此增加的生产难度有时会迫使矿山舍弃某些已做的工程或更改采矿方法与工艺,从而使大量工程报废和矿石资源浪费,导致矿山短期甚至长期停产。某矿山曾发生矿石自燃灾害，烧毁矿石800多万吨，报废工程1000多米，矿山5年未达产，采矿方法被迫变更，直接和间接经济损失达数亿元。

（2）硫化矿石氧化自燃过程中会产生大量的酸及有毒有害重金属离子，严重污染了矿区周围的环境；氧化后还可能使破碎后的小块矿石黏结成块，给放矿、装卸、运输等生产环节带来影响；各种矿物的物理化学性质会因氧化作用而发生改变，从而影响到硫化矿物的质量，选矿难度和成本随之增大。例如，硫铁矿氧化后生成粉末状的Fe_2O_3，井下环境中的粉尘浓度和扒矿难度相应增大；Fe_2O_3在出矿过程中遇水还会产生胶体，容易造成溜井堵塞。

（3）硫化矿石氧化自热中产生的酸性气体和酸性废水会腐蚀井下的各种设备，缩短器械的使用寿命。例如向山硫铁矿、松树山铜矿每年因生产设备腐蚀所造成的直接经济损失至少在30万元以上。

（4）矿石自然发火时，作业环境的温度迅速上升，工人的注意力分散，劳动生产效率大大降低。空气中SO_2的浓度随之升高，恶化了井下的作业条件，严重影响到工人的健康和生命安全。SO_2排至地表以后，也会给地表环境造成污染。

（5）作业面温度升高到一定程度时，容易造成硫矿粉尘和可燃性气体发生爆炸。硫化矿石及其氧化产物与炸药接触时会发生强烈的化学作用，产生的热量又将进一步推动反应以更加剧烈的程度发展，从而导致炸药发生自爆、早爆。

（6）硫化矿岩是一种热扩散率和导热系数相对较小的脆性材料。矿石氧化放热使得采场温度快速升高，围岩急剧受热，在内部形成较大的温度梯度，由此产生巨大的热冲击应力。由于岩石的抗拉强度和抗剪强度很低，热冲击应力以很大的速率作用于围岩时，极易引起脆性破坏，造成大面积塌方、沉陷等事故。

此外，还存在煤自燃的黄铁矿导因学说。由此可见，硫化矿自燃火灾所造成的危害是多方面和巨大的。随着现代工业对有色金属需求量的逐年上升，采矿工业规模进一步扩大，矿山向深部开发是大势所趋，深部开采的高温问题必将加剧高硫矿石自燃事故的高发。因此，在金属矿山开采中，开展硫化矿自燃的机理及其预测预报技术研究具有重大意义。一方面可以为设计单位提供依据，以便在满足安全生产的条件下提出经济合理的设计方案；另一方面，对于保证矿山正常生产及持续进行，避免盲目施工和造成不必要的经济损失具有深远的现实意义。

1.3 金属矿山硫化矿自燃火灾的研究现状

1.3.1 国内外文献检索

为了直观了解国内外有关矿山内因火灾的研究现状，以 coal、sulfide（sulphide）、spontaneous combustion、self-heating、spontaneous heating 等为主题词，利用 Engineering Village 信息平台，检索到硫化矿自燃的相关记录180余项，以及有关煤炭自燃的研究成果近1600余项。同样借助国内收录中文文献较完整且收录时间跨度较长的中国知网数据库，以硫化矿石、含硫矿石、自热、自燃为主题词，检索到相关文献150余篇。将文献按作者国别、成果类型、发表年限以及具体研究内容分别进行统计分析，从中可以总结出如下几个特点：

（1）由图1-2可知，在有关硫化矿氧化自热、自燃的研究领域内，发表成果数量居前三位的国家分别是中国、美国、加拿大。主要原因可能是这些国家对金属矿产资源的需求量大、开采力度大，科研经费投入多。在中国，中南大学、长沙矿山研究院等单位在该领域内的研究一直处于国际前列，如美国EI数据库收录的有关高硫矿石自燃的研究论文中，有1/3来自中南大学。自20世纪60年代起，中南大学坚持开展该领域的基础研究和技术开发，并取得了一系列的重要成果。

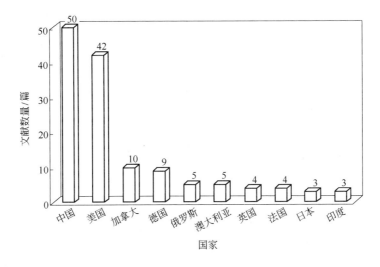

图1-2 不同国家有关硫化矿自燃的研究成果比较

Fig. 1-2 Comparison of research fruits on spontaneous combustion of sulfide minerals in different countries

（2）从图1-3、图1-4中可以看出，无论是期刊文献、专利、会议论文，还是专论等成果类型，有关硫化矿自燃的研究成果都与关于煤的研究成果存在很大差距，而且绝大多数国家在硫化矿石自燃相关领域内的研究成果也比煤矿的成果少很多。此外，煤自燃的检测检验技术和专利较多，日本、德国、俄罗斯、美国、澳大利亚、中国等都有相关的专

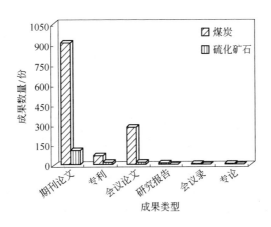

图1-3 煤自燃与硫化矿自燃研究成果的比较

Fig. 1-3 Comparison of research fruits on spontaneous combustion between sulfide ores and coals

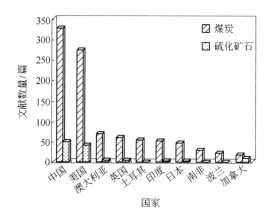

图 1 - 4　不同国家有关煤自燃与硫化矿石自燃的研究成果比较

Fig. 1 - 4　Comparison of research fruits on spontaneous combustion of sulfide minerals and coals in different countries

利；而国内外甚少有专门针对硫化矿自燃的相关检测检验专利。呈现出这样的现状，一方面是由于金属矿山发生矿石自燃火灾的概率较煤矿小，相对而言投入到硫化矿自燃领域内的研究经费自然也较煤炭少；另一方面，硫化矿石的物理结构及化学组成相当复杂，研究难度更大。

（3）图 1 - 5 表明，我国自 20 世纪 70 年代起，就有许多学者投入到硫化矿石自燃的研究当中，在 1980~2000 年之间呈现一个研究成果产出高峰期；2000 年以后，新的研究成果呈直线增长趋势不断产出。20 世纪 70~90 年代，采矿技术水平落后，生产效率低下，出矿周期长，使得爆破下来的矿石长期堆放在采场，容易发生氧化自热而造成矿石自燃事故频繁发生，这不得不引起众多研究者的重视。前期文献偏少，可能是由于当时计算机网络技术水平低下，许多成果未能及时录入到数据库中。进入 21 世纪以来，国民经济快速发展，矿产资源需求量逐年增大，矿山资源日益贫乏，开采深度也随之加大；加上矿石价格大幅度上涨，一些开采价值不大的高硫矿床也被迫开采，使得许多金属矿山面临自燃危险的概率相应增大。因此，国家加大了在该领域内的科研扶植力度，如中南大学自

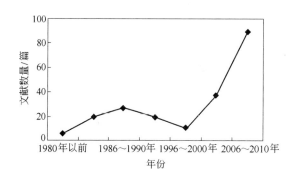

图 1 - 5　国内近几十年来有关硫化矿自燃研究文献的统计

Fig. 1 - 5　References statistics of spontaneous combustion of sulfide minerals in recent several decades in China

2000 年以来先后承担了"十一五"国家科技支撑计划专题项目（含硫矿石安全开采工艺、方法及配套装置研究）、国家自然科学基金项目（硫化矿石自燃安全评价体系研究），并对阿尔巴尼亚镍矿及我国冬瓜山铜矿、天马山硫金矿、新桥硫铁矿、水口山铅锌矿、武山铜矿等 10 多座高硫矿床的矿石自燃特性开展了研究。

（4）国内有关硫化矿自燃的具体研究方向主要涉及氧化机理、防治技术、自燃倾向性测试方法、预测预报技术以及硫化矿山开采中炸药自爆事故等，各项研究内容之间相互关联，见图 1-6。由于硫化矿石的自燃机理相当复杂，至今仍未完全为人们所理解，迫使相应的预防及治理技术相当落后。因此，今后仍需要加大在该方向的研究力度。

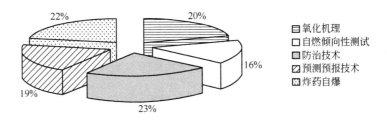

图 1-6 硫化矿自燃领域内的具体研究内容

Fig. 1-6 Different research contents on spontaneous combustion of sulfide minerals

1.3.2 硫化矿石自燃机理的研究现状

硫化矿石自燃是一个复杂的非稳态物理化学动力学反应过程，是矿石自身氧化放热与向周围环境散热共同作用的结果。从宏观上可以将硫化矿石的整个自然发火过程划分为矿石破碎、氧化聚热、升温和着火四个阶段，如图 1-7 所示。

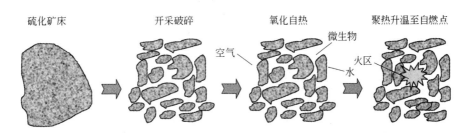

图 1-7 硫化矿石自然发火过程的宏观描述

Fig. 1-7 General description of spontaneous combustion process of sulfide ores

目前关于硫化矿石低温氧化机理的解释主要存在四种观点[30,31]：物理吸附氧机理、化学热力学机理、电化学机理、微生物作用机理。物理吸附氧机理认为硫化矿石破碎后暴露在空气中，氧气分子被吸附到矿石表面，该过程会释放出微量的热，常用单位时间内矿样的吸氧量来衡量其氧化自热性大小；化学热力学机理认为硫化矿石在采场环境中的氧化作用与其在地表的自然氧化具有相同的化学反应模式及热效应；电化学机理将硫化矿石的氧化视为一种电化学作用过程，矿物晶格间的不完整性或某些缺陷的存在使得矿石在潮湿环境中产生原电池效应而发生氧化还原反应；微生物作用机理则认为在一些断层破碎的氧化矿带中含有大量可氧化硫化矿石的微生物，矿石崩落后与氧气充分接触而创造了适合这些菌种生存的环境,该作用机理同微生物冶金理论相似。有关硫化矿石自燃机理的研究将在第3章深入介绍。

1.3.3 硫化矿石自燃预测技术的研究现状

硫化矿石自燃预测技术[32,33]是在硫化矿床开采之前或矿石刚暴露于空气中,处在低温氧化阶段(自燃潜伏期),还没有出现自燃征兆之前,根据矿石的氧化放热特性和实际开采条件,超前判断硫化矿石自然发火的危险性程度、自然发火期以及最易发生自燃区域的技术。目前用于预测硫化矿石自燃的技术大致可以归纳为自燃倾向性测试法、综合评价预测法、统计经验预测法、数学模型及数值模拟法、专家知识系统。

1.3.3.1 自燃倾向性测试法

硫化矿石的自燃倾向性表征了矿石自然发火的危险性大小,反映出硫化矿石的氧化反应活性。自燃倾向性测试预测法主要是根据硫化矿石自燃倾向性测试结果的不同来划分硫化矿石的自然发火等级,以此判断硫化矿石的自燃危险性程度,以便采取相应的防灭火技术与措施[31]。

现有关于硫化矿石自燃倾向性鉴定的文献大多是对采自典型金属矿山的新鲜矿样(矿石未发生预氧化作用)进行测试。自20世纪30年代起,各个国家或研究机构在不同时期发明了多种用于测试硫化矿石自燃倾向性的方法,通过获得多组矿样的某些性能表征指标,对其自燃倾向性大小进行比较,详见表1-2。

表1-2 不同国家或研究单位用于测试硫化矿石自燃倾向性的方法

Table 1-2 Some test methods of spontaneous combustion tendency of sulfide minerals in different countries or research units

国家或研究单位	主 要 测 试 方 法	文 献
俄罗斯	测试矿样的吸氧速度常数、电化学性能指标,测试矿样中的含硫量(质量分数)是否大于15%	[26, 34, 35]
加拿大 Noranda 技术研究中心	测试矿样的自热速率	[36, 37]
加拿大	利用 Mössbauer 技术测试矿样中的磁黄铁矿含量(质量分数)是否高于10%	[38]
保加利亚	测定矿样的吸氧速度常数,采用差热分析法获取热谱曲线	[31, 35]
长沙矿山研究院	判定硫化矿石的预氧化程度;测试矿井水溶液的 pH 值、矿样的综合燃烧热值、矿岩的氧化速率、自燃点、钙镁含量与全硫含量之比等,进行综合判定	[26, 39]
白银有色金属公司	测定硫化矿石中 Fe^{2+} 与 Fe^{3+} 的总含量占全铁的百分比是否高于0.3%	[31, 35]
广西石化厅	测定硫化矿石中的含碳量	[40]
长沙矿冶研究院	用 H_2O_2 测定硫化矿石的氧化率、升温率	[31, 35]
中南大学	采取综合指标测试法、动态自热率测试法、金属网篮交叉点法、TG/DSC 联合测试法	[41~44]
中国海洋大学、东北大学	用绝热氧化实验装置测定 FeS 的自热性	[45, 46]
中国安全生产科学研究院	采用程序升温氧化法测定矿样在氧化过程中的总吸氧量和自热起始温度两个指标的综合效果	[47]

（1）吸氧速度常数法。该方法主要是测试硫化矿石矿样在一定环境条件下吸收氧气的能力。通常认为，硫化矿石的吸氧速度越大，其氧化程度越高，越容易发生自燃。吸氧速度可以定义为单位时间内单位质量或体积矿样在氧化实验过程中消耗空气中氧的体积数，常用质量吸氧速度或体积吸氧速度来表示[25,31]。过去苏联的捷克利铅锌矿曾以吸氧速度大小将矿石的自燃倾向性划分为三种类型[34]：大于 0.22mL/（g·h）为易自燃型，0.008~0.021mL/（g·h）为较易自燃型，小于 0.008mL/（g·h）为不自燃型。硫化矿石在低温环境中的氧气吸附包括静态吸附与动态吸附。静态物理吸附氧气量与硫化矿石的表面物理结构有关，而动态物理吸附氧气量则是硫化矿石自燃过程中的氧气消耗量。两者在一定程度上均能反映硫化矿石的自燃倾向性大小，由此可采用动态法和静态法测试硫化矿石的吸氧速度[31]。多座矿山中的应用实践已表明，采用静态测试法简单、合理可行。

在实际操作中，常以多个反应瓶为一组的方式来加快测试进程，图 1 - 8 为中南大学研制的一套吸氧速度测试装置，具体操作步骤可参考文献 [25，31]。

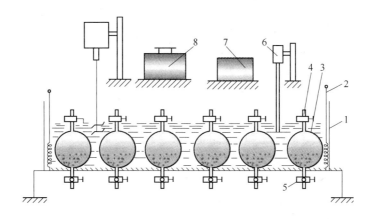

图 1 - 8　吸氧速度测试装置

Fig. 1 - 8　Setup of oxygen-adsorption test

1—恒温水浴槽；2—加热电阻丝；3—反应瓶；4—二通活塞；5—三通活塞；
6—电导表；7—电子继电器；8—调压变压器

（2）传统交叉点温度法。该方法是将矿样置入加热炉中，通过恒温或以一定的升温速率对矿样进行加热而使其快速氧化放热，一旦矿样温度超过炉温，两温度曲线将发生交叉，此刻的温度定义为交叉点温度。联邦德国材料测试机构（BAM）[8]曾将一个盛有矿样的圆柱体金属网篮放入恒温火炉中，温度控制在 200℃，若发现矿样温度在 48h 内超过500℃，则判定该物质具有自燃危险性。美国交通部及联合国[8]则将装有矿样的容积为100mm^3 的立方体不锈钢网篮置于温度为 140℃ 的炉中加热 24h，期间通过监测矿样不同位置点的温度来判断其自热性。中南大学自行研制了专门用于测试硫化矿石氧化自热的实验系统，见图 1 - 9[31,48]，具体的操作方法是：将装有矿样的反应器置入恒温箱内，一支热电偶插入矿样内部以测定矿样的温度，另一支热电偶放在恒温箱内相应的位置以测环境温度；调节恒温箱对矿样进行人工加热，同时供给适量氧气，待矿样温度上升到与环境温度一致时，恒温等待约 1h，若矿样温度未超过环境温度，表明矿样未发生自热；而后继续升高环境温度，温升幅度维持在 10℃ 左右；待矿样温度与环境温度平衡后，继续恒温 1h，再观察矿样有无自热现象，由此反复操作，直到发现在某一恒温条件下矿样出现明显自热，此时的环境温度，即为矿样的起始自热温度。这些方法用于测试硫化矿石的自热性质时，受到矿样的粒度分布、含水率、反应量、空气流量等多个参数影响，所获得的交叉点温度在本质上不能代表矿样的起始自热温度。

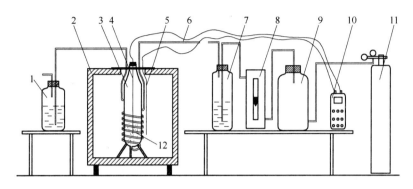

图 1 - 9　硫化矿石自热的测试装置

Fig. 1 - 9　Schematic diagram of self-heating test for sulfide ores

1—气体吸收瓶；2—恒温箱；3—反应器；4—矿样温度传感器；5—环境温度传感器；

6—氧气输送管；7—加湿器；8—流量计；9—缓冲瓶；10—温度自动记录仪；

11—氧气瓶；12—试验矿样

（3）自热速率测试法。加拿大 Noranda 技术研究中心[49]曾公开了一种测试硫化矿石自热速率的装置及其测定方法。如图 1 - 10 所示，该装置主体由装在一个恒温箱中的容积为 2L 的派热克斯耐热玻璃容器构成，用一支热电偶监测试样温度并记录测定值，利用风机通过流量计和恒温箱中的一根铜线圈定时往容器底部吹送空气，铜线圈预热空气使其达到试样温度。容器底部设置一只水槽，保持试样湿润以延长风化时间。送入空气时，活性试样将表现出温度上升，而惰性试样则对空气无反应。利用该装置进行矿样自热速率测定的步骤分为两个阶段：第一个阶段是将恒温箱的温度调至 70℃，按 100mL/min 的流量送入空气，持续时间 15min，间隔 5h，该阶段一直持续到试样湿度降低到零为止，或持续 3 天；第二个阶段是

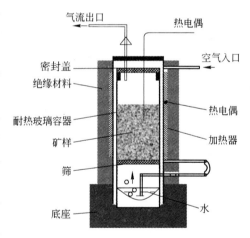

图 1 - 10　Noranda 技术研究中心
自热测试装置

Fig. 1 - 10　The temperature-rise apparatus in
Noranda Technology Center

将箱体温度和空气流量分别增大到 140℃ 和 250mL/min，该阶段要持续 13 天。采用该装置获得硫化矿石矿样的典型自热曲线见图 1 - 11：A 阶段从室温开始，至 100℃ 结束（系统中已无水分），伴随硫单质的生成；B 阶段继续进行，大约在 350℃ 终止，同时释放出 SO_2 气体；C 阶段放出大量的热，温度在 500℃ 以上，最终引发燃烧。运用该装置对矿样进行自热倾向性测定时，仅能了解矿样的自热速率，却不能计算出矿样的动态氧化自热率

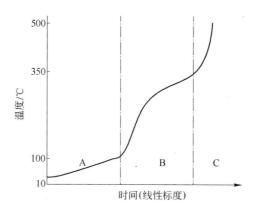

图 1 – 11 基于 Noranda 研究中心测试装置的硫化矿石自热曲线

Fig. 1 – 11 Self-heating curve of sulfide samples gained by equipment in Noranda Technology Center

（热通量），测试时间长达数十天；每次测定的矿样量大，加热幅度过高，且风机供氧不够稳定，不大符合实际需要。

为了克服该装置及测定方法中存在的某些不足，中南大学发明了一种新的硫化矿石自热速率测试装置，其更加符合现场硫化矿石的动态自热特征，并能应用所测数据计算出矿石的动态自热率。该方法测定所需时间短（一般仅需几个小时）、使用矿样量较少、供氧稳定。新的硫化矿石动态自热率测定装置结构示意图及具体操作方案可参考文献 [42]、[50]。

（4）绝热氧化测试技术。硫化矿石的氧化自热是其内在特性之一，开展矿石自然发火过程的模拟时，应尽可能消除诸多外在因素的影响。绝热氧化法的理论根据是通过强行使环境温度与硫化矿石矿样的温度保持平衡，保证矿石氧化放出的热量不传递到周围环境中[51]。早在 1925 年 Davis 与 Byrne 便提出了将绝热氧化技术应用于煤自燃倾向性的研究中，由于实践操作困难，该方法直到 20 世纪 70 年代后才引起重视[52]。中国矿业大学自行设计出了用于研究煤自燃特性的绝热氧化装置[53]，该测试系统主要由程序控温炉、绝热煤样罐、气路系统等构成，见图 1 – 12。目前，绝热氧化法用于硫化矿石的自燃倾向性

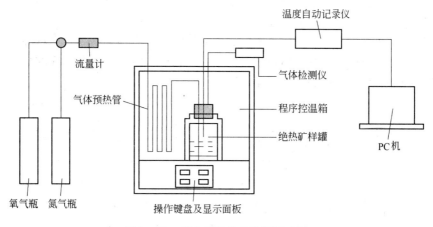

图 1 – 12 煤自燃绝热氧化测试系统

Fig. 1 – 12 The adiabatic oxidation test system for coal

测试中甚少有报道，东北大学曾利用日本岛津公司生产的 SIT - 2 型自燃绝热测试系统进行了硫化亚铁自然氧化过程温度动态变化规律的研究，见图 1 - 13[54]；整套测试系统由绝热炉、自然发火控制装置、热分析装置及 PC 机组成。研究结果表明，干燥的硫化亚铁不会出现明显的自热现象；在往矿样中加入少量水后，温升效果相对明显，并可以将整个反应过程划分为诱导氧化期、中速氧化期以及加速氧化期[45]；整个测试过程耗时达 19h。

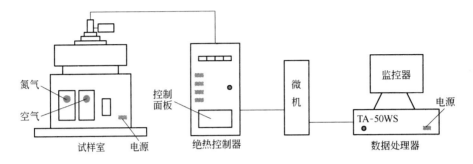

图 1 - 13　硫化矿样的绝热测试装置

Fig. 1 - 13　The adiabatic oxidation test system for sulfide samples

　　绝热氧化法作为一种科学、准确的自燃倾向性测试方法，目前已得到普遍认可，但整个测试周期过长，而且用于硫化矿石自热性测试的效果不够明显。

　　(5) 金属网篮交叉点法。该方法[55,56]是 Chen 等在 20 世纪 90 年代提出的一种用于测试煤样自热性质的方法。基于该方法原理，中南大学资源与安全工程学院安全与环保研究所借助现有设备，组装成用于测试硫化矿石自热性质的实验系统，相应的装置及操作方法将在第 4 章进行详细介绍。采用该方法进行硫化矿石的自燃倾向性测试具有导热效果好、可重复性操作强、测试成本低等优点，但矿样的含水率、粒径分布等对实验结果有一定的影响，所得结果的可靠性有待进一步考证。

　　(6) 综合测试技术。20 世纪 80 年代初，中南大学提出了用于鉴定硫化矿石自燃倾向性的综合指标测试法[25,57]，即同时测定矿样的多个氧化性能表征指标，进行综合判定，该方法至今仍在全国多座矿山中推广应用。其中涉及的主要测试指标一般包括：矿石中各种矿物的化学成分和含量，矿石中水溶性 Fe^{2+}、Fe^{3+}、SO_4^{2-} 含量，以及 pH 值随时间的变化量、矿石的吸氧速度、氧化增重率、起始自热温度、自热幅度、着火点等。这些指标从不同方面反映出硫化矿石的自燃特征，依据各项指标的测试结果对矿样的自燃倾向性进行综合排序；整个测试流程如图 1 - 14 所示。

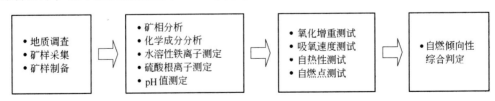

图 1 - 14　硫化矿石自燃倾向性的综合测试流程

Fig. 1 - 14　Flowchart of comprehensive test method for spontaneous combustion

tendency of sulfide minerals

此外，文献［58］根据加拿大学者在研究沙利文矿矿岩自燃过程中所提出的计算硫的临界值公式，提出了如下综合判定模型：

$$ST = K_1(S\%) + K_2(可溶性铁离子\%) + K_3(磁黄铁矿\%) + K_4(胶状黄铁矿\%) +$$
$$K_5(黄铁矿\%) + K_6(白铁矿\%) + K_7(黄铜矿\%) +$$
$$K_8(闪锌矿\%) + K_9(其他硫化物\%) \tag{1-1}$$

式中，ST 为硫化矿岩自燃倾向性大小的综合指标；K_i 为各影响因素的相应系数，$i = 1$，2，3，…，9（注：$S\%$ 表示 S 的质量分数，下同）。ST 值将判定硫化矿石自燃倾向性的指标予以量化，用其代替以往的单因素判据更为科学可靠。运用综合测试法获得多个表征指标后，还可以采用多指标组合法或多指标合成法建立硫化矿石的自燃倾向性鉴定标准[59]。组合法与合成法[60]均是对矿石的自燃倾向性进行多指标分析，组合法不将所测指标综合成一个统一值；合成法则要通过一定的数据处理和合成模型把整个指标体系反映的差异综合成一个用以表征矿石自燃倾向性的指标。中南大学在获得各个测试指标后常采用组合法对矿样的自燃倾向性进行综合排序，依据 20 多年来对国内近 10 座典型金属矿山的测试结果，并结合现场实际，首次建立了一套用于鉴定硫化矿石自燃倾向性的标准，见表 1 - 3[31]。该标准将硫化矿石的自燃倾向性等级划分为三级，测试指标简化为低温氧化增重率、自热点、自燃点，并给出了相应的科学定义及参考规范。

表 1 - 3 硫化矿石自燃倾向性分级的鉴定标准
Table 1 - 3 The appraisal criteria for classifying spontaneous combustion tendency of sulfide ores

自燃倾向性等级	5 天增重率/%	自热点/℃	自燃点/℃
Ⅰ级：容易自燃，即低温氧化性强，自热点、自燃点温度均低	>2.0	<100	<220
Ⅱ级：容易自热，即低温氧化性较强，自热点较低，而自燃点高	>1.0	<150	
Ⅲ级：不易自燃，即低温氧化性弱，自热点和自燃点均高	<1.0		

此外，文献［61］结合已有的研究成果，选取最能反应硫化矿石自燃倾向性本质的低温氧化增重率、自热点、自燃点 3 项指标作为距离判别分析模型的基本判别因子，以 15 组典型矿山矿样的实测数据作为训练样本进行分析，进而建立了硫化矿石自燃倾向性等级判定的距离判别分析模型。文献［62］则利用 AHP 方法和集对分析理论量化了硫化矿石的自燃倾向性分级，具有一定的适用性。

综合测试法全面考虑了硫化矿石低温氧化、自热、自燃的整个反应过程，所得结果与矿山实际更加相符。然而，进行矿相鉴定、化学成分分析，以及水溶性 Fe^{2+}、Fe^{3+}、SO_4^{2-} 含量的测试时通常要委托专门的化学测试机构开展，测试成本很高。此外，Fe^{2+}、Fe^{3+}、SO_4^{2-} 含量、氧化增重率、pH 值随时间的变化等测试工作，是在自然氧化条件下实施的，整项工作进展缓慢，耗时在 100 天以上；进行吸氧速度测试时，必须有人 24h 连续监测，相当费力。

（7）程序升温氧化法（TPO）[47,63]。该方法通过测量反应气体的体积消耗或生成物的形成体积来判断矿样的氧化特性。中国安全生产科学研究院曾采用荷兰安米德有限公司生产的 BELCAT - B 全自动化学吸附仪测定了硫化矿石自燃升温过程中温度、吸氧量的变化。整个测试系统由高温炉、反应器、TCD 检测器、分析气路、气路接口、控制和分析软件组成。具体操作流程为[63]：往石英管中装入粒径小于 380μm（40 目）的硫化矿样

10~60mg，并置于程序升温反应器内，设置样品在5%的O_2/He气流中以升温速率为10℃/min从30℃上升至1000℃，样品温度及载气中O_2浓度随时间的变化分别由热电偶和化学吸附分析仪热导检测器连续检测并记录。通过测定矿样从30℃到1000℃温度条件下的总吸氧量和自热起始温度两个指标对硫化矿石的自燃倾向性进行判定。该测试方法操作简便、操作程序已走向规范化，在一定程度上能够反映硫化矿石从低温氧化到自燃整个过程的特征变化，但是否值得推广应用还有待进一步论证。

（8）其他测试方法。GOOD于1977年在Cominco实验室发明了物质燃烧测试仪[64]；将2g 75μm（200目）的矿样置于炉管内，通入氧气并加热，热电偶与温度记录仪相连并连续记录矿样的温度，同时还可以检测出物质达到燃点时所释放出的SO_2气体，见图1-15。

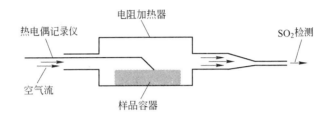

图1-15 燃烧测试装置

Fig. 1-15 Combustion test appratus

此外，还可以采用X射线衍射（XRD）、傅里叶变换红外光谱（FTIR）、X光电子能谱（XPS）、扫描和透射电子显微镜（SEM/TEM）、俄歇电子能谱（AES）等精密仪器观察和研究硫化矿石氧化前后的矿物组成、晶体结构以及表面形态变化等，用以表征硫化矿石的低温氧化反应能力，进而判断自燃倾向性大小[65]。鉴于硫化矿石自燃与煤自燃之间存在某些共性，且国内外就煤自燃倾向性测试技术的研究更为成熟[66]，可以将其中的某些先进方法尝试或加以改进后应用于硫化矿石的自燃倾向性测试中，如模拟破碎有氧环境下硫化矿石的氧化升温过程，可参照一些大、中型的煤自燃模拟实验[67]。不同国家或研究机构用于测试煤自燃倾向性的常见方法见表1-4[68~70]。

表1-4 国内外各研究单位的煤自燃倾向性测试方法统计

Table 1-4 The main test methods for spontaneous combustion tendency of coal over the world

研 究 单 位	采 用 方 法
波兰克拉克夫矿院	高温活化能法
英国利兹大学燃料与能源系	Frank-Kamenetskii法、交叉点温度法
美国安全与卫生管理局	自热温度法、绝热升温速率R_{70}
英国艾伯丁大学工程系	热释放速率法、微型量热计法
澳大利亚矿业安全研究中心	自热温度法、绝热升温速率R_{70}、气体成分分析、交叉点温度法
新西兰奥克兰大学	交叉点温度法、新交叉点温度法
印度中央采矿研究所	交叉点温度法
土耳其中东技术大学	交叉点温度法
中国煤炭科学研究总院抚顺分院	动态吸附氧法
中国矿业大学	绝热氧化法、氧化动力学测试法

总之，依据各研究单位选取测试指标的数量可以将现有的硫化矿石自燃倾向性测试方法划分为单一指标和多指标测试法。单指标测试法是通过测定硫化矿石的某一个氧化性能指标，以其值的大小来判断硫化矿石自燃倾向性的强弱，该类方法包括吸氧速度常数法、交叉点温度法以及活化能指标法；而多指标测试法是测定矿样两个及两个以上指标来综合评判矿石的自燃倾向性，包括综合测试法、程序升温氧化法。单指标测试法简单易行、操作成本低，但很难找到能够完全表征硫化矿石氧化性能的单一指标。相对而言，中南大学提出的综合测试法在一定程度上全面反映了矿样的自燃倾向性，并逐渐走向规范化。然而，该方法测试指标多，操作周期长，在指标的选取上没有统一标准，存在一定的盲目性和重复性。今后的研究工作应该是探索各个测试指标之间的相关性，简化某些重复性工作。例如，文献［71］通过氧化增重实验发现，矿样的低温氧化增重率与吸氧速度之间存在很好的相关性，从而可以省略其中的某一项工作；还可以采用主成分分析法进行测试指标的选取[72]。若考虑各种测试方法所具有的基本特征，又可以将各类方法划分为常温氧化性能指标测试法、自热性测试法、程序升温氧化法、动力学测试法以及综合指标测试法等。关于硫化矿石自燃倾向性的氧化动力学测试法将在第4章进行深入研究。尽管诸多研究方法为硫化矿石的自燃倾向性鉴定提供了理论基础，研究人员仍未就测试标准达成一致意见。各个研究机构和研究者采取的实验条件存在较大差异，使得测试结果无可比性。此外，许多学者在对硫化矿石进行自燃倾向性测试时，仅仅针对某一矿山的少许矿样展开实验，所得结论存在一定的片面性和局限性。

1.3.3.2 综合评价预测法

以往有文献提及了硫化矿石爆堆自燃预测的灰色GM（1，1）模型[73]，属于单因素评价法。实际上影响硫化矿石自燃的因子有很多，包括矿石自身特性和环境因素[74]：前者涉及矿石的各种物理化学性质，后者主要指矿床的地质条件、通风状况、采矿方法、管理水平及采矿强度等。李明[75]应用人工神经网络技术，建立了矿石含硫量、通风强度、环境温度3项因子与硫化矿石自燃之间的综合预测模型。夏长念[76]运用道化学公司的爆炸指数法开展了采场硫化矿石爆堆的自燃危险性综合评价，高科[77]将突变级数理论应用到硫化矿石爆堆的自然发火预测中。刘辉[78]依据硫化矿石自燃与致灾系统和孕灾系统的脆性联系，建立了矿石自燃火灾的脆性关联分析模型。文献［79］基于未确知测度理论建立了采场硫化矿石爆堆的自燃危险性评价模型，并对国内典型金属矿山的采场矿石爆堆自燃危险性进行了评价，所得结果与矿山实际情况完全相符。

综合评价预测法全面分析了影响硫化矿石自燃的主要因素，可以粗略用于预测矿石自然发火的危险性大小，而对发火期以及可能发火的区域无法进行判断[80]。

1.3.3.3 统计经验预测法

该方法是建立在已发生自燃火灾事故统计资料的基础上，预测硫化矿床在实际开采条件下的自燃危险性程度，但只能粗略判断采场可能的发火区域和高温点位置。表1-5统计了国内外某些金属矿山发生矿石自燃的详细案例，从中可以总结出以下几个共同点[25,81]：

（1）开采的矿床通常为高硫矿石和含黄铁矿的碳质页岩，矿石类型一般为胶状黄铁矿、中细粒黄铁矿、磁黄铁矿；矿石在矿床中的层位多处于含胶状黄铁矿带或经过漫长地质年代预氧化比较严重的松散黄铁矿亚带中。

（2）硫化矿石自燃与开采技术和矿石堆所处的环境条件密切相关。崩落采矿法以及其他大规模落矿的开采方式容易发生矿石自燃火灾；自燃的矿石堆大多处于通风不良的大空间采场死角、巷道死角、粉矿较多的堆积区。

（3）硫化矿石自燃时的显著征兆是矿石堆的温度快速升高，伴有大量 SO_2 气体释放并在潮湿空气中生成硫酸雾。

（4）矿床中某些地段若断裂构造特别发育，空气与水分容易渗入矿石中，促使矿石氧化和自燃；矿柱由于开采爆破并承受较大压力，裂隙较多，容易发生自燃。

表 1-5 国内外某些自燃金属矿山的统计对比

Table 1-5 Comparison of metal mines with spontaneous combustion hazard

矿 名	矿体产状	矿体平均含硫量/%	发火矿石含硫量/%	矿 石 成 分	采 矿 方 法
大厂铜坑锡矿	急倾斜厚矿体	8~10	—	富含碳质矿物	无底柱分段崩落法
向山硫铁矿	缓倾斜极厚矿体	15~80	30	硅化富矿	无底柱分段崩落法
西林铅锌矿	急倾斜扁豆体	30~50	30~45	磁黄铁矿、黄铁矿	空场法回采矿房、空区充填后用崩落法回采矿柱
松树山铜矿	倾斜中厚矿体	13.5	13~30	氧化磁黄铁矿、磁黄铁矿、胶状黄铁矿、海绵状黄铁矿	无底柱分段崩落法
湘潭锰矿	缓至倾斜薄矿体	3~4	—	黑色页岩	短壁式采矿法、分层崩落法
武山铜矿	急倾斜厚矿体	30	30~40	黄铁矿、黄铜矿、辉铜矿、单质硫	分层崩落法、下向分层崩落法
东乡铜矿	倾斜厚矿体	30	>30	黄铁矿、胶状黄铁矿、黄铜矿	分层崩落法、无底柱分段崩落法
南京铅锌银矿	倾斜厚矿体	16	30~40	黄铁矿、方铅矿、闪锌矿	留矿法、分段崩落法、上向分层崩落法
捷克利铅锌矿	急倾斜厚矿体	15~16	$w(S)>12$ $w(C)>16$	胶状黄铁矿	分层崩落法、分段崩落法
乌拉尔铜矿	巨型倾斜厚矿层	40~47	43	含铜黄铁矿	分层、分段崩落法，阶段强制崩落法
沙利文铅锌矿	急倾斜中厚矿体	19~30	>25	磁黄铁矿、黄铁矿	分段留矿崩落法、分段崩落法
下川铜矿	—	17~40	>30	黄铁矿、磁黄铁矿、含铜黄铁矿	水平分层充填法、下向分层充填法

通过调查围岩及矿石的热参数和矿体厚度，在一定程度上可以判断硫化矿石发生自燃的可能性。在其他条件相近的情况下，围岩及矿石导热系数高的矿体必须在厚度大时才能

引发自燃。统计表明，硫化物矿床的自燃仅发生在矿体厚度不小于 4 ~ 5m 的地点，而发生的大多数场合是在厚度不小于 10m 的矿体中[82]。国外某矿区共发生硫化矿物自燃火灾 300 次，发火概率与矿体厚度的联系见表 1 - 6[83]。此外，硫铁矿石发生自燃的危险性大小与矿石中硫的含量存在一定关联。由表 1 - 7[84] 可以发现，矿石的含硫量越高，自然发火的危险性就越大。因此，设计与开采某些高硫矿山时，必须重点考虑矿石的自燃现象，以便采取相应的防灭火技术及措施。

表 1 - 6　矿体厚度与火灾的关系

Table 1 - 6　Correlation of spontaneous combustion percentage in metal
mines with the thickness of orebody

矿体厚度/m	5 ~ 10	10 ~ 20	> 20
火灾发生率/%	21.1	34.9	44.0

表 1 - 7　硫铁矿含硫量与自燃性的关系

Table 1 - 7　Correlation of spontaneous combustion propensity with the
sulfur content of sulfide ores

含硫量/%	< 15	15 ~ 20	> 26
自燃性	可能性小	可能性一般	可能性大

邓时升通过统计分析某些硫铁矿山中含硫量、含碳量（均指质量分数）以及其与发生自燃现象的关系，认为硫化矿石自燃与含碳量存在密切关系：含碳量越高，自燃程度越高。某些硫铁矿山发生自燃与矿石中含碳量的关系如表 1 - 8[40] 所示；从中可见英德、合浦等矿的黄铁矿石尽管含硫量较高，可是无论在地表还是井下都未发生过矿石自燃。由此认为可以通过测定矿石中的含碳量来判断硫化矿石是否发生自燃。

表 1 - 8　硫铁矿石自燃与含碳量的关系

Table 1 - 8　Correlation of spontaneous combustion propensity with the
carbon content of sulfide ores

矿山名称	含硫量/%	含碳量 （最高/平均值）/%	自　燃　情　况
某含煤硫铁矿	> 12	> 10	矿石极易发生自燃
宾阳硫铁矿	> 28	16.33/8	地表、井下、运输矿石发生 12 次自燃
永福硫铁矿	> 39.6	8.29/3.57	采区内多次发生矿石自燃
靖西硫铁矿	> 36	7.16/2.5	露天贮矿场多次发生矿石自燃
临桂硫铁矿	> 30	4.72/1.31	露天贮矿场多次发生矿石自燃
英德硫铁矿	> 35	0	从未发生过矿石自燃
德保硫铁矿	> 25	0	从未发生过矿石自燃
合浦硫铁矿	> 35	0	从未发生过矿石自燃

黄铁矿的自燃性和采场一次崩矿量及其允许堆放的安全时间密切相关,见表 1 – 9[85]。通过科学的生产管理、控制崩矿量及其允许堆放时间,可以有效预防矿山自燃火灾的发生。

表 1 – 9　硫化矿石的一次崩矿量与其允许堆放时间的关系

Table 1 – 9　Correlation of the caving volum with the storing time

安全堆放时间/d			一次崩矿量/t
胶状黄铁矿	含铜黄铁矿	含铜磁黄铁矿	
86	80	78	2500
74	76	75	5000
69	69	70	10000
63	62	62	20000
59	57	58	30000

选用任何一种采矿方法,均不能完全避免矿石损失,即所有的采矿方法都存在一定程度的火灾危险性。对含铜黄铁矿矿山火灾发生频率与采矿方法的关系统计值见表 1 – 10[83],可见发生火灾单位数量最多的是支柱充填法。主要原因有:充填料多采用含硫量高的废石;生产过程中常发生冒顶,而这些矿石常留作充填;充填不够满或充填料不致密;溜井没有充填。这些因素都有利于空气在采空区内自由流动,加速矿石的氧化。

表 1 – 10　含铜黄铁矿矿山的单位火灾次数

Table 1 – 10　The unit fire number of ores containing copper-pyrite

采矿方法	火灾单位数量	总数比	采矿方法	火灾单位数量	总数比
支柱充填法	8.5	52.1	无支柱充填法	1.1	6.8
崩落法	6.1	37.4	其他采矿法	0.6	3.7

1.3.3.4　数学模型及数值模拟预测法

数学模型是影响硫化矿石氧化自燃的一些基本因素的数学关系式,涉及温度、时间、矿岩自身的物理和化学性质以及采矿和地质条件等。用于预测硫化矿石自燃的数学模型应该直观反映矿岩自然发火过程中的诸多影响因素,并体现出各个因素影响程度的相对大小。硫化矿石自燃预测的数学模型包括矿石的自然发火期、矿石堆的传热方程、风流场、氧浓度场等。文献[86]基于电化学理论建立了硫化矿岩自然发火期的数学模型;文献[87]建立了基于最大允许崩矿量和安全出矿周期的控制硫化矿石爆堆自燃的数学模型。各种类型的数学模型均可以借助数值分析软件进行解算[88~90]。

此外,还可以往堆积物中布置一定数量的传感器,通过计算机系统记录不同位置、不同时刻的相关数据[91],进一步获得描述温度的数学模型。整个测试系统由若干温度传感器、湿度传感器、热量传感器、数字转换器以及计算机组成,见图 1 – 16[91,92]。

由此,测得矿堆温度与时间、环境温度、空气湿度、气压之间的关系[92]为:

$$S_i = CS + C_1 S^2 + DS^3 + ES^4 + FS^5 + GS^6$$

$$Z_i = G_1 Z + HZ^2 + JZ^3 + IZ^4 + I_1 Z^5 + KZ^6$$

$$N_i = LN + MN^2 + ON^3 + O_1 N^4 + PN^5 + RN^6$$

$$B_i = S_1B + UB^2 + U_1B^3 + VB^4 + YB^5 + ZB^6$$
$$T = f(S, Z, N, B)$$
$$T_i = A\left(\frac{S_i + Z_i}{N_i + B_i}\right) \tag{1-2}$$

式中，T_i 为矿堆不同位置处的温度；S 为空气温度；Z 为堆放时间；N 为大气相对湿度；B 为大气压；C、C_1、D、E、F、G、G_1、H、J、I、I_1、K、L、M、O、O_1、P、R、S_1、U、U_1、V、Y、Z、A 分别为相关系数。

有关硫化矿石自燃预测的数学模型将在本书的第 5 章进行系统研究。

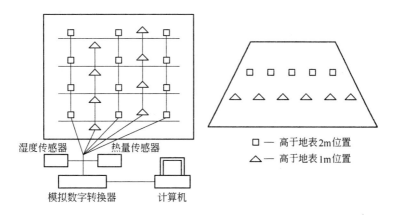

图 1 – 16   矿堆自燃的现场监测系统

Fig. 1 – 16   Schematic showing of monitoring system for the stockpile

1.3.3.5　专家系统

金属矿山自燃火灾的预测工作是一项系统工程，具有复杂性及经验性。在当今计算机技术快速发展的背景下，可以将硫化矿石的物理化学性质、现场条件、专家经验等融合为一个智能化系统，以便高效、可靠地预防自燃事故的发生[93,94]。

1.3.4　硫化矿石自燃预报技术的研究现状

硫化矿石自燃预报技术是[32,33]在硫化矿床开采之后，松散矿石氧化放热进入自热阶段，在矿石发生自燃冒青烟或出现明火之前，根据硫化矿石氧化放热时产生的标志性气体（SO_2）、矿石堆温度等参数的变化特征，较早发现自燃征兆，判断自然发火危险性程度的技术。目前，用于硫化矿石自燃的早期预报方法主要有标志性气体分析法、测温法等，而磁探测法、电阻率探测法等是否适用于金属矿山内因火灾的预报中还有待进一步研究；预报手段主要包括人工测温（取样）分析和实时监测系统[95]。

（1）标志性气体分析法[96~98]。该方法是以硫化矿石自然发火过程中所释放出的 SO_2 作为指标气体来预报其氧化自热的发展程度。气体指标可以利用某些标志性气体的浓度直接进行预报，或找出某些气体组分的变化率或某些气体组分间的变化规律；监测手段主要有检知管、气体传感器、便携仪表等。硫化矿石在氧化自热阶段，会产生表征其自燃征兆的气体，如 SO_2（若矿石中夹有碳质页岩，可能还会释放 CO_2、CO 等气体）；当矿质一定时，这些气体产物和温度之间表现出一定的规律性，由检测到的气体浓度可以判断硫化矿石自燃的危险性程度。指标气体是硫化矿石自然发火过程中矿石堆温度升高后所产生的氧化气体，只能在矿石已经发生严重自燃时才能检测出，而且气体生成量较少，并随风流流动。因此，该种预报技术不能确定高温区域、自燃速率和趋势，以及矿堆可能达到的温度。此外，可以建立采场气体流动和 SO_2 浓度分布的数学模型，联合求解来确定气体释放源的位置，进而判断采场的自燃危险区域；这些技术目前仍处于研究阶段，应用于实践中还存在一定的困难。

（2）测温法。温度的升高直接反映出硫化矿石的氧化自热程度，测温法就是测定采场硫化矿石与周围介质的温度变化。该方法是预报硫化矿石自热和探寻高温点及火源的最直接、最可靠的方法，但采场松散矿石内部温度的测量技术尚未完全解决。目前用于检测硫化矿石自然发火的方法主要有非接触式测量技术（如利用红外测温装置）和接触式测量法（如利用温度传感器）。红外线测温仪只能探测出物体表面与仪器垂直部位的温度，而且要求中间无遮挡物，不适用于松散矿体内部或相邻采空区内部的温度检测。刘辉等基于红外热成像仪，围绕矿石堆的表面温度与内部火源位置展开了深入研究[99]。接触式测温技术主要是在发生自燃火灾几率较高的区域埋设热电偶探头，远距离连续监测矿石堆的温度，掌握松散矿体的温度分布及变化规律[100]；该方法可靠、直观，但预报范围较小，安装、维护工作量大。

（3）示踪气体法。该方法基于某些气体在一定温度条件下发生分解的原理，通过往井下可能的发火区域注入示踪气体，连续监测分解物来判断矿石的自燃危险性程度[101]。

（4）磁探测法[102,103]。硫化矿石发生自燃时，其内部含有的铁质成分将发生物理化学变化而生成磁性物质，并保留较强的磁性，且磁性随自燃温度的升高而增强；磁探测法便是基于这种原理进行采场高温点的监测。

（5）电阻率探测法[104]。自然发火过程中，硫化矿石的结构状态和含水性将发生较大变化，从而引起矿石自身和周围岩石电阻率的改变。通过比较未自燃区域与自燃区域的电阻率变化差异，来判断采场自燃区域的位置。

（6）地质雷达法[105]。该方法依据电磁波在介质中传播时遇到高温状况其反射速率将发生变化的原理，来预报金属矿山自燃火灾的发生。

（7）遥感技术[106,107]。硫化矿石自燃过程中产生的热量、热性气体可以通过采场裂隙、裂缝等传导到达地表，从而形成比周围环境温度偏高的热异常区域；热红外遥感技术探测法就是基于这种热异常现象进行探测的。

（8）无线电波法[108]。往矿堆中埋设温度探头，将反映温度的物理量转化成无线电波传出，利用布置在巷道中的设备接收信号，并将电信号转变为温度的物理量。

此外，还可以通过往地表钻孔采集与自燃现象相关的数据，进一步探测火源位置[109]；或者将以上几种方法联合应用[110]；也可以借助人的直接感觉，如硫化矿石临近自燃时释放出刺激性气体 SO_2，巷道发生"出汗"等现象[25,81]。

上述各种预报方法都有自身的优、缺点和使用范围。磁探测法、电阻率探测法、氡探测法主要适用于封闭火区且火源温度较高的场合，在井下温度区域不大于 100℃ 时无能为力；气体检测法能预报高温区域温度，但不能确定高温区域的具体位置和变化速度，同时受井下通风量、风压的影响。通过监测硫化矿石的自燃温度来确定具体的自燃位置，是积极可靠的，而关键是选择合适的温度探测方法。

1.3.5 硫化矿石自燃防治技术的研究现状

由传热学理论可知，硫化矿石发生自燃必须具备三个基本条件：矿石具有自燃倾向性、有充足的供氧条件、有良好的聚热环境。因此，矿石自燃防治技术的基本思路就是破坏或消除这三个要素中的一个或几个作用，具体可以概括为挖除热源（发火矿石）、排热降温、隔氧[25,81]。依据该原则，硫化矿石自燃防灭火的技术措施主要有积极方法、消极方法（隔绝）、联合方法[83]。

1.3.5.1 硫化矿石自燃的防灭火技术[111~113]

积极方法是采用一种灭火手段直接作用于火源，如水、灭火器、惰性尘粉、砂，或直接挖出火源等；该方法只能用于人员可以进入火源区域的情况。消极方法是在有空气可能进入火区的通道上修筑隔墙，减少或完全截断空气进入火区参与矿石的氧化自燃，使矿石因缺氧而不能继续燃烧，最后自行冷却窒息。采用此方法要求火区易密闭，且密闭墙的质量好。联合方法是将隔绝火灾和直接灭火两种手段联合使用，通过清除零碎发火矿石，并对高温矿石采用灌浆、浇水、喷洒含阻化剂溶液、充填采空区、通风排热等综合性技术措施以降低矿石的温度和减小其氧化速度，最终达到阻止矿石发生自燃火灾的目的。这类方法的适用范围广，实施灵活多变，可应用于各种不同情况的火区。

1.3.5.2 阻化剂在预防硫化矿石自燃中的应用[31,114,115]

阻化剂的作用机理主要有隔氧降温、中和、吸附、钝化等。往易自燃的硫化矿堆喷洒阻化剂，可以达到阻碍或延缓硫化矿石低温氧化产物的生成，阻止矿石同水、空气有效接触，以及降低矿石的温度及其表面反应速率等目的。

采用的阻化剂必须满足：价格便宜，不宜大幅度增加采矿成本；对人和设备及出矿、选矿、冶炼等流程无影响，能够有效地隔氧、吸热、降温；具有一定的渗透性、黏附性；作用时间可以达数月之久；制备、使用方便。

现场运用阻化剂必须根据发火区域的位置、规模、采场的构成要素、现有的管道输送系统以及水源等客观因素，有的放矢地采取有效合理的喷洒方案。图1-17为往国内某一发火硫铁矿山采场注入阻化剂的工艺流程图。

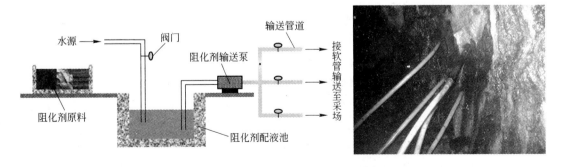

图1-17 往发火硫铁矿堆输入阻化剂溶液的工艺流程

Fig. 1-17 The technical flowchart of chemical suppressants solution injection for sulfide ores with spontaneous combustion hazard

1.4 研究现状的评价

在统计分析前人已取得研究成果的基础上可以看出，国内外就金属矿山硫化矿自然发火机理及其防治技术领域的研究已经初步形成了一套较为完整的理论体系。然而，近些年在该领域内的研究进展较为缓慢，许多理论与方法仍停留在 20 世纪 60～90 年代。目前有关金属矿山硫化矿自燃火灾研究的文献甚少，相关的科研机构并不多，而中南大学（作者所在单位）在该领域的研究一直处于国际前沿。

在基础理论研究方面，不同学者提出了多种用于解释硫化矿石自燃的学说，包括物理吸附氧机理、电化学机理、微生物氧化机理以及化学热力学机理。由于硫化矿石物理化学性质的复杂性及自然发火过程的动力学特性，任何一种机理均未能完全揭示出矿石自燃的本质。在模拟硫化矿石氧化自燃的工作中，大多数研究者是从宏观层面上加以描述，甚少有文献从微观角度对硫化矿石的常温氧化行为进行过表征。硫化矿石自燃倾向性鉴定技术仍缺少一套统一的操作标准，而且当前广泛采用的方法存在测试周期长、测试指标多等不足。迄今为止，有关硫化矿石自燃危险性的综合评价方法、数值模拟以及现场检测技术等方面的研究甚少有报道。这一切与金属矿产资源高效、安全开采的发展趋势严重相违背。

1.5 研究内容及技术路线

1.5.1 主要研究内容

本书针对金属矿山硫化矿石自燃研究中存在的主要问题和不足，从常温氧化行为的微观表征、自然发火机理、自燃倾向性测试技术、自燃危险性综合评价方法、数值仿真以及现场检测等领域着手，重点开展如下几个方面的研究工作：

（1）在实验室环境中模拟典型金属矿山硫化矿石矿样的常温氧化过程（包括恒温恒湿条件，自然环境下），对比矿样氧化前后的颜色、结块特性、形貌、化学成分等物理化学特性的变化。运用 XRD、SEM、EDAX、FTIR 等先进技术获得矿样氧化前后的特征图谱，同时测得矿样经历不同氧化时间后水溶性 Fe^{2+}、Fe^{3+}、SO_4^{2-} 的含量。系统分析硫化矿物的晶体结构、痕量元素的含量、环境温度、铁离子浓度、氧气浓度、湿度、矿样的粒度分布、环境的 pH 值以及微生物等诸多因素对硫化矿石常温氧化过程的影响。

（2）系统评述已有关于硫化矿石自然发火的各种理论，包括物理吸附氧机理、化学热力学机理、电化学机理及生物氧化机理。提出一种新的解释硫化矿石自燃的机械活化理论，比较硫化矿石在经历不同机械活化时间后各种矿样的 XRD 图、FTIR 图谱、SEM 形貌、粒度分布、TG-DSC 曲线等差异，验证该学说的合理性。

（3）提出硫化矿石自燃倾向性的氧化动力学测试方法，运用金属网篮交叉点法以及 TG-DSC 联用法测试硫化矿石的自燃倾向性，并以活化能作为其自燃倾向性的鉴定指标，在获得多个样本的解算指标后，建立硫化矿石自燃倾向性的鉴定标准。

（4）运用多孔介质动力学理论、传热传质学理论，结合达西定律、质量守恒定律及能量守恒方程，建立适用于硫化矿石堆自然发火的数学模型，包括采场硫化矿石爆堆内部的风流场、氧浓度场、温度场。基于各种反应理论，推导出硫化矿石自然发火期的数学模型。利用金属网篮法解算出矿仓硫精矿的自燃临界堆积厚度；建立采场环境中硫化矿石爆堆自燃危险性的综合评价模型，并验证其合理性。

（5）通过实验测试与理论分析相结合的方法获取硫化矿石自燃数学模型中的重要参数，包括密度、孔隙率、放热强度、导热系数、渗透系数等。运用 FLUENT 及 ANSYS 等数值分析软件对矿石自然发火的数学模型进行解算，从而确定典型矿山矿堆内某个时刻风流场、氧浓度场、SO_2 浓度场、温度场的分布规律，用于指导矿山的安全生产。

（6）在实验室内同时运用 Raytek 红外测温仪与 Center 接触式测温表测量不同类型（粉状、小块、大块）矿堆的表面温度，深入分析测量误差的产生机理。结合红外辐射的理论知识，总结出适用于硫化矿堆表面温度非接触式测定的红外测温装置的选择方法，为矿石自燃的预测预报提供有利途径；同时将改进后的红外测温系统用于现场（采场及矿仓）矿堆自燃火灾的检测中。

1.5.2 研究的技术路线

基于以上所述的主要研究内容，借助本教研室已具备的各种研究条件，采用理论分析、实验测试、数值模拟以及实践应用相结合的研究技术路线，对硫化矿的自然发火机理以及预测预报技术进行深入研究；研究的技术路线如图 1–18 所示。研究过程中还将运用到一系列的实验仪器与设备，将各种仪器、设备所对应的名称、型号、实验用途进行汇总，见表 1–11。

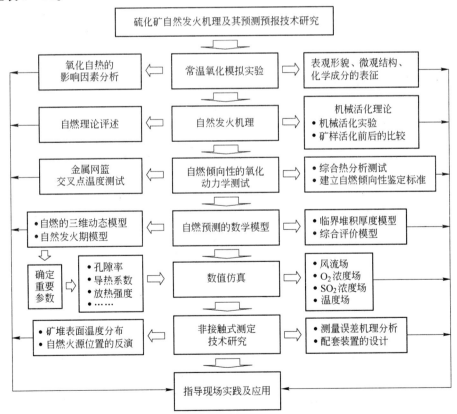

图 1–18　研究的技术路线

Fig. 1–18　The research flowchart

表 1 - 11　研究中运用到的主要实验仪器与设备

Table 1 - 11　The main experimental apparatuses and devices used in this study

仪器名称	规格型号	生 产 厂 商	实 验 用 途
电子精密天平	PL203	梅特勒 - 托利多仪器（上海）有限公司	精确称量矿样的质量
激光粒度分析仪	LS800	珠海欧美克仪器有限公司	测量粉末状矿样的粒度分布
恒温恒湿箱	HUTR02C	重庆汉巴试验设备有限公司	维持环境的恒温恒湿状态
可程式高温试验箱	HT302E	重庆汉巴试验设备有限公司	在程序高温条件下加热矿样
偏光显微镜	E400 - POL	日本 NIKON	在显微镜下观测矿物的类型、结构构造、矿物晶体尺度等
X 射线衍射仪	D/Max 2500	日本理学株式会社	物相定性和定量分析，晶粒尺寸及点阵畸变的测定，残余应力的测定等
傅里叶红外光谱仪	Nexus670	美国 Nicolet 公司	确定未知化合物的官能团，推断出物质相应的结构
扫描电子显微镜/含 EDAX 能谱仪	Quanta - 200	FEI 香港有限公司	对样品进行表面形貌观察及表面元素成分分析
同步热分析仪	STA449C	德国 NETZSCH 公司	在宽广的温度范围内实现 DSC、DTA 以及 TG 的同步测试
激光粒度分析仪	Mastersize 2000	英国 Malvern	分析机械活化矿样的颗粒粒度分布
行星式球磨机	KQM 型	南京科析实验仪器研究所	对矿石产生强力剪切、冲击、碾压以达到粉碎效果
全自动比表面积及孔隙率分析仪	Autosorb - 1	美国 Quantachrome	矿样的比表面积测定，吸附、脱附等温线测定，孔体积和面积分析
数字式万用表	DT9205	上海艾测电子科技有限公司	测量电流、电阻
可记录测温表	CENTER 309	台湾群特	自动记录各个时刻所测量的温度值
RAYTEK 便携式红外测温仪	RaytekST80	美国雷泰公司	快速检测矿堆表面各个点的温度分布
红外热成像仪	IRI - 1011	IRISYS 公司	测量矿堆表面的温度分布

2 硫化矿石的常温氧化行为及影响因素分析

2.1 典型硫化矿物的结构特性

据估计，硫化矿物的总量约占地壳总质量的 0.15%，其中绝大部分是铁的硫化物，而其他元素的硫化物仅为地壳总质量的 0.001%。自然界形成硫化矿物的阴离子主要是 S，呈 S^{2-}、$[S_2]^{2-}$，或与半金属元素 As、Sb 等构成 $[AsS_3]^{3-}$、$[SbS_3]^{3-}$ 等络阴离子；相结合的阳离子主要有铜型离子（Cu、Ag、Zn、Hg、Pb 等）和一些过渡型离子（Mn、Fe、Co、Ni、Mo 等）。从化合物的类型来看，硫化矿物属于离子化合物，但由于某些硫化矿物表现出明显的共价键特征，或显示出金属键性，一些物理性质与典型离子晶格的晶体存在差异。此外，在硫化物中，还存在多键型晶格，如具有链状和层状结构的硫化物，键与链、层与层之间主要由分子键联结。硫化矿物化学键的复杂性取决于组成硫化物原子的特殊电子结构组态，表 2-1[25,116] 统计了 13 种典型硫化矿物的主要结构特性。

表 2-1 典型硫化矿物的主要结构特性

Table 2-1 The main structure properties of typical sulfide minerals

黄铁矿	化学组成	Fe 46.55%，S 53.45%；混入物常有 Co、Ni、As、Sb、Cu、Au、Ag 等
	晶体结构	等轴晶系，晶体结构与氯化钠相似
	形态	晶形呈立方体、五角十二面体，集合体常呈致密块状、散染粒状
	物理性质	浅黄铜色，金属光泽不透明，硬度为 6~6.5，具有弱导电性、热电性
	成因和产状	富含 Ni 的黄铁矿见于铜镍硫化物岩浆矿床，含 Co 的黄铁矿则常见于接触交代矿床；多金属热液矿床中，Cu、Zn、Pb、Ag 等含量增高
胶黄铁矿	化学组成	化学式与黄铁矿相同；常含砷，含量有时高达 8%
	物理性质	胶状，浅黄铜黄色，不透明，金属光泽，容易磨光，一般带明显的棕色色调，反射色与黄铁矿的相似，反射率大都较低；硬度为 6~6.5 且变化较大，有的低于方铅矿；相对密度为 4.9~5.2
白铁矿	化学组成	化学组成与黄铁矿相同，含微量 As、Sb、Bi、Co、Cu 等混入物
	晶体结构	斜方晶系；Fe^{2+} 位于斜方晶胞的角顶和中心，哑铃状 $[S_2]^{2-}$ 的轴向与 c 轴斜交，而其两端位于 Fe^{2+} 围成的两个三角形的中心
	形态	单个晶体常呈板状，白铁矿集合体常呈鸡冠状和矛头状
	物理性质	淡黄铜色，稍带浅灰或浅绿的色调，条痕暗灰绿色，金属光泽，不透明；硬度为 5~6，性脆，参差状断口，相对密度为 4.6~4.9；具弱导电性
	成因和产状	不形成大量聚积，是 FeS_2 的不稳定变体，高于 350℃ 即转变为黄铁矿；在氧化条件下，易分解而形成铁的硫酸盐和氢氧化物

磁黄铁矿	化学组成	一般用 $Fe_{1-x}S$ 表示，式中 x 介于 0.1 ~ 0.2；含硫约 39% ~ 40%；混入物以 Ni 和 Co 最为常见，其次是 Cu
	晶体结构	有两种同质多象变体：高温六方晶系变体及低温单斜晶系变体
	形　态	通常呈致密块状、粒状集合体或呈浸染状，单晶体常呈平行 {0001} 的板状
	物理性质	呈古铜黄色至古铜红色，表面常有暗褐色、暗棕色的锖色，条痕灰黑色，金属光泽，不透明；硬度为 4，性脆，断口多为参差状，相对密度为 4.58 ~ 4.70；单斜磁黄铁矿具强顺磁性；具导电性
	成因和产状	产于基性岩体内的铜镍硫化物岩浆矿床中，与镍黄铁矿、黄铜矿紧密共生；产于接触交代矿床中，与黄铜矿、黄铁矿、磁铁矿、铁闪锌矿、毒砂等矿物共生，主要形成于硅卡岩过程的后期阶段；产于一系列热液矿床中，如锡石硫化物矿床，与锡石、方铅矿、闪锌矿、黄铜矿等共生；在氧化带，极易分解而最终转变为褐铁矿
方铅矿	化学组成	Pb 86.6%，S 13.4%；成分中常含 Ag、Bi、Sb、Se 等
	晶体结构	等轴晶系，晶体结构属 NaCl 型，阴阳离子的配位数均为 6
	形　态	立方体晶形，有时为立方体与八面体的聚形；常为粒状或致密块状集合体
	物理性质	呈铅灰色，条痕黑色，金属光泽；解理完全平行，硬度为 2 ~ 3，相对密度为 7.4 ~ 7.6；具有弱导电性和良好的检波性
	成因和产状	形成于不同温度的热液过程，以中温热液过程为最主要，常与闪锌矿一起形成铅锌硫化物矿床
闪锌矿	化学组成	Zn 67.1%，S 32.9%；成分与形成条件有很大关系
	晶体结构	等轴晶系，阴阳离子的配位数为 4
	形　态	晶形常呈四面体，偶尔出现菱形十二面体形态；集合体通常为粒状块体，偶尔呈隐晶质的肾状或葡萄状形态
	物理性质	光学性质随含铁量而变化。含铁量增多，颜色由无色到浅黄、黄褐以至棕色，条痕由白色至褐色，光泽由树脂光泽至半金属光泽，透明至半透明
	成因和产状	常见于各种热液成因矿床中；在高温热液矿床中，常富含 Fe、In、Se、Sn；中低温热液矿床中则含 Cd、Ga、Ge、Ti
黄铜矿	化学组成	Cu 34.56%，Fe 30.52%，S 31.92%；常含 Ag、Au、Mn、As、Se 等
	晶体结构	四方晶系，结构晶体为闪锌矿型的衍生结构
	形　态	常为致密块状或分散粒状集合体，晶体常见单形有四方四面体、四方双锥
	物理性质	呈黄铜黄色，金属光泽；解理平行不完全，硬度为 3.5 ~ 4，性脆；能导电
	成因和产状	在与基性岩有关的铜镍硫化物岩浆矿床中，与磁黄铁矿、镍黄铁矿共生；接触交代矿床中，充填于石榴子石或透辉石等硅卡岩矿物间；中温热液矿床中，常与黄铁矿、方铅矿、辉钼矿及方解石、石英共生；地表氧化环境中，易于氧化分解，形成孔雀石、蓝铜矿
斑铜矿	化学组成	Cu 63.33%，Fe 11.12%，S 25.55%
	晶体结构	等轴晶系，晶体结构相当复杂
	形　态	致密块状或不规则粒状，单晶体极为少见
	物理性质	呈暗铜红色，风化面呈暗紫或蓝色、斑状锖色，条痕灰黑色，金属光泽，不透明；性脆，硬度为 3，相对密度为 4.9 ~ 5.3；有导电性
	成因和产状	形成于 CuNi 硫化物矿床、硅卡岩矿床及铜硫化物矿床的次生硫化物富集带中；易分解形成孔雀石、蓝铜矿、赤铜矿、褐铁矿等矿物

辰砂	化学组成	Hg 86.2%，S 13.8%，成分固定。有时含微量的 Se 和 Te
	晶体结构	三方晶系；晶体结构属变形的氯化钠型
	形 态	晶体形态呈菱面体形或厚板状；常呈矛头状贯穿双晶；集合体多为粒状、块状或被膜状
	物理性质	红色，条痕猩红色，金刚光泽，半透明；解理完全平行，硬度为 2 ~ 2.5，相对密度为 8.1；有旋光性；不导电
辉锑矿	化学组成	Sb 71.4%，S 28.6%
	晶体结构	正交晶系，具有链状结构
	形 态	单晶体常呈柱状或针状形态，柱面具明显的纵纹并常弯曲，集合体呈放射状或致密粒状
	物理性质	辉锑矿呈铅灰色，条痕黑色，金属光泽，不透明；解理平行完全，解理面上常显横的聚片双晶纹，硬度为 2，相对密度为 4.52 ~ 4.62
雄黄	化学组成	As 70.1%，S 29.9%
	晶体结构	单斜晶系；晶体结构属分子型结构，与自然硫类似
	形 态	单晶体形态呈细小的柱状、针状，但少见；通常为致密粒状或土状块体
	物理性质	呈橘红色，条痕浅橘红色，晶面为金刚光泽，断口为树脂光泽，透明至半透明；解理平行完全，硬度为 1.5 ~ 2，相对密度为 3.48；阳光久照后发生破坏，变为红黄色粉末
辉钼矿	化学组成	Mo 59.94%，S 40.06%。常含有 Re 和 Se 的类质同象混入物，Re 的含量可高达 2%
	晶体结构	晶体的结构为层状结构
	物理性质	呈铅灰色，条痕为带绿的灰黑色，金属光泽，不透明；解理平行极完全，硬度为 1 ~ 1.5，相对密度为 4.62 ~ 4.73；薄片能弯曲，具滑感
毒砂	化学组成	Fe 34.30%，As 46.01%，S 19.69%。常含有 Co 的类质同象混入物，含量一般为 3%，当含 Co 达到 12% 时，称为钴毒砂
	晶体结构	单斜晶系
	形 态	柱状，柱面上常有晶面条纹；集合体多为粒状或致密块状
	物理性质	呈锡白色，表面常带浅黄的金属锖色，条痕灰黑色，金属光泽，不透明；无解理，性脆，硬度为 5.5 ~ 6，相对密度为 6.2；用锤击后散发蒜臭味

注：元素含量均指元素的质量分数，下同。

2.2 硫化矿石的常温氧化实验

金属矿山矿石自然发火是采场硫化矿石氧化放热的结果，铁、铜、铅和锌等金属的硫化物均易于氧化。依据文献 [45]、文献 [117] 对硫化矿物进行绝热氧化测试的实验结果，可以发现硫化矿石在整个自燃过程中的温度变化规律，即矿石自燃是一个非线性的动态发展过程，可以划分为三个阶段，见图 2 - 1。

（1）低温氧化期。硫化矿石刚暴露在潮湿空气中时，由于物理吸附氧的作用产生少量热；矿石中含有的水分在蒸发时将带走一部分热量，使得该阶段矿石的温度基本保持不变。这是一个积蓄能量、激发活性的过程，经历时间较长。

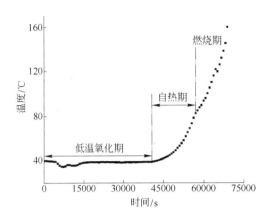

图 2 - 1　硫化矿石自燃过程的阶段划分

Fig. 2 - 1　Three stages in the process of spontaneous combustion of sulfide ores

（2）自热期。硫化矿石完成物理吸附氧后，进入化学吸附氧的作用阶段；在该过程中反应物的能量不断增加，FeS_2（FeS）分子逐步被激活，化学活性相应提高。当 FeS_2（FeS）分子的活性达到一定程度后，反应速率加快，产生较多的热量。在一定的外界条件下，热量不断积聚使得硫化矿石的温度逐渐升高，矿石的吸氧能力、氧化作用随之增强。

（3）燃烧期。硫化矿石经历自热期以后，放热量继续增大，温度快速上升，最终达到自燃点；此时的反应速率达到最大，并伴有 SO_2（冒烟）气体的生成。

由此可知，硫化矿石的低温氧化作用在整个自然发火过程中占据很大的比重，而现有的诸多文献大都侧重于矿石自燃的后两个阶段的研究。为了实现矿山安全生产的目的，必须在硫化矿石的低温氧化自热阶段采取积极有效的治理措施，以防止矿石温度上升到自燃点而引发内因火灾。因此，本章专门针对硫化矿石的常温氧化行为进行深入研究，采用精密仪器表征典型硫化矿石矿样在常温氧化过程中，颜色、表观形貌、微观结构、化学成分等物理化学性质的变化，为后面章节的研究提供理论依据。

2.2.1　矿样采集

矿样采集是开展整项实验工作的基础，通过现场地质调查，保证采集到的矿样在空间分布、矿石类型、结构构造，以及含硫、含铅锌品位等方面均具有代表性。河南省灵宝市金源晨光化工有限责任公司下属的银家沟硫铁矿属于典型的高硫矿床，自开采以来曾多次发生过矿石自燃事故。因此，从该座矿山采集到了具有代表性的多个矿样，具体的采集位置见表2－2。在采样过程中，每个矿样均用厚薄膜密封以防止被氧化，同时做好标记，用矿样布袋包好放至木箱，直接托运至实验室以备用。

表 2 - 2　矿样的采集地点

Table 2 - 2　The sampling places of sulfide ores in stope

矿样编号	采 样 位 置	采样方法
2 - 2	850m 中段 2 号矿体穿脉 3	多点采样
3 - 1	996m 中段 3 号矿体	多点采样
5 - 1	850m 中段 5 号矿体	多点采样

注：2 - 2、3 - 1、5 - 1 分别表示 2 号矿体 2 号矿样、3 号矿体 1 号矿样、5 号矿体 1 号矿样，下同。

2.2.2 矿样分析

矿样分析的目的是了解矿石的内在特征,掌握其氧化自燃特性的本质;主要包括矿相鉴定与化学成分分析。矿相鉴定是按照随机采样的原则,在一种矿样中选取数块有代表性的块矿,将块矿磨出一个光滑、新鲜的平面,在显微镜下观测矿物的类型、结构构造、矿物晶体尺度等,并利用数码相机对观测的矿物面进行拍照。通过矿相分析可以掌握硫化矿石中所含矿物、矿物的结构构造、矿物晶体颗粒尺寸等微观特征。运用E400-POL型偏光显微镜获得各个矿样的矿相鉴定结果,如图2-2、表2-3所示。

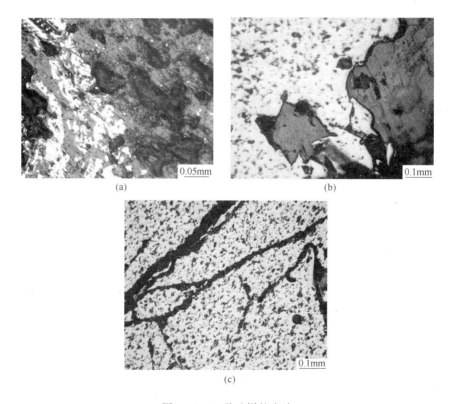

图2-2 三种矿样的光片

Fig. 2-2 The photomicrographs of three samples

(a) 2-2; (b) 3-1; (c) 5-1

表2-3 三种矿样的矿相分析结果

Table 2-3 The mineragraphy analysis results of three samples

编号	矿 物 成 分 含 量 及 其 特 征 描 述	鉴定名称
2-2	主要金属矿物为黄铁矿、黄铜矿、方铅矿。黄铁矿呈二期产出:早期为自形粒状,粒径0.05mm,呈浸染状产出;第二期为粒状,粒径0.002mm,呈浸染状产出。方铅矿为自形立方体,粒径0.01~0.02 mm,与黄铁矿呈细脉状产出。黄铜矿为他形粒状,粒径0.005~0.01mm;沿早期黄铁矿裂隙充填,粒径均0.02mm。矿物生成顺序为:黄铁矿—方铅矿—黄铜矿—黄铁矿	黄铜方铅黄铁矿石

编号	矿 物 成 分 含 量 及 其 特 征 描 述	鉴定名称
3 - 1	主要金属矿物为黄铁矿、毒砂、黄铜矿、闪锌矿。黄铁矿呈两期产出：早期呈半自形 - 自形粒状、立方体状；粒径1mm，裂理发育；晚期毒砂、黄铜矿常沿裂隙充填交代早期黄铁矿，呈细脉状、浸染状分布在岩石中；第二期黄铁矿为半自形粒状，粒径0.01～0.05mm，呈细脉状产出。毒砂为半自形粒状，粒径0.1mm，常沿早期黄铁矿裂隙充填交代黄铁矿，晚期毒砂交代闪锌矿。黄铜矿呈不规则半自形粒状，粒径0.01～0.05mm。闪锌矿量极少，被毒砂交代。矿物生成顺序为：黄铁矿—闪锌矿—黄铜矿—毒砂—黄铁矿	块状含毒砂黄铜黄铁矿石
5 - 1	主要金属矿物为黄铁矿；呈半自形 - 自形粒状、立方体状，颗粒粗大，粒径最大达5mm，一般为1mm；呈块状产出，裂纹发育	黄铁矿石

剥去矿样外表被氧化的部分，采用手工研磨而非机械粉碎，因为机械粉碎可能引起矿样局部温度升高而造成氧化，严重影响到后面的化学分析结果。将各个矿样破碎至180μm（80 目）以上，及时放入装有硅胶干燥剂的密封玻璃容器中以备用。

采用日本理学株式会社 D/Max2500 型 X 射线衍射分析仪对三种矿样的物相进行鉴定（Cu K$_\alpha$ 靶，λ = 0.154nm，电压40kV，电流250mA，扫描速度2°/min，每步停留0.5s），得知相应矿样的矿物组成，矿样 2 - 2 主要含黄铁矿（FeS_2）、菱铁矿（$FeCO_3$）以及二氧化硅（SiO_2）；矿样 3 - 1 主要含黄铁矿（FeS_2）、二氧化硅（SiO_2）以及磁黄铁矿（$Fe_{1-x}S$）；矿样 5 - 1 主要含黄铁矿（FeS_2）、二氧化硅（SiO_2）以及菱铁矿（$FeCO_3$）。三种矿样对应的 XRD 图谱见图 2 - 3。

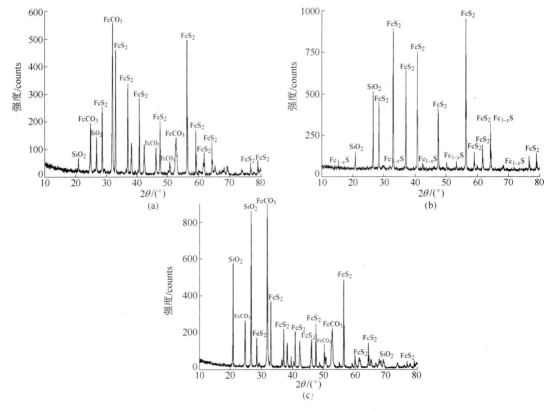

图 2 - 3 实验矿样的 XRD 图谱
Fig. 2 - 3 XRD spectra of experimental samples
（a）2 - 2；（b）3 - 1；（c）5 - 1

运用 Quanta - 200 型扫描电子显微镜（含 EDAX 能谱仪）测得三组矿样的化学成分。如表 2 - 4 所示，三种矿样的含铁量、含硫量均较高，并伴生有多种微量金属元素，矿样 3 - 1 的含硫量最高。相应的 SEM 照片见图 2 - 4，可知矿样的粒度分布较为均匀，颗粒表面粗糙。

表 2 - 4 矿样的化学成分

Table 2 - 4 Chemical compositions of three samples

矿样编号	组成元素（质量分数）/%											
	Fe	O	S	Si	Zn	Mn	Na	Mg	Cu	Co	Pb	Al
2 - 2	38.4	27.4	18.6	4.26	3.01	2.73	1.90	0.87	0.85	0.85	—	0.41
3 - 1	36.5	14.3	33.9	5.29	0.78	—	—	—	5.72	—	2.79	0.75
5 - 1	38.1	29.9	15.9	8.23	0.76	4.14	0.46	0.74	—	—	0.81	0.27

(a)　　　　　　　　　　　　　　(b)

(c)

图 2 - 4 矿样的 SEM 图片

Fig. 2 - 4 SEM photographs of three samples

(a) 2 - 2；(b) 3 - 1；(c) 5 - 1

2.2.3 实验操作

黄铁矿的氧化活性强，在空气中暴露 1min 时，表面所形成的硫酸盐可达 14%[118,119]；因此开展硫化矿石的常温氧化实验比较容易。用 PL203 型电子精密天平称取制备好的矿样约 40g 放至玻璃皿中均匀铺展开，并置于 HUTR02C 型恒温恒湿箱内。箱体内的温度保持在 40℃，相对湿度为 50% ~95%，最长氧化时间约为 150 天；反应期间，定期翻动矿样以保证氧化均匀与彻底。为了对比不同环境下矿样的常温氧化行为，将相同的一部分矿样直接放置在室内的实验台上进行自然氧化；实验中的矿样及恒温恒湿箱体见图 2 – 5。

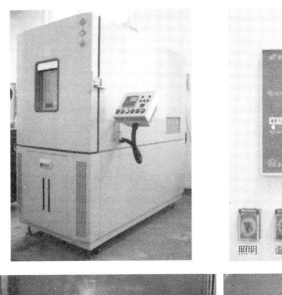
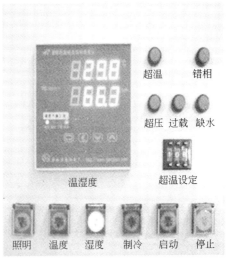

图 2 – 5 矿样的恒温恒湿及自然氧化

Fig. 2 – 5 The oxidation of samples under two conditions（constant temperature and humidity，natural environment）

2.3 硫化矿石常温氧化中的微观形貌及化学成分

定期观察各组矿样在恒温恒湿条件及自然环境下的氧化进程，结果发现：三种矿样在氧化前呈土灰色、表面较为光洁；而在恒温恒湿条件下氧化 3 个月以后，矿样 2 – 2、5 – 1 的表面出现了黄褐色的铁锈、呈疏松状，表明已发生较大程度的氧化作用；矿样 3 – 1

的颜色则由深灰色转变为灰白色,见图2－6(上方为原矿,下部为氧化过后的矿样);图2－7为肉眼观察矿样氧化后的形貌,可以发现三种矿样在恒温恒湿条件下表现出明显的结块特征。在自然环境下,三组矿样经历不同时间段的氧化作用后,均未表现出明显的表观特征变化。

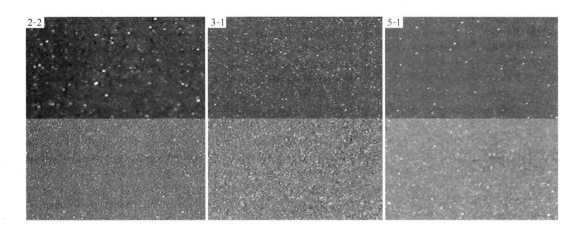

图2－6 三种矿样氧化前后的颜色变化(恒温恒湿环境)

Fig. 2－6 The color of three samples before and after the oxidation under the condition with constant temperature and humidity

图2－7 三种矿样氧化后的表观形貌(恒温恒湿环境)

Fig. 2－7 The apparent agglomeration of three samples after the oxidation under the condition with constant temperature and humidity

对氧化前后的矿样同时进行电镜扫描分析,结果如图2－8所示;可见氧化后的矿样表现出明显的结块现象,其中矿样2－2、5－1的结块程度最为显著,而矿样3－1的结块性最弱;这是硫化矿物在潮湿环境中的氧化产物遇水发生作用的结果。图2－9为矿样2－2在不同条件下的EDAX能谱图,可见主要元素峰的强度存在极大差异。

图 2 - 8　三种矿样在潮湿环境下氧化前后的 SEM 照片（上方为氧化前，下方为氧化后）

Fig. 2 - 8　SEM photogragbs of three samples before and after the oxidation
under the condition with constant temperature and humidity

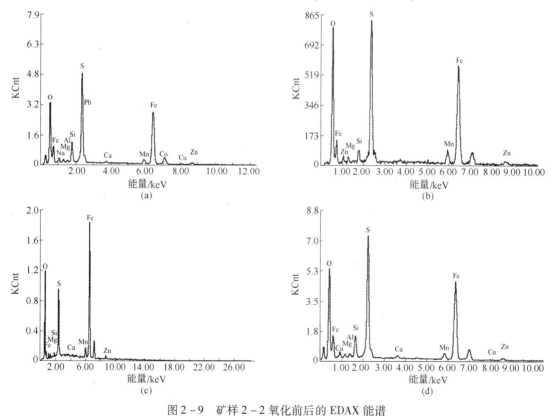

图 2 - 9　矿样 2 - 2 氧化前后的 EDAX 能谱

Fig. 2 - 9　The EDAX spectra of samples under different conditions

（a）原矿；（b）恒温恒湿 3 个月；（c）恒温恒湿 9 个月；（d）自然环境中 6 个月

　　利用 Nexus670 型傅里叶变换红外光谱仪，对氧化前后的三种矿样进行了红外光谱测试（分辨率为 4cm^{-1}，扫描次数 32 次）。由于在各种环境中发生了不同程度的氧化作用，矿样表面氧化产物的红外吸收峰强度大大增强，并出现了许多新的峰。结合图 2－10 及表 2－5 可以发现：恒温恒湿 3 个月后，矿样 2－2 在 3400cm^{-1}、1620cm^{-1}、1110cm^{-1}、864cm^{-1}、797cm^{-1}、733cm^{-1}、609cm^{-1} 等处出现了新的峰；恒温恒湿 9 个月后，新出现的峰更多，

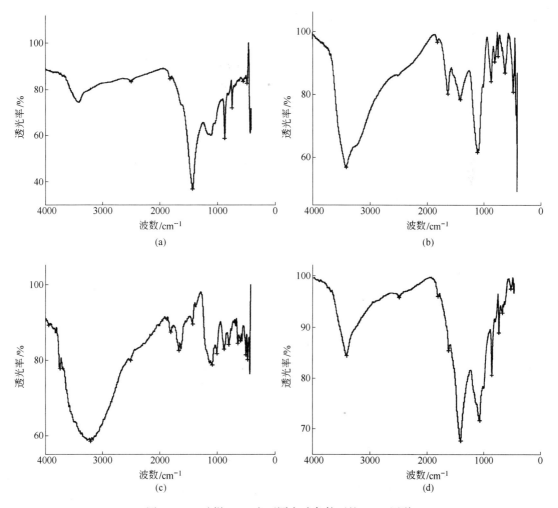

图 2－10　矿样 2－2 在不同实验条件下的 FTIR 图谱

Fig. 2－10　FTIR spectra of Sample 2－2 under different conditions

（a）原矿；（b）恒温恒湿 3 个月；（c）恒温恒湿 9 个月；（d）暴露在常温下 6 个月

表 2－5　矿样 2－2 在不同实验条件下 FTIR 图谱的峰值

Table 2－5　The peak values of FTIR spectra for Sample 2－2 under different conditions

实验条件	峰 值 位 置/cm^{-1}
原　矿	2490，1810，1420，864，735，539，470
恒温恒湿 3 个月	3400，1810，1620，1410，1110，864，797，733，609，469
恒温恒湿 9 个月	3930，3730，3200，2500，1800，1660，1420，1080，1000，880，799，641，592，499，468
自然环境 6 个月	3400，2490，1810，1620，1410，1080，863，734，670，522

表明晶体结构发生了较大变化；相对而言，矿样在自然环境中放置 6 个月后，新出现的峰较少；733cm^{-1}、641cm^{-1}、734cm^{-1}、670cm^{-1}处可能为水合氢氧化物[120]。

　　结合表 2-6 与图 2-11，可知矿样 3-1 在恒温恒湿的环境中氧化 3 个月后，在 1190cm^{-1}、1010cm^{-1}、439cm^{-1}处出现了新的峰，而 3830cm^{-1}、698cm^{-1}处的峰消失；置于自然条件下氧化 6 个月以后，在 1510cm^{-1}、1190cm^{-1}、1010cm^{-1}处出现了新的峰；3400cm^{-1}、1640cm^{-1}处出现的吸收峰，表明矿样中有液态水存在[120]。与矿样 2-2 相比，新出现峰的数量少，表明在相同的环境条件下，矿样 2-2 比矿样 3-1 更容易氧化。

表 2-6　矿样 3-1 在不同实验条件 FTIR 图谱的峰值

Table 2-6　The peak values of FTIR spectra for Sample 3-1 under different conditions

实验条件	峰 值 位 置/cm^{-1}
原 矿	3830，3480，1620，1410，1080，795，689，628，517
恒温恒湿 3 个月	3400，1640，1420，1190，1090，1010，793，625，517，439
自然环境 6 个月	3380，1630，1510，1420，1190，1090，1010，794，687，625，517

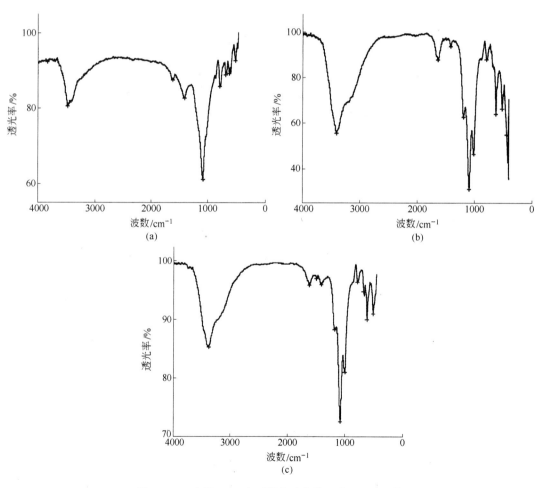

图 2-11　矿样 3-1 在不同实验条件下的 FTIR 图谱

Fig. 2-11　FTIR spectra of Sample 3-1 under different conditions

（a）原矿；（b）恒温恒湿 3 个月；（c）暴露在自然环境中 6 个月

表2-7与图2-12表明，矿样5-1置于恒温恒湿条件下3个月后，新出现峰的位置为1620cm⁻¹、1090cm⁻¹、670cm⁻¹、626cm⁻¹；恒温恒湿氧化9个月后，在2590cm⁻¹、1990cm⁻¹、1660cm⁻¹、1620cm⁻¹、1000cm⁻¹、610cm⁻¹、506cm⁻¹等处有新的峰出现；在自然环境中放置6个月后，某些吸收峰的强度相对原矿增强；位于610cm⁻¹处的吸收峰，可能有SO_4^{2-}存在[120]。

表2-7 矿样5-1在不同实验条件下FTIR图谱的峰值

Table 2-7 The peak values of FTIR spectra for Sample 5-1 under different conditions

实验条件	峰 值 位 置/cm⁻¹
原 矿	3420, 2500, 1820, 1420, 1080, 865, 796, 734, 468
恒温恒湿3个月	3400, 2500, 1810, 1620, 1420, 1090, 863, 795, 733, 670, 626, 472
恒温恒湿9个月	3730, 2590, 2500, 1990, 1810, 1660, 1620, 1430, 1130, 1000, 868, 796, 610, 506, 462
自然环境6个月	3400, 2490, 1810, 1410, 1080, 864, 795, 733, 486

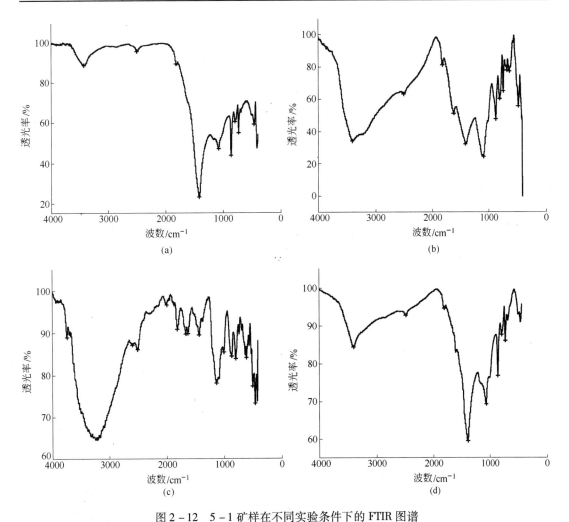

图2-12 5-1矿样在不同实验条件下的FTIR图谱

Fig. 2-12 FTIR spectra of Sample 5-1 under different conditions

（a）原矿；（b）恒温恒湿3个月；（c）恒温恒湿9个月；（d）暴露在自然环境中6个月

图2－13为三种矿样置于恒温恒湿环境中3个月以后的 XRD 图谱，可以发现矿样氧化前后的衍射峰强度有所差异。矿样2－2、5－1 氧化后有新的物相生成，如 $FeSO_4$、$Fe_2(SO_4)_3$ 等；而矿样3－1 氧化后未能发现新的矿相。

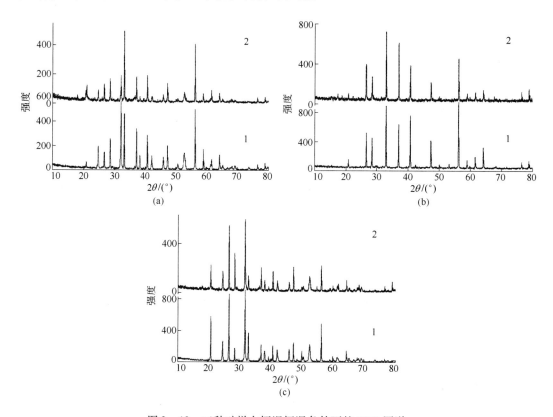

图2－13 三种矿样在恒温恒湿条件下的 XRD 图谱

Fig. 2－13 XRD spectra of three samples under different conditions

(a) 2－2；(b) 3－1；(c) 5－1

1—原矿；2—氧化3个月后

硫化矿物在各种环境中的氧化反应模式相当复杂，图2－14 给出了磁黄铁矿在常温条件下，表面连续氧化的产物模型[121]。

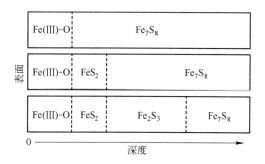

图2－14 磁黄铁矿表面氧化的连续产物模型

Fig. 2－14 The oxidation model on the surface of pyrrhotite

　　硫化矿石常温氧化的生成物中通常含有一定量的水溶性 Fe^{2+}、Fe^{3+}、SO_4^{2-} 等，通过定期测定不同氧化时间后相关化学成分的含量变化，可以衡量各个矿样的氧化反应速率，进而比较不同矿样氧化活性的强弱。在此，委托专门的科研机构测定了三种矿样在恒温恒湿环境中氧化 90 天和 150 天以后水溶性铁离子（Fe^{2+}、Fe^{3+}）和 SO_4^{2-} 的含量，如图 2-15所示。可以看出，三种矿样中水溶性铁离子及 SO_4^{2-} 的含量均随着氧化时间的延长而增加；但就具体某一种矿样而言，其变化量存在较大差异。

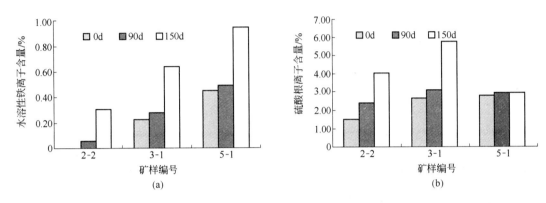

图 2-15　矿样经历不同氧化时间后的铁离子及硫酸根离子含量
Fig. 2-15　Iron and sulfate ions contents of samples at different oxidation time
（a）水溶性铁离子含量；（b）硫酸根离子含量

　　大量研究表明，硫化矿石在常温氧化过程中甚少有 SO_2 气体释放出来，是一个反应增重的过程。黄铁矿、磁黄铁矿在潮湿空气中，可以发生式（2-1）~式（2-6）的化学反应[25]：

$$2FeS_2 + 7O_2 + 2H_2O == 2FeSO_4 + 2H_2SO_4 \qquad (2-1)$$

$$4FeS_2 + 15O_2 + 14H_2O == 4Fe(OH)_3 + 8H_2SO_4 \qquad (2-2)$$

$$4FeS_2 + 15O_2 + 8H_2O == 2Fe_2O_3 + 8H_2SO_4 \qquad (2-3)$$

$$12FeSO_4 + 6H_2O + 3O_2 == 4Fe_2(SO_4)_3 + 4Fe(OH)_3 \qquad (2-4)$$

$$4FeSO_4 + 2H_2SO_4 + O_2 == 2Fe_2(SO_4)_3 + 2H_2O \qquad (2-5)$$

$$FeS + 2O_2 + H_2O == FeSO_4 \cdot H_2O \qquad (2-6)$$

　　可以通过测定矿样的氧化增重率来判定其常温氧化活性，由式（2-7）[31]确定：

$$P = \frac{\Delta m}{m_0} = \frac{m - m_0}{m_0} \times 100\% \qquad (2-7)$$

式中，P 为氧化增重率，%；Δm 为氧化一段时间后矿样质量的增加值，g；m_0 为矿样的初始质量，g；m 为矿样氧化后的质量，g。

　　矿样 2-2、3-1、5-1 分别在不加水、加水5%的条件下，利用 PL203 型电子精密天平测出不同时间段的氧化增重率，结果见图 2-16。总体看来，随着氧化时间的延长，矿样的氧化增重率均不断增大，但不同矿样的增加量有所差异；矿样 5-1 的增重率最大，表明其在相同环境条件下的氧化速率最快。

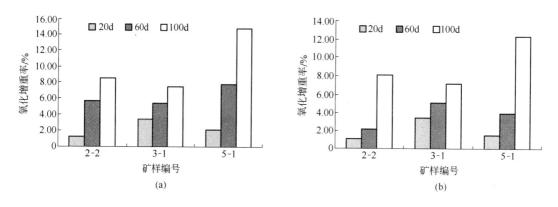

图 2-16 矿样在不同时间段的氧化增重率变化

Fig. 2-16 The oxidation increment rates of samples at different time

（a）不加水；（b）加水 5%

2.4 硫化矿石常温氧化的影响因素

2.4.1 晶体结构与化学组成

磁黄铁矿作为典型的硫化矿物，具有非化学计量结构，在其晶体结构中存在铁亏损，表现出较低的晶体对称性。磁黄铁矿的晶体有两种同质多象变体，即单斜晶系与六方晶系。Belzile 认为单斜晶系的磁黄铁矿，其活性比六方晶系小[122]；而 Vanyukov 与 Razumovskaya 认为单斜晶系与六方晶系相比具有更高的 S/Fe 比率，所以具备更大的反应速率[123]。Janzen 等[124]通过实验发现，晶体类型对磁黄铁矿氧化反应速率的影响并没有表现出一定的规律性，图 2-17 给出了磁黄铁矿两种晶体结构的含量与其氧化反应速率的关系。

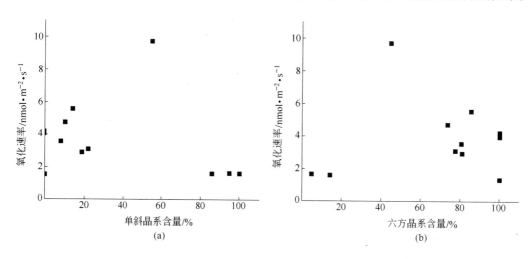

图 2-17 晶体结构对磁黄铁矿氧化速率的影响（基于 iron 的释放率，pH 值为 2.75，25℃）

Fig. 2-17 The influence of crystal structure on pyrrhotite oxidation rate

based on iron release （pH 2.75，25℃）

（a）单斜晶系含量；（b）六方晶系含量

与其他硫化矿物相比，磁黄铁矿在大气环境中更加容易受到侵蚀，因此在硫化矿石的氧化自热反应中起着相当重要的作用。一些典型硫化矿物遭受风化侵蚀的难易程度依次为（由易到难）：磁黄铁矿>闪锌矿>镍黄铁矿>黄铁矿>黄铜矿[125]。国外某些行业领域已经将磁黄铁矿质量分数超过10%的矿石视为高自热/自燃危险性物质。SOMOT 等[37]利用自热性装置测试了含有不同量磁黄铁矿矿样在环境温度为70℃时的自热速率，如图2-18所示；可见，矿样的自热速率随着磁黄铁矿含量的增多而加大。

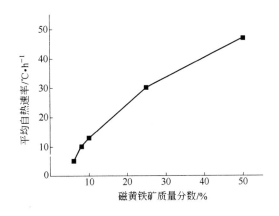

图 2-18 平均自热速率随磁黄铁矿含量的变化

Fig. 2-18 Average self-heating rates versus the content of pyrrhotite in samples

Steger[126]测试了三种硫化矿物在 pH 值为 2.8 的羟氨盐酸盐溶液中反应 4h 以后的水溶性氧化产物，发现磁黄铁矿、黄铜矿以及黄铁矿氧化产物中全铁的含量依次为 1.7mg/g、1.2mg/g、0.65mg/g，由此也证明磁黄铁矿较黄铁矿具有更强的反应活性。国外一些学者对不同硫化矿物的氧化活性进行了测试，结果如表 2-8[82]所示；所得结论都是基于单一硫化矿物在某一特定实验条件下的反应值。总之，硫化矿石是否容易发生自燃，应该取决于矿石的综合特性，而并非某单一矿物的氧化活性。

表 2-8 不同硫化矿物的氧化活性比较

Table 2-8 Comparison of the oxidation activation of different sulfides

研究者		文契尔	希哈拉	希哈拉	齐斯-艾林麦尔文
氧化介质		$H_2O + O_2$	H_2SO_4	$Fe_2(SO_4)_3$	$CuSO_4$（无氧）
矿物名称	氧化活性依次减弱 ↓	闪锌矿 辉铜矿 磁黄铁矿 黄铜矿 黄铁矿 方铅矿 辉银矿	磁黄铁矿 黝铜矿 方铅矿 闪锌矿 黄铜矿 毒砂 白铁矿 黄铁矿	磁黄铁矿 黝铜矿 方铅矿 毒砂 闪锌矿 黄铁矿 硫砷铁矿 白铁矿 黄铜矿	方铅矿 磁黄铁矿 闪锌矿 黄铜矿 斑铜矿 黄铁矿 铜蓝 辉铜矿

硫化矿石中含有多种化学组分，某些有机物或挥发分在一定条件下能助长其氧化自热，而 SiO_2、重晶石以及碳酸盐等惰性物质则可以阻止硫化矿石的进一步氧化[82]。邓时

升[40]通过分析某些硫铁矿山的含硫量、含碳量与发生自燃的次数，发现硫化矿石自燃与其含碳量之间存在密切关系：含碳量越高，自燃程度越大。

此外，硫化矿石中含有多种痕量元素，诸如 Ag、As、Au、Bi、Cd、Co、Cu、Hg、Mo、Ni、Pb、Pd、Ru、Sb、Se、Sn、Te、Zn 等[127]。某些杂质替代黄铁矿晶体结构中的 Fe、S 元素，会影响到其半导体性质[128]和氧化速率。鉴于矿石中各种痕量元素的含量及分布存在很大差异，甚少有文献专门就痕量元素对硫化矿石氧化速率的影响进行深入研究，更未从单种痕量元素的角度加以分析。Stephen Lehner 等[129]利用交流伏安法、循环伏安法进行合成黄铁矿的电化学实验时发现，含有 As 的黄铁矿，其反应速率较不含杂质或含极小量杂质的黄铁矿的反应速率大；在相同溶液中（加入了铁离子，有氧气存在，pH 值为 1.78 的硫酸溶液），含有 As 元素的黄铁矿比含有 Ni、Co 元素黄铁矿的反应速率大；含有最小量杂质的黄铁矿，其反应活性最小。此后，Stephen Lehner 与 Kaye Savage 又利用间歇式反应器测试了 As、Co、Ni 三种痕量元素对黄铁矿氧化速率的影响，结果表明黄铁矿中 As、Co、Ni 等元素的含量与其氧化速率的关系表现出较大的随机性，如图 2-19[130]所示。

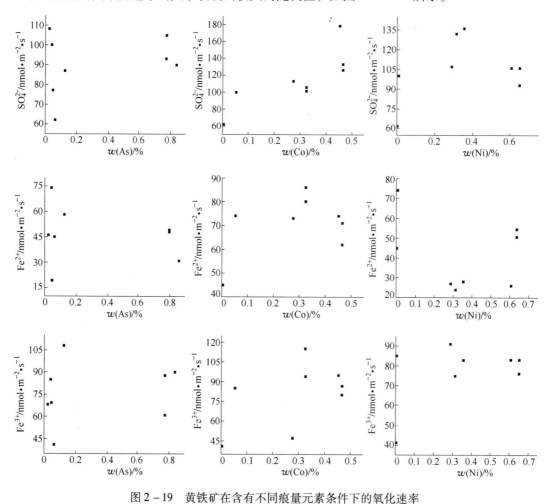

图 2-19 黄铁矿在含有不同痕量元素条件下的氧化速率

Fig. 2-19 Reaction rates for pyrite samples plotted against the concentration of impurity elements

Kwong 曾指出，痕量元素的含量较高时，磁黄铁矿的氧化速率减小；Janzen 也观察到，随着 12 组磁黄铁矿中痕量元素含量的逐渐增加，其氧化速率有下降的趋势（环境的 pH 值为 2.75，温度为 25℃），但规律并不明显，如图 2 – 20[124] 所示。

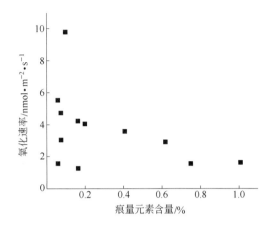

图 2 – 20 痕量元素的含量对磁黄铁矿氧化速率的影响
（基于 iron 的释放率，pH 值为 2.75，25℃）

Fig. 2 – 20 The influence of total trace metal content on pyrrhotite oxidation by oxygen based on iron release（pH 2.75，25℃）

再者，井下矿岩含水中存在 O_2、H^+、Fe^{2+}、Fe^{3+} 等多种组分。当电化学性质不同的两种或多种硫化矿物相接触时，可以产生原电池效应，发生氧化还原反应，从而把反应物潜在的化学能转化成电能、热能[131,132]。研究发现，若方铅矿、闪锌矿等与黄铁矿同时存在，其氧化速率要提高 8 ~ 20 倍[122]；而单一硫化矿物的氧化反应进行相对困难。刘庆友等[133]综述了硫化矿物原电池的反应原理、电化学研究方法以及其对矿山环境污染的影响。

2.4.2 含水率与空气湿度

许多研究表明，水在硫化矿石的氧化自热过程中起着催化和阻化双重作用；较低的含水率能起催化作用，若含水率增加到一定量后，相应的阻化效果大大增强[134,135]。

利用绝热量热器开展了干黄铁矿和湿黄铁矿（加了少量水）的自燃实验，结果发现，湿矿的氧化速率明显快于干矿，见图 2 – 21[83]。也有研究报道，硫化矿物的含水率维持在 3% ~ 8% 时是自热的理想条件[2]。基于文献 [46]，往干燥的 FeS 样品中分别加入 1.5%、5.0%、10.0% 以及 60% 的蒸馏水，混合均匀后移至量热球中进行测试。结果发现，矿样加入一定量的水后，起始自热温度明显降低；而在含水率增加到 60% 时，矿样温度在快速上升至某一温度值后并不出现放热现象。主要原因是大量水蒸发时吸收矿样氧化释放出的热量，并阻碍氧气与矿样进一步接触。

Steger 研究了环境温度为 50℃ 时，单斜晶系磁黄铁矿在不同相对湿度条件下的氧化过程，见表 2 – 9[8]，可发现矿样的反应速率随着环境相对湿度的增加而增大。

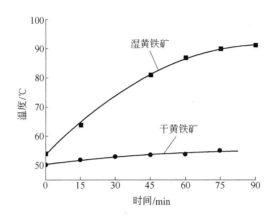

图 2 – 21 黄铁矿在绝热量热器内的自热效果

Fig. 2 – 21 The self-heating effect of pyrite in the adiabatic apparatus

表 2 – 9 矿样在不同环境湿度下的氧化速率

Table 2 – 9 The oxidation of samples under different environmental humidity

相 对 湿 度/%	37	50	55	75
基于铁离子的释放速率/mol·m^{-2}·s^{-1}	3.2×10^{-9}	4.4×10^{-9}	5.2×10^{-9}	1.1×10^{-8}
基于硫酸根离子的释放速率/mol·m^{-2}·s^{-1}	8.0×10^{-10}	9.1×10^{-10}	9.1×10^{-10}	9.0×10^{-10}

此外，矿山井下各个地段的地下水，含氧的运移速率不同。在垂直流动地带，地下水的含氧量最高，具有最强的氧化能力，而水平流动带及停滞水带的氧化能力相对减弱；矿井水中所含的铁盐和铜盐还能对矿石的氧化起催化作用。

2.4.3 氧气浓度及铁离子含量

氧气和铁离子是硫化矿石发生化学反应的主要氧化剂。曾有学者在进行富含磁黄铁矿物质的自热实验时发现，将样品置于氮气中未发现有热量产生；进行燃烧测试时，若将氧气流切换成空气，反应速率明显降低[136]。万鑫等人[137]也通过实验证明，氧气浓度越大，铁的硫化物越容易氧化自热。

氧气作为主要氧化剂时，对磁黄铁矿氧化速率的影响与氧气浓度或氧气分压的关系可由式 (2 –8)、式 (2 –9) 表示[138,139]，单位分别为 mol/(cm^2·min) 和 mol/(m^2·s)：

$$r = 10^{-6.77} [O_2]^{0.5} \qquad (2-8)$$

$$r = 10^{-8.19} [O_2]^{0.5} / [H^+]^{0.11} \qquad (2-9)$$

硫化矿物在氧化过程中生成大量 Fe^{2+}、Fe^{3+} 等氧化产物，它们又可以参与硫化矿物的氧化还原反应，并释放出大量热[140]；随着铁离子初始浓度的增加，磁黄铁矿的氧化速率也随之增大，如图 2 – 22 所示。在温度为 25℃、pH 值为 2.75、Fe^{3+} 初始浓度为 2×10^{-4} mol/L 的环境下，磁黄铁矿的氧化速率与铁离子浓度的反应级数位于 0.45 与 0.66 之间[124]。

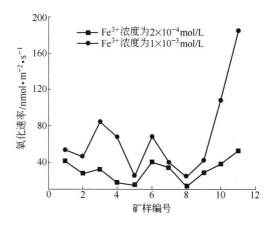

图 2 – 22　硫化矿石矿样在不同铁离子浓度下的反应速率

Fig. 2 – 22　The reaction rate of samples at different ferric ion concentrations

2.4.4　环境温度

硫化矿石低温氧化反应中会产生部分热量，在一定外界条件下使得矿堆的温度逐渐上升，温度升高又将加速矿石的进一步氧化。Rosenblum 与 Spira[36] 进行了硫化矿岩的自热实验，结果发现硫单质的生成率随环境温度的升高而增大；在 10℃ 时，甚少发现硫单质生成，而在环境温度高于 30℃ 时，硫单质快速产生，如图 2 – 23 所示。表 2 – 10 给出了单斜晶磁黄铁矿在不同环境温度下的氧化速率[141]。

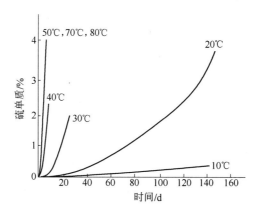

图 2 – 23　温度对硫化矿岩自热中硫单质生成率的影响

Fig. 2 – 23　The sulfur contents of samples at different environmental temperatures

表 2 – 10　单斜晶磁黄铁矿的氧化速率（相对湿度 62%）

Table 2 – 10　The oxidation rates of pyrrhotite（relative humidity 62%）

温度/℃	速率/mol·m^{-2}·s^{-1}		温度/℃	速率/mol·m^{-2}·s^{-1}	
	铁离子	硫酸盐		铁离子	硫酸盐
28	3.9×10^{-9}	6.5×10^{-10}	43	6.3×10^{-9}	7.8×10^{-10}
35	5.0×10^{-9}	7.1×10^{-10}	50	8.9×10^{-9}	8.4×10^{-10}

2.4.5 环境的 pH 值及矿样粒度

在地下水丰富的井下环境中，硫化矿石氧化时会产生酸性溶液，其 pH 值对矿石的氧化速率有重要影响。较小的 pH 值可以防止铁离子沉淀，维持硫杆菌及嗜酸细菌的氧化活动也需要特定的酸性条件。李济吾[142]从发生自燃的高硫化矿山中采集到六种矿样，并加工成了硫化矿石电极，应用电化学方法分别测定矿石电极在 pH 值为 7 的蒸馏水与 pH 值为 2.06 的稀硫酸溶液中的氧化速率；结果发现，矿样在较低的 pH 值环境条件下反应更快，如图 2 - 24 所示。

表 2 - 11 给出了国内某一发火硫铁矿山在不同位置处所测得的 pH 值，可知源于自燃矿区的废水，pH 值非常低。

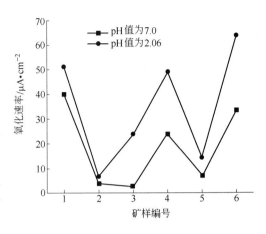

图 2 - 24 矿样在不同 pH 值条件下的氧化速率

Fig. 2 - 24 The oxidation rates of samples under different conditions of pH values

表 2 - 11 某发火硫铁矿山井下不同位置的 pH 值

Table 2 - 11 The measured pH values in different places for an iron sulfide mine with spontaneous combustion hazard

测 量 地 点	pH 值	测 量 地 点	pH 值
2/4 号 890～900 上山口	3	2 号 860 层面 2 进路口	2.2
2 号 890～900 通风井口	3	2/4 号 850～900 上山下部	3
2/4 号 890 层面口	3	5 号 850 层面	2.7
2 号 890 层面 3 进路口	2.2～2.8	2 号低铜 850 层面口	4.5
2 号 890 层面 2 进路口	4	850 车场	3
2/4 号 880 层面口	2.5	850～890 溜井口	3
2/4 号 870 层面口	2	850 中段测水量处	3
2/4 号 860 层面口	2.7	地表竖井集水池	5.5

生产实践表明，矿山硫化矿石发生自燃的位置通常出现在粉矿较多的堆积区域。矿石的粒度越小，其比表面积越大，空气与矿粒能够更加充分地接触，从而加快其氧化进程。图 2 - 25 给出了同一种矿样在不同粒度下的 SEM 照片，可知粒度越大，空气与矿石接触的单位面积越小。不同粒度的矿样，其氧化反应的起始自热温度变化如图 2 - 26[46]所示；粒度越小，起始自热温度越低。

2.4.6 微生物作用

调查发现，硫铁矿石自燃往往发生在断层破碎的氧化带部位。该位置质地疏松、地下水丰富，且经历预氧化作用，使得这些矿带中含有大量菌种[31]。硫化矿床崩落后，矿石

(a)　　　　　　　　　　(b)

(c)

图 2 - 25　不同粒度矿样的 SEM 照片

Fig. 2 - 25　SEM photographs of samples with different particle sizes

(a) 250 ~ 180μm；(b) 150 ~ 120μm；(c) 75μm 以下

与氧气的接触面积增大，其中夹带的微生物可能恢复活性，在矿石的常温氧化阶段起重要作用。

　　Thiobacillus ferrooxidans 是矿山中常见的微生物之一，其生存环境的温度在 40℃ 以下，最佳 pH 值为 2.0 ~ 2.5[143]。文献 [144] 给出了磁黄铁矿在有无该种细菌存在条件下反应体系中全铁和硫酸盐含量随时间的变化关系，见图 2 - 27；细菌存在时矿样的 pH 值变化见图 2 - 28。在无菌条件下，体系中主要存在二价铁离子；在有菌的环境中，二价铁离子被细菌氧化成三价铁离子，最终得到的主要产物是 $FeSO_4$、

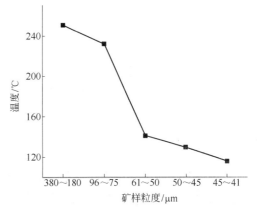

图 2 - 26　不同粒度矿样的起始自热温度

Fig. 2 - 26　The initial self-heating temperature of samples with different particle sizes

$Fe_2(SO_4)_3$ 等。此外，细菌氧化硫化矿物必须满足一定的含水率，样品在湿润、水淹、干燥条件下反应体系中的 SO_4^{2-} 含量如图 2 - 29 所示。

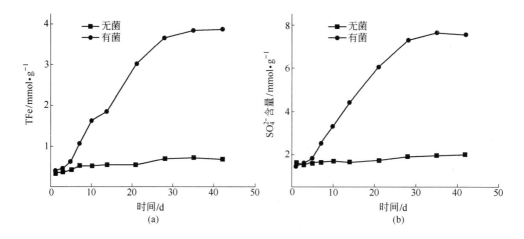

图 2 - 27 磁黄铁矿在有无微生物条件下全铁及硫酸盐含量的变化

Fig. 2 - 27 Variation of total iron and sulfate with the time for pyrrhotite under biological conditions

(a) 全铁的变化；(b) 硫酸盐的变化

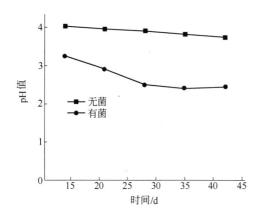

图 2 - 28 细菌条件下矿样的 pH 值变化

Fig. 2 - 28 pH change of samples with and without microbe

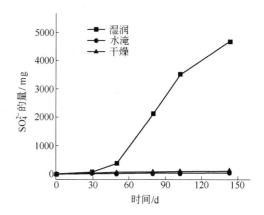

图 2 - 29 细菌在不同环境下对磁黄铁矿的氧化

Fig. 2 - 29 The oxidation of samples under different environmental conditions

2.4.7 地质条件

地质条件涉及矿床的埋藏深度、各种矿体间的相互关系以及矿体的倾角；某些铜矿，自燃灾害多出现在矿石的次生富集带或其上下[82]。矿体的相互关系对自燃也有影响，若许多矿体相隔离，且矿体之间存在一定间距，则可以形成天然的隔离区，有利于阻止火灾的蔓延。若矿体的倾角很大，则放顶后假顶的残矿和坑容易集中压在开采地段之上，积压越多，在一定时期内越容易发生氧化自热。

在空气和水的长期作用下，硫化矿床通常具有垂直成带性，从上至下呈现出氧化带、次生富集带、原生带；涉及氧化、溶解、富集以及金属矿物变成氧化物等化学反应。

图 2 - 30[145] 给出了硫化铜矿床由于氧化作用，矿物向富集带转移的一般形式。

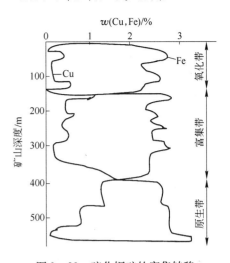

　　研究表明，原生黄铁矿型矿石的氧化性与次生硫化富集带不同，次生硫化富集带的矿石比原生矿具有更大的氧化速率和较低的自燃点；次生富集带又可以进一步划分为三个亚带，即次生氧化富集亚带、半氧化矿石亚带、次生硫化富集亚带，如图 2 - 31[145] 所示。经受长期的氧化作用，后两个亚带的矿石氧化活性很强；被开采揭露后，大量空气渗入，氧化进程加快。在半氧化矿石亚带和次生硫化富集亚带中，矿石疏松并发生物理性质的变化，同时伴随硫化矿物的氧化、溶解、胶状化等反应过程。呈胶状化的黄铁矿氧化性极强，在 80℃ 的恒温条件下，经过 5 个昼夜即可发生自燃。

图 2 - 30　硫化铜矿的富集转移

Fig. 2 - 30　The enrichment diversion of
copper sulfide ores

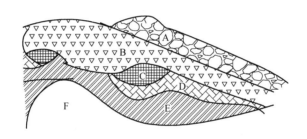

图 2 - 31　某矿山火源位置与地质地带的关系

Fig. 2 - 31　The relationship between the fire source with geologic zone

A—表土；B—铁帽；C—次生氧化富集亚带；D—半氧化带；E—次生硫化富集亚带；F—原生带

2.4.8　其他影响因素

　　矿山选用的采矿方法可能影响到硫化矿石的氧化自热[145]：采用崩落法回采，导致大量矿石长期遗留在采场，在一定条件下发生氧化聚热并升温，热量还可能传递到邻近采场；采用支柱充填法，一些含硫量高的废石及发生冒顶的矿石常用作充填料，若充填料不密实，空气容易渗透到采空区内，有利于矿石的氧化。

　　采场中还可能存在其他热源，例如废弃的木材发生自燃、水泥充填时产生的水化热等，均可以加速硫化矿石的氧化自热。堆积的矿石量越多，氧化放出的热量不容易散发掉，自然发火的危险性越大。

　　此外，井下通风为硫化矿石的氧化反应提供了氧气，而风量过大又可能带走矿石氧化所释放出的热量[146,147]。灼热矿石试样的每一温度值都对应一个可通入风流的临界速度，在该风速条件下，矿石温度不能自行升高，而成为一个常数；当风速继续增大时，热量散失很快，反应容器内的温度逐渐降低，从而使自热介质冷却；临界风速与矿石试样温度的关系如图 2 - 32[83] 所示。

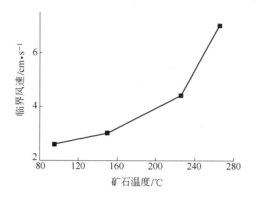

图 2 - 32　硫化矿石矿样在不同温度下的空气流动临界速率

Fig. 2 - 32　The critical airflow rate of sulfide samples under different temperatures

　　风速对硫化铁自燃进程具有促进和抑制双重作用，风速大，单位时间内流过硫化铁表面的氧气浓度高，加大了氧化反应的速率；风速过大，加大热量的扩散速率，不利于热量的聚集。

2.5　本章小结

　　（1）三种硫化矿石矿样在恒温恒湿条件下经历一段时间的氧化作用以后，矿样的表观形貌、微观结构、化学成分等均发生了较大变化；矿样 2 - 2、5 - 1 的颜色由初始时刻的土灰色转变为红褐色，而矿样 3 - 1 的颜色由深变浅；在自然环境中放置 6 个月后，矿样的表观形貌均未呈现出明显差异。由 SEM 照片可以看出，矿样 2 - 2、5 - 1 氧化后表现出明显的结块特性，而矿样 3 - 1 的结块程度相对较弱；矿样氧化前后的 XRD、FTIR、EDAX 图谱均有明显差异，表明矿样在常温环境中放置一段时间以后，有新的物相生成。

　　（2）随着氧化时间的延长，三种矿样中水溶性 Fe^{2+}、Fe^{3+}、SO_4^{2-} 的含量显著增加，氧化增重率也随之增大，但不同矿样表现出较大的差异；表明各种矿样在相同条件下的氧化活性不同，矿样 5 - 1、2 - 2 更容易发生氧化反应。

　　（3）硫化矿石的常温氧化反应过程受到晶体结构、化学组成、粒度分布、含水率、环境温度、环境的 pH 值、氧气浓度、地质条件等诸多因素的共同影响。较高的环境温度及氧气浓度有利于硫化矿石氧化，矿样的粒度越小越容易发生自热，铁离子与细菌对硫铁矿的氧化具有催化作用，矿样的含水率保持在某一范围内时才对矿样的氧化自热起催化作用；而晶体结构、痕量元素对硫化矿石的常温氧化影响表现出不确定性。

3 硫化矿石自燃的机械活化理论

3.1 硫化矿石自然发火过程的表征

目前普遍认为，金属矿山自燃火灾的发生缘于硫化矿物氧化反应中不断聚集的热量。硫化矿石的自燃演变过程可以划分为低温氧化、自热、燃烧三个阶段，其自燃的重要特征是不出现明火。常温氧化是在空气、水以及水中溶解氧的共同作用下，硫化矿石发生一系列的物理化学反应，包括溶解、氧化、有价金属的富集，硫化矿物变成氧化物及多种硫酸盐[31]；该过程又可以进一步区分为物理吸附氧、化学吸附氧、化学反应三个阶段。硫化矿石自热中热量的来源主要有矿石的氧化生成热、大爆破及二次破碎所产生的热、爆破中炸药和氧化产物发生化学作用而释放出的热，以及爆破作业时矿石间的摩擦生热[17]。当温度达到自燃点时，硫化矿石中伴生或在氧化反应中生成的单质硫将发生燃烧，同时释放出更多的热量；整个自燃过程可由图3－1表示。

图 3 – 1　硫化矿石自然发火过程的示意图

Fig. 3 – 1　The schematic presentation for spontaneous combustion of sulfide ores

3.1.1 物理化学性质的改变

第2章对硫化矿石在常温环境中的氧化行为特性已经开展了深入研究，可知在自然发火前期，矿石的物理化学性质均发生了显著变化。例如，颜色由氧化前的土灰色转变成黄褐色，生成的某些氧化产物引发破碎后的矿石在潮湿环境中发生严重结块，矿石中水溶性铁离子及 SO_4^{2-} 的含量随着氧化时间的延长而增加，从自燃矿区流出的水溶液具有极低的pH 值等。

3.1.2 热量的释放

硫化矿石与氧气的化学作用是典型的放热反应，在低温阶段的放热速率很小。随着环境温度的升高，硫化矿石的放热速率逐渐增大，在某一时刻达到最大值；而后由于化学反应进行彻底，放热速率又呈下降趋势，见图3－2。由于硫化矿石在不断地向外界传导热量，矿堆内部温度的上升幅度较表面大许多。图3－3为现场硫化矿石爆堆氧化自燃规律

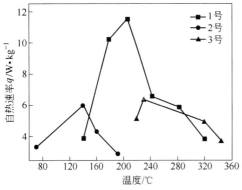

图 3 - 2 不同矿样在各种环境温度下的自热速率
Fig. 3 - 2 The self-heating rates of different samples at various environmental temperatures

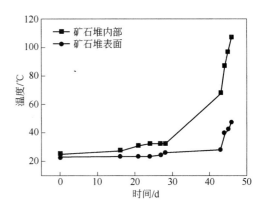

图 3 - 3 硫化矿石自然发火过程中的温度变化
Fig. 3 - 3 The temperature curve of sulfide ores during the spontaneous combustion

试验的分析结果[148]，从中可以看出，矿石在崩落 15 天以内，矿堆内部的温度与表面值相当接近；在存放近一个月以后，矿堆内部的温度明显高于表面温度；堆矿 45 天以后，矿堆内部温度的平均升温速率在 10℃/d 以上，远远大于堆矿早期的升温速率；同时，矿石堆表面的温度也由早期的 23℃ 上升到 48℃。往国内某金属矿山的发火矿石爆堆中打入多个钻孔，以测量不同位置点的温度分布，如图 3 - 4 所示，可见内部各个点的温度值相差很大。

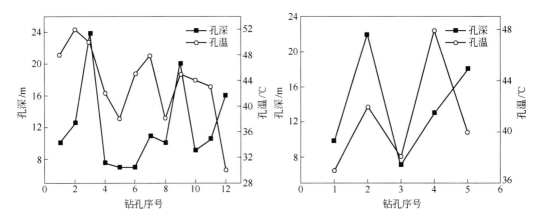

图 3 - 4 发火矿石堆内部不同位置处的温度分布
Fig. 3 - 4 Temperature distribution in different locations of the ore stockpile

3.1.3 气体的生成

硫化矿石自然发火过程中主要释放出 SO_2 等有毒有害气体，而且气体生成浓度随矿石堆温度的升高逐渐增大；若矿石中含有其他有机物（如碳质页岩）时，还可能产生 CO、CO_2 等气体。图 3 - 5 为井下硫化矿石爆堆自燃规律的测试结果[149]，可以看出：堆矿 45 天以前（矿石堆温度低于 60℃），未能检测出 SO_2 气体；当矿堆温度在 80℃ 以上时，矿

石释放出大量的 SO_2 气体；随着温度的逐渐升高，气体释放量也随之剧增；而在整个过程中，O_2 的浓度（体积分数）并不随温度变化发生显著变化，一直维持在 16% 以上。室内的测试结果表明，各种硫化矿物只有在高温条件下（达 300℃ 以上）才能释放出 SO_2 气体，均存在一个最大的气体释放量值，且不同矿物在自燃过程中释放出 SO_2 气体的量存在差异，见图 3 – 6。

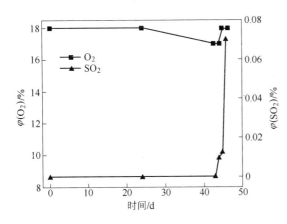

图 3 – 5 矿石堆自燃过程中气体成分的变化

Fig. 3 – 5 SO_2 and O_2 concentrations versus the time during spontaneous heating

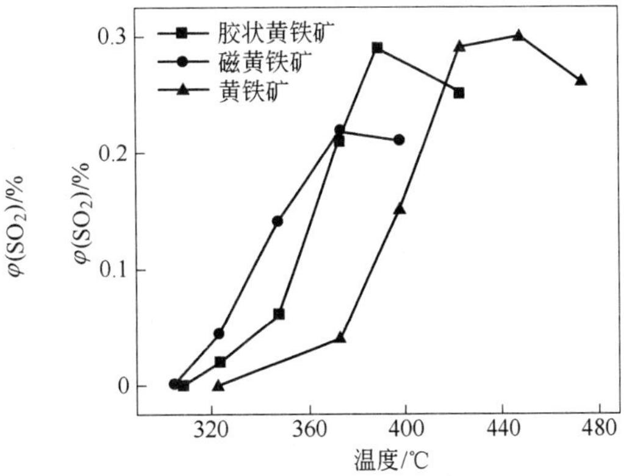

图 3 – 6 实验条件下矿石自燃中 SO_2 的变化

Fig. 3 – 6 SO_2 concentration of different samples under high temperatures

3.2 硫化矿石自燃机理研究评述

开展硫化矿石自燃机理的研究主要是为了掌握矿石的发火本质，找出自然发火规律，以便采取有效的技术措施进行科学预测预报及治理。自 20 世纪 60 年代以来，国内外许多学者对硫化矿石自燃灾害的现象已展开了深入研究，可针对硫化矿石氧化自热的机理，至今仍未达成一致的认识；归纳起来主要存在四种学说：物理吸附氧机理、电化学机理、微生物氧化机理、化学热力学机理。

3.2.1 物理吸附氧机理

吸附是一种普遍存在的自然现象。早在 1982 年召开的胶体与表面化学国际学术会议上，吸附已被定义为：由于物理或化学的作用力场，某种物质分子能够附着或结合在两相界面上的浓度与两相本体不同的现象[150]。

两相界面上吸附某种物质分子以后，通常会引起表面自由能的降低；表面吸附的状况与表面性质、组成、结构及吸附质的性质等有很大关系[151]。表面吸附受原子或分子之间在界面上的吸附力影响；依据吸附力的本质，吸附作用可以划分为物理吸附与化学吸附，表 3 – 1 对两者之间的特性进行了比较[31,152]。

硫化矿石吸附空气的过程相当于气体的凝聚或液化，是一个放热的过程。硫化矿石爆破下来与空气接触时，最先发生矿石对氧气的物理吸附作用，同时释放出少量的吸附热。硫化矿石物理吸附氧是一个动态的变化过程，一部分氧气分子附着在矿物颗粒表面，为后

表3－1 物理吸附与化学吸附的比较

Table 3 – 1 Comparison of physical oxygen-adsorption with chemical oxygen-adsorption

吸附特性	物理吸附	化学吸附
吸附力本质	范德华力	化学结合力
吸附热大小	近于液化热	近于反应热
活化能	一般不需要	需要
吸附速度	快	慢
吸附温度	较低，随温度升高而减少	较高，在一定温度下发生吸附
吸附层	可形成单分子层或多分子层	只能形成单分子层
选择性	没有	有
可逆性	可能	一般不可能

面的化学吸附与化学反应打下基础；另一些氧气分子则可能从矿物表面脱离，重新返回到气相中。而化学吸附则是氧原子进入硫化矿物晶格内部而形成新化合物的晶胞，使得硫化矿物表面形成一层化学反应覆盖层，见图3－7[31]。

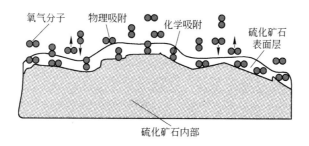

图3－7 硫化矿石动态吸附氧的模型

Fig. 3 – 7 The dynamic oxygen-adsorption model of sulfide ore particle

硫化矿石在物理吸附氧过程中所释放出的热量与氧气的液化热大致相等，由此可以依据矿石在低温氧化阶段的物理吸附氧量计算出相应的放热量。假设硫化矿石的低温氧化体系与外界环境没有发生任何热交换，在氧气吸附量达到平衡时，物理吸附对硫化矿石自燃升温所提供的热量可由式（3－1）表示[31,150]：

$$\Delta Q = \left(\int_{T_1}^{T_2} C_0(T)\,\mathrm{d}T + V_p(T_2) \right) q_p \qquad (3-1)$$

式中，ΔQ 为单位质量硫化矿石物理吸附氧的热效应，J/kg；T_1 为体系的初始温度，℃；T_2 为最终温度，℃；$C_0(T)$ 为不同温度下硫化矿石的耗氧速率，mol/(s·kg)；$V_p(T_2)$ 为温度在 T_2 时的物理吸附氧量，mol/kg；q_p 为氧气的液化热，J/mol。

3.2.2 电化学机理

在井下水、凿岩用水和潮湿空气的共同作用下，崩落下来的硫化矿石堆放在一个强湿度及富氧的环境中。此时的硫化矿石相当于电子导体，而矿石表面的水层与湿空气等同于离子导体；两者具有不同的电位，促使电荷能够通过彼此相接触的界面发生转移，从而构建成一个电极系统[153]。

采场环境满足硫化矿石发生电化学反应的三个基本条件，即存在电势差（阴、阳两极）、电解质与氧化还原剂，以及电子通道。在硫化矿石、水、潮湿空气的接触面发生电化学作用时，整个反应过程大致可以划分为以下四个阶段[31,154]：

（1）反应质点传递到矿石－接触溶液介质的相界面上，是一个溶解或直接固相扩散并电离（离子化）的过程，见图3－8。

$$FeS_2(固相) \underset{析出}{\overset{溶解}{\rightleftharpoons}} FeS_2(液相) \overset{离子化}{\rightleftharpoons} Fe^{2+}+S_2^{2-}$$

图3－8　黄铁矿的溶解及离子化过程

Fig. 3－8　The process of dissolution and ionization of pyrite

（2）反应质点吸附在矿石表面上，预先反应的离子或分子转化为活化状态。活化了的反应质点由于矿石表面存在极性而作定向移动，还原性质点向微阳极区移动，而氧化性质点向微阴极区移动。

（3）活化离子分别在微阴、阳极区域发生电化学氧化还原反应。硫化矿物被氧化，氧化剂被还原，反应中释放出的电子经过矿石的电子通道由阳极流向阴极形成腐蚀电流，见图3－9。

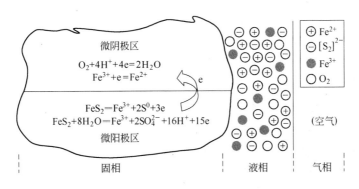

图3－9　硫化矿物的电化学反应

Fig. 3－9　The electrochemical reaction process of sulfide minerals

（4）反应产物从矿石－溶液相界面脱除。地下水和空气的不断流动加快了矿石表面反应产物的脱除，并不断向反应物供给氧化剂，促使反应持续进行。

硫化矿石含有的各种矿物在电化学反应中相互影响，又具有相对独立性。表3－2[154]列出了部分单一硫化矿物在不同电极电位条件下的电化学反应方程式。硫化矿物发生电化学反应时，将各种矿物潜在的化学能转化成了电能、热能。采矿作业中，富含氧化剂的地下水流经矿石表面，使得这种电化学效应增强，在一定的环境条件下不断聚集热量，最终引发矿山自燃火灾。

表 3 - 2　不同电极电位条件下各种硫化矿物的电化学性质

Table 3 - 2　The electrochemical properties of various sulfides under different electrode potential

矿物名称	化学式	阳极溶解电位区	硫化物阳极溶解电化学反应式
黄铁矿 白铁矿 胶状黄铁矿	FeS_2		竞争反应：(1) $xFeS_2 = xFe^{3+} + 2xS^0 + 3xe$ (2) $(1-x)FeS_2 + 8(1-x)H_2O = (1-x)Fe^{3+} +$ $2(1-x)SO_4^{2-} +$ $16(1-x)H^+ + 15(1-x)e$ 总反应：$FeS_2 + 8(1-x)H_2O = Fe^{3+} + 2(1-x)SO_4^{2-} + 16(1-x)H^+ +$ $2xS^0 + 3(5-4x)e$
磁黄铁矿	FeS	$400 \sim 700\,mV$ $> 1500\,mV$	$FeS = Fe^{3+} + S^0 + 3e$ （极少量）$2FeS + 3H_2O = 2Fe^{3+} + S_2O_3^{2-} + 6H^+ + 10e$ 竞争反应：(1) $FeS = Fe^{3+} + S^0 + 3e$ (2) $FeS + 4H_2O = Fe^{3+} + SO_4^{2-} + 8H^+ + 9e$
黄铜矿	$CuFeS_2$	$400 \sim 700\,mV$ $> 700\,mV$	竞争反应(1) $CuFeS_2 = Cu^{2+} + Fe^{3+} + S^0 + 5e$ (2) $CuFeS_2 + 8xH_2O = Cu^{2+} + Fe^{3+} + 2xSO_4^{2-} + 16xH^+ + 17e$
辉铜矿	Cu_2S		反应Ⅰ：$Cu_2S = CuS + Cu^{2+} + 2e$ 反应Ⅱ：CuS 进一步氧化： $CuS = Cu^{2+} + S^0 + 2e$ $CuS + 4H_2O = Cu^{2+} + SO_4^{2-} + 8H^+ + 8e$
铜蓝	CuS	$E^0 = 0.325V$ $E^0 = 0.581V$ $E^0 = 0.637V$	$CuS = S^0 + Cu^{2+} + 2e$ $CuS + H_2O = S^0 + CuO + 2H^+ + 2e$ $CuS + 2H_2O = S^0 + Cu(OH)_2 + 2H^+ + 2e$
闪锌矿	ZnS	$400 \sim 700\,mV$	$ZnS = S^0 + Zn^{2+} + 2e$
方铅矿	PbS	$400 \sim 700\,mV >$ $1000\,mV$	$PbS = S^0 + Pb^{2+} + 2e$ $PbS + 4H_2O = PbSO_4 + 8H^+ + 8e$

3.2.3　微生物作用机理

硫铁矿山发生自燃的部位大多位于断层破碎的氧化矿带，流经该位置的地下水中夹带大量微生物。硫化矿石崩落后与氧气发生接触，这些菌种将在矿石的低温氧化阶段发挥重要作用。基于微生物冶金理论，李孜军等提出了硫化矿石氧化自热的微生物学机理[31]。

研究表明，从矿山排出的酸性废水中存在许多微生物，但并非所有细菌可以氧化硫化矿物。大多数能够氧化硫化矿物的菌种适合生存在 pH 值为 2 左右的酸性环境中，表 3 - 3[155]

表 3 - 3　4 种典型浸矿微生物的生理特性

Table 3 - 3　The characteristics of 4 typical bacterias for mineral leaching

细菌名称	*T. ferrooxidans*	*T. thiooxidans*	*L. ferrooxidans*	*L. thermoferrooxidans*
性　状	棒状，革兰氏阴性，好氧	棒状，革兰氏阴性，好氧	螺旋状，严格好氧，革兰氏阴性	螺旋状，严格好氧，革兰氏阴性
能量来源	Fe^{2+}、S^{2-}、S^0、硫代硫酸盐、硫化矿物	S^{2-}、S^0、硫代硫酸盐、硫化矿物	Fe(Ⅱ) 溶液中 Fe(Ⅱ) 矿物中	Fe(Ⅱ) 溶液中 Fe(Ⅱ) 矿物中
最佳 pH 值	$2 \sim 2.5$	$2 \sim 2.5$	$2.5 \sim 3$	$1.65 \sim 1.9$
最佳温度/℃	$28 \sim 35$	$28 \sim 30$	30	$45 \sim 50$

列出了4种典型浸矿微生物的生理特性。微生物氧化体系中包含各种硫化矿物、液体、菌种、气体，其中溶液是整个体系存在的媒介，矿石是微生物氧化作用的对象，氧气和二氧化碳气体则是微生物生长的必需条件，而细菌又是体系中的主体[155]。通常认为，硫化矿石的微生物浸出过程存在直接作用和间接作用两种机理，矿物浸出则是这两种机制共同作用的结果，见图3－10[156]。直接作用是指细菌直接附着在硫化矿物的表面，通过酵素对硫化矿物进行氧化，产生可溶性硫酸盐，见式（3－2）；在间接作用中，溶液中的 Fe^{3+} 与硫化矿物发生反应，见式（3－3）。细菌的作用则是继续将 Fe^{2+} 氧化成 Fe^{3+}，见式（3－4）；图3－11[144]也证明了这点，在细菌环境中，反应体系中的 Fe^{3+} 浓度不断增大。同时，反应生成的硫单质也被细菌氧化成硫酸，见式（3－5）。

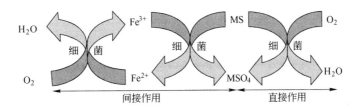

图3－10　细菌浸出的直接作用与间接作用模式

Fig. 3－10　The direct and indirect reaction modes of bacterial leaching

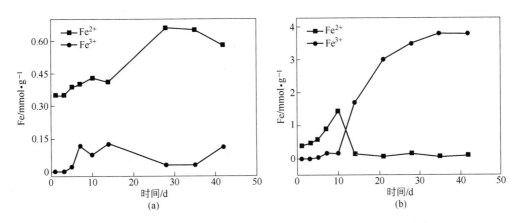

图3－11　硫化矿样在有（无）细菌环境下水溶性铁离子含量变化

Fig. 3－11　Soluble iron ions with and without bacteria for sulfide minerals

（a）无菌；（b）有菌

$$MS + 2O_2 \xrightarrow{\text{bacteria}} MSO_4 \qquad (3-2)$$

$$MS + Fe_2(SO_4)_3 \xrightarrow{\text{bacteria}} MSO_4 + FeSO_4 + S^0 \qquad (3-3)$$

$$4FeSO_4 + 2H_2SO_4 + O_2 \xrightarrow{\text{bacteria}} 2Fe_2(SO_4)_3 + 2H_2O \qquad (3-4)$$

$$2S^0 + 2H_2O + 3O_2 \xrightarrow{\text{bacteria}} 2H_2SO_4 \qquad (3-5)$$

硫化矿石的微生物氧化模型可由图3－12[157]表示，微生物附着在硫化矿物的表面，以其分泌的 EPS 作为媒介，EPS 中含有的 Fe^{3+} 与硫化矿物发生化学反应，产生 Fe^{2+} 和硫代硫酸盐。T. f 及 L. f 菌通过自养作用将 Fe^{2+} 氧化成 Fe^{3+},T. f 及 T. t 菌又将硫代硫酸盐分解产生的硫单质氧化为硫酸盐[158,159]。

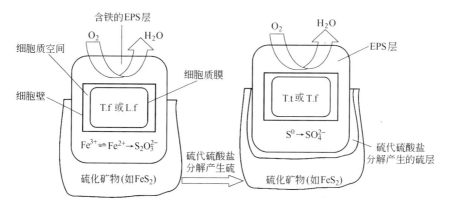

图 3 - 12　硫化矿石的微生物氧化模型

Fig. 3 - 12　The bio-oxidation model of sulfide ores

3.2.4　化学热力学机理

物理吸附氧、电化学反应以及微生物作用均为硫化矿石的自燃提供了热量,但热效应非常微弱,不足以使矿堆聚热升温。化学热力学机理实质上是基于硫化矿石的化学反应方程式,认为矿石在开采过程中的氧化模式与其在地表的自然氧化具有相同的化学反应历程,反应中的热效应等于反应式中生成物的标准生成热之和与反应物标准生成热之和的差值,该观点至今为大多数学者所认可[25,31]。

在生产实践中,能够引发自燃灾害的矿石主要是硫铁矿石(包括黄铁矿、胶黄铁矿、白铁矿、磁黄铁矿等)。文献[160]、[161]全面总结了典型硫化矿物在不同环境条件下的氧化反应模式,见表 3 -4。可以看出,各种硫化矿物的氧化反应历程相当复杂,在干燥与潮湿环境中的反应模式存在很大差异,说明硫化矿石的氧化反应受外界条件影响,而且生成的一些中间产物又可以加速各个反应的进行。通过查阅有关手册可以计算出各个化学反应的热效应及自由能的变化情况,进一步判断反应进展的方向。

表 3 -4　典型硫化矿物的氧化反应方程式汇总

Table 3 -4　The oxidation reaction modes of typical sulfide minerals under dry and humid conditions

矿物类型	干　燥　环　境	潮　湿　环　境
黄铁矿、胶状黄铁矿、白铁矿	$4FeS_2 + 11O_2 = 2Fe_2O_3 + 8SO_2$ $FeS_2 + 3O_2 = FeSO_4 + SO_2$ $FeS_2 + 2O_2 = FeSO_4 + S^0$ $12FeS_2 + 10O_2 = 5FeSO_4 + Fe_7S_8 + 11S^0$ $12FeSO_4 + 6H_2O + 3O_2 = 4Fe_2(SO_4)_3 + 4Fe(OH)_3$ $4FeSO_4 + O_2 + 2H_2SO_4 = 2Fe_2(SO_4)_3 + 2H_2O$ $Fe_2(SO_4)_3 + FeS_2 + 2H_2O + 3O_2 = 3FeSO_4 + 2H_2SO_4$ $Fe_2(SO_4)_3 + FeS_2 = 3FeSO_4 + 2S^0$ $2SO_2 + O_2 + 2H_2O = 2H_2SO_4$	$2FeS_2 + 7O_2 + 2H_2O = 2FeSO_4 + 2H_2SO_4$ $4FeS_2 + 15O_2 + 14H_2O = 4Fe(OH)_3 + 8H_2SO_4$ $4FeS_2 + 15O_2 + 8H_2O = 2Fe_2O_3 + 8H_2SO_4$ $FeSO_4 + 7H_2O = FeSO_4 \cdot 7H_2O$ $2FeSO_4 + O_2 + SO_2 = Fe_2(SO_4)_3$ $FeSO_4 + H_2O = FeSO_4 \cdot H_2O$ $Fe_2O_3 + 3H_2SO_4 = Fe_2(SO_4)_3 + 3H_2O$ $SO_2 + H_2O = H_2SO_3$

续表 3 – 4
Continued Table 3 – 4

矿物类型	干 燥 环 境	潮 湿 环 境
磁黄铁矿	$4FeS + 7O_2 = 2Fe_2O_3 + 4SO_2$ $FeS + 2O_2 = FeSO_4$	$FeS + H_2O + 2O_2 = FeSO_4 \cdot H_2O$ $FeS + 7H_2O + 2O_2 = FeSO_4 \cdot 7H_2O$
	$FeS + H_2SO_4 = FeSO_4 + H_2S \quad FeS + Fe_2(SO_4)_3 = 3FeSO_4 + S^0$	$2H_2S + O_2 = 2S^0 + 2H_2O$
富硫磁 铁矿	$4Fe_7S_8 + 53O_2 = 14Fe_2O_3 + 32SO_2$ $Fe_7S_8 + 15O_2 = 7FeSO_4 + SO_2$	$2Fe_7S_8 + 31O_2 + 2H_2O = 14FeSO_4 + 2H_2SO_4$
	$Fe_7S_8 + 7H_2SO_4 = 7FeSO_4 + 7H_2S + S^0$ $Fe_7S_8 + 7Fe_2(SO_4)_3 = 21FeSO_4 + 8S^0$	
辉铜矿	$4Cu_2S + O_2 = 4CuS + 2Cu_2O$ $Cu_2S + 2O_2 = CuSO_4 + Cu$ $4Cu_2S + 9O_2 = 4CuSO_4 + 2Cu_2O$	$2Cu_2S + 5O_2 + 2H_2O = 2CuSO_4 + 2Cu(OH)_2$
	$CuO + H_2SO_4 = CuSO_4 + H_2O \quad Cu_2O + H_2SO_4 = CuSO_4 + Cu + H_2O$ $2Cu + 2H_2SO_4 + O_2 = 2CuSO_4 + 2H_2O \quad Cu_2S + Fe_2(SO_4)_3 = CuS + CuSO_4 + 2FeSO_4$	
斑铜矿	$2Cu_5FeS_4 + 17O_2 = 6CuSO_4 + 2FeSO_4 + 2Cu_2O$ $Cu_5FeS_4 + 6Fe_2(SO_4)_3 = 5CuSO_4 + 13FeSO_4 + 4S^0$	
黄铜矿	$CuFeS_2 + 4O_2 = CuSO_4 + FeSO_4 \quad CuFeS_2 + 2Fe_2(SO_4)_3 + 2H_2O + 3O_2 = CuSO_4 + 5FeSO_4 + 2H_2SO_4$	
	$CuFeS_2 + 2Fe_2(SO_4)_3 = CuSO_4 + 5FeSO_4 + 2S^0$	
铜 蓝	$CuS + 2O_2 = CuSO_4 \quad CuS + Fe_2(SO_4)_3 = CuSO_4 + 2FeSO_4 + S^0$	
闪锌矿 方铅矿	$PbS + 2O_2 = PbSO_4$ $ZnS + 2O_2 = ZnSO_4$	

3.3 机械力化学的基础理论

机械力化学作为化学学科的一个重要分支,重点研究固体物质在遭受各种机械力作用时,固体形态、晶体结构、物理化学性质等发生的变化[162]。

通常认为,最早涉及机械力化学的研究文献是 Lea 于 1882~1884 年期间发表的有关机械碾磨使部分 $HgCl_2$ 和 AgCl 分解成金属 Ag、Hg 和 Cl_2 的报道,并首次指出机械能可以激发化学反应[163]。也有学者认为机械力化学的概念最早是由 Wilem. Ostward 于 20 世纪 20 年代提出,并建议将机械力化学与热化学、电化学、磁化学、光化学以及放射化学等一样视为化学学科的一个分支[164,165]。此后,Peters 等人[166]于 20 世纪 60 年代明确将机械力化学定义为物质受机械力作用而发生化学变化或物理化学变化的现象;并指出机械力的定义相当广泛,包括粉碎与细磨过程中的冲击和研磨作用、一般意义上的压力或摩擦力、由液体或气体的冲击波作用所产生的压力等。自 20 世纪 80 年代起,机械力化学作为一门新兴学科,已广泛应用于材料的合成、选矿、冶金等领域[167]。国内外许多学者就固体机械活化过程的在线检测、活化机理、活化固体的结构与性质变化,以及数学模型构建等领域开展了深入研究。表 3 – 5 列出了陈津文综述的几种理论模型[168],描述了粉体与机械活化用破碎介质间的碰撞速度、碰撞温度以及碰撞时间等之间的关系。

表 3 – 5 机械合金化过程的理论模型

Table 3 – 5 The theoretical models of mechanical milling

理论模型	主 要 特 点
Maurice-Courtney	描述了碰撞的基本过程，定义碰撞速度、碰撞温度和碰撞时间等特征参量；分析了碰撞中粉末的变形、断裂和焊合行为，并建立相应的公式；反映出机械合金化的基本趋势，如颗粒尺寸、颗粒硬度与球磨时间的关系
Bhattcharya-Artz(B – A)	粉体内部存在温度梯度，碰撞面附近温度达极大值，导致局部温度上升；一部分塑性变形能被粉末吸收，而另一部分能量流入磨球；球与粉体接触面的能流密度均匀，为常数；考虑能量流入磨球，可推导出接触面的温度
Magini-Iasonna	实际能量转化率与球的作用方式有关。球之间的主要作用方式随填充度变化：球数目多，填充度大，作用以滑动为主；填充度小，作用以碰撞为主
Burn	对 Maurice 模型进行了补充；研究了行星式球磨机中单个球的运动特征，发现在某一角度范围内，附着于罐壁上的球所受合力指向球磨中心，球离开罐壁在空中匀速转动（忽略重力），直到与罐壁重新接触

机械力化学理论以能量转化模型为中心展开研究，有关机械能转化的物理模型可以划分为两大类[169]：一类将热能视为机械能转变为化学能过程的中间步骤；另一类称为活化态热力学模型，将活性固体看做一种热力学和结构很不稳定的状态，其自由能和熵值都较稳态物质高，反应活性受固体的缺陷和位错影响。固体遭受机械力作用时，将在接触点或裂纹顶端产生应力集中，其衰减方式受物质的性质、机械作用状态等影响。机械力作用较弱时，应力场主要以发热的形式衰减；机械力作用增强到某一临界值，就会发生破碎；若机械力作用更强，将使裂纹形成的临界时间短于产生这种裂纹的机械作用时间，或受机械力作用的颗粒尺寸小于形成裂纹的临界尺寸，均不会形成裂纹，而是产生塑性变形和各种缺陷的累积。

固体物质在外力作用下还将产生位错运动，引起塑性变形，使变形能得到储存。关于变形能转换为热能的机理，有学者提出活化点模型：认为在机械力化学反应过程中，颗粒发生塑性变形需要消耗机械能，同时又在位错处储存能量，形成机械力化学的活性点；活性点开始分布在表面，而后集中在局部区域，最后均匀地分布在整个区域，见图 3 – 13[170]。

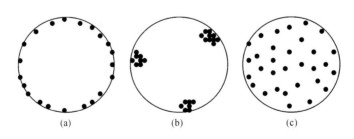

(a)   (b)   (c)

图 3 – 13 热点分布

Fig. 3 – 13 Distribution of the hot points

（a）分布在表层；（b）分布在局部区域；（c）分布在整个区域

机械力化学反应历程可以划分为四个阶段[169,171]：没有机械力作用时，化学反应进展极其缓慢；遭受机械力作用以后，固体的反应速率迅速增大并在外部条件稳定时出现一个恒定反应区域；停止机械力作用时，反应速率急速下降；整个过程如图 3 - 14 所示。

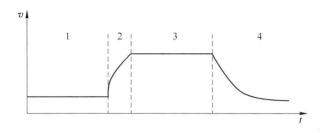

图 3 - 14 机械力化学反应进程

Fig. 3 - 14 The reaction process of mechanical activation

1—未处理固体反应；2—上升反应阶段；3—恒定反应阶段；4—衰减反应阶段

由此可知，机械力化学反应是通过机械力的研磨、压缩、冲击、摩擦、剪切、延伸等不同作用方式，引入机械能量的积累，使受力物体的物理化学性质和结构发生变化，反应活性相应提高，进而激发和加速化学反应[172]。与热化学反应相比，机械力化学反应的差异主要表现在[167,169]：反应机理不同；机械力化学反应速率有时较热化学反应大好几个数量级；机械力化学反应对周围环境压力、温度的依赖性小，有时与温度无关；某些机械力化学反应可沿常规条件下热力学不可能发生的方向进行。

3.4 破碎引发的物理与化学现象

破碎是借助外在机械力（包括一般的机械压力、摩擦力、液体或固体冲击波作用产生的压力）克服固体物料各质点间的内聚力，使物料块体破坏以减小其颗粒粒度的过程[173]。破碎不是简单的机械物理行为，而是一种复杂的物理化学过程。

3.4.1 比表面积和新生表面

固体在机械力的作用下，颗粒尺寸逐渐变小，相应的比表面积增大，与外界的反应接触面增加，化学活性随之增强，反应速率加快[174~176]。

硫化矿物的真实表面被某些氧化产物、吸附水等覆盖，在外力作用下，可以除去这些物质，从而露出新生表面。这些表面存在不饱和键，可以产生非常高的化学活性，如图 3 - 15 所示。机械力化学反应速率 v 与反应物质 A、B 接触的新生表面 S 成比例关系[174]：

$$v = kS \qquad (3 - 6)$$

式中，k 为反应速率常数。

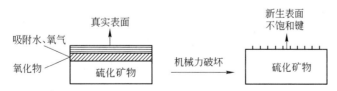

图 3 - 15 矿物新生表面的形成过程

Fig. 3 - 15 The formation of new surfaces

3.4.2 晶格缺陷

晶粒遭受机械力作用时，可能引发原子排列不完整或不规则。晶格缺陷存在三种形式，即点缺陷、线缺陷（位错）、面缺陷[174]。

点缺陷的基本类型是原子缺陷，而原子中电子的相互作用是电子和能量缺陷的源泉。点缺陷的基本形式有肖特基缺陷和弗兰克尔缺陷，前者是晶格中留下空位，原子迁移到表面；后者是原子偏离正常位置变成间隙原子，见图 3 - 16。点缺陷是引起机械力化学反应的主要原因之一。

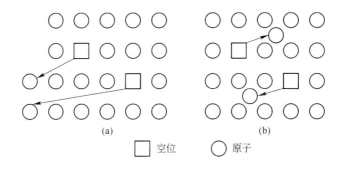

图 3 - 16 晶体点缺陷示意图

Fig. 3 - 16 The point defect of crystal

（a）肖特基缺陷；（b）弗兰克尔缺陷

线缺陷是由晶体的机械变形或者热应力引起的，晶格沿着一维方向存在不完整性，主要有刃型位错、螺型位错、混合位错。结晶固体发生塑性变形时会产生位错运动，并生成新的位错，使得位错周围区域的活性增加。面缺陷包括大角度晶界、小角度晶界、孪晶界和堆层不完整等。

各种形式的机械力作用于固体时，会在内部产生大量缺陷，将一部分机械能转换成化学能储存，使物质处在一种高能活性状态。赵中伟等[177]运用活化络合物理论，解释了缺陷类型影响化学反应速率的原因，并提出缺陷类型影响程度由大至小依次为：晶格常数变化、面缺陷、线缺陷、点缺陷。

3.4.3 晶格畸变与颗粒非晶化

固体在机械冲击力、剪切力、压力等的作用下会使晶体颗粒发生形变（扭曲），若用 X 射线衍射分析则不能得到理想的衍射图。化学非晶化就是硫化矿物在机械力作用下，其有序的晶体结构被破坏，而在机械负荷撤销后仍不能恢复的现象[164]。结晶颗粒表面的结晶构造受到强烈破坏而形成非晶态层，粉碎继续时非晶态层将变厚，最终导致整个结晶颗粒无定形化。在这个过程中，内部储存的能量远远大于单纯位错储存的能量。无定形物形成后，矿物颗粒的溶解速度、密度、离子交换能力等性质也随之改变。

3.4.4 晶型转变

常温环境中，具有多晶型及同质多象的硫化矿物遭受机械力作用时，出现无定形化

（极端不规则）、中间结晶相等状态，造成体系的自由能增大，生成了不稳定相。在不同形式力的持续作用下，物质不断吸收并积累能量，如果体系所具备的能量超过了相转变的结晶作用活化能，就完成了晶型转变[164,174]。

3.4.5 热量的生成

在机械力的作用下，体系中热量的生成主要来自两方面：颗粒表面的摩擦热、颗粒内部发生塑性变形后由应变能转化的热能。

Carslaw 等学者[178]假定系统中存在一个物体以极小的面积与其他物体相接触，并以恒定速度沿着其他物体的表面发生运动，若接触面积为正方形，则系统的微观温升可由式（3-7）表示：

$$\Delta T = \frac{fWv_r}{4.24lH(\lambda_1 + \lambda_2)} \tag{3-7}$$

式中，f 为摩擦系数；W 为正载荷；l 为未接触面积边长的一半；λ_1、λ_2 为组元 1、2 的导热系数；v_r 为碰撞的相对速度。

Schwarz 等[179]建立了两碰撞球之间的粉末由于局部剪切变形所造成的温升计算模型，见式（3-8）：

$$\Delta T = \sigma_n v_r \left(\frac{\Delta \tau}{\pi \lambda_0 \rho_p c_p} \right)^{1/2} \tag{3-8}$$

式中，σ_n 为碰撞产生的正应力；v_r 为碰撞前球的相对速度；$\Delta \tau$ 为应力作用时间；ρ_p 为粉末颗粒密度；c_p 为粉末比热容；λ_0 为粉末的导热系数。

由前面的分析结论可知，固体在不同形式的机械力作用下还将产生位错运动，引起塑性变形并将变形能储存，最终转化成为热量。假定碰撞中粉末的塑性变形能（纵向速度分量引起的塑性变形与切变分量引起的变形能）完全转化为热能，引起的粉末温升由式（3-9）表示[180]：

$$\Delta T = c_p^{-1} \left[\frac{fp_{max}\tau}{2h_0} v\sin\theta + \sigma_0 \varepsilon_{max} + K\varepsilon_{max}^{n+1}/(n+1) \right] \tag{3-9}$$

式中，f 为摩擦系数；p_{max} 为碰撞中球对粉末所施加的最大压应力；θ 为碰撞角；ε_{max} 为最大真应变，$\varepsilon_{max} = \ln[h_0/(h_0 - v_2\tau/2)]$，$v_2 = v\cos\theta$；$v$ 为碰撞速度；τ 为碰撞持续时间；c_p 为粉末的比定压热容；h_0 为碰撞中两球捕获粉体的初始高度；σ_0、K、n 为粉末的物性常数。

3.4.6 固相反应

固相间的机械力化学反应通常是在原子、分子水平的相互扩散及不可逆过程平衡条件下完成的，固体内的扩散速率受位错数量及流动控制，而机械作用能够直接增加自发的导向扩散速率；再者，压缩、摩擦、磨损、互磨等作用方式均能促进反应物的聚集，缩短反应物之间的距离，同时将反应物从固相表面移开[164,176]。

Urakaev 与 Boldyev 建立了机械力化学反应的动力学模型[181]，见式（3-10）：

$$\alpha = \alpha(\omega_k, N, R/I_m, X)\alpha(\tau) = K\alpha(\tau) \tag{3-10}$$

式中，α 为机械力化学引发的反应转化率；ω_k 为磨机转动频率；N 为球磨机内钢球的数量；R/I_m 为钢球大小与磨机大小之比；X 为钢球及研磨物料的性质；K 为反应速率常数；$\alpha(\tau)$ 为与球磨时间相关的函数。

3.4.7 其他物性变化

破碎可能使物质中的部分细孔变形扩大，氧气分子更容易自由进入，从而增强了矿石的吸附性。矿石细化后，其溶解度也随之增大。机械力还可能引起矿物颗粒的导电性、表面电动行为、半导体性质等发生改变。固体相互挤压摩擦时，在接触面附近还将产生微等离子区并发射出电子、离子、光子，即出现摩擦电磁现象[174,182,183]，见图 3 - 17。

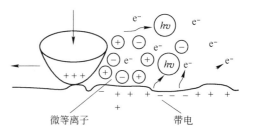

图 3 - 17　摩擦电磁现象

Fig. 3 - 17　The phenomenon of triboelectrification

3.5　硫化矿石的机械活化

硫化矿床被开挖时，破坏了原应力的平衡状态，应力重新分布，并产生次生应力场，使得巷道或采场周围的岩石发生变形、移动和破坏。大多数金属矿床矿石坚硬，回采作业中常采用凿岩爆破法将矿石从矿体中分离下来并破碎成一定块度，大于合格块度的矿石还需经历二次破碎。通过深溜井溜放矿石时，许多大块矿石在降落时相互撞击而破碎[184]。此外，多数矿山利用破碎机械将矿石块度破碎至一定粒径，而硫精矿的生产更是经历球磨等多道加工程序。机械破碎主要是通过破碎机械的施力来完成，施力方式有压碎、劈开、折断、磨剥及冲击等，如图 3 - 18[173] 所示；采场硫化矿石爆堆破碎的程度取决于各种形式机械力的共同作用。

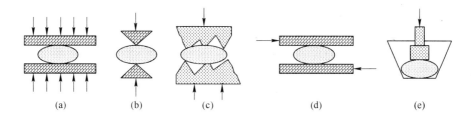

(a)　　　　(b)　　　　(c)　　　　(d)　　　　(e)

图 3 - 18　机械力的作用形式

Fig. 3 - 18　The action modes of mechanical force

（a）压碎；（b）劈开；（c）折断；（d）磨剥；（e）冲击

由此可见，在金属矿山开采过程中，地压、爆破作业产生的冲击波，以及各种机械设备（钻机、破碎装置等）产生的机械力作用在矿体上，不仅使矿石破碎、块度变小、比表面积增大，而且还会引发机械能与化学能的转化，使硫化矿石的结构发生变化，化学反应活性相应提高。生产实践已表明，金属矿山矿石自燃火灾通常发生在经过破碎的、裂隙发育的、粉矿较多的采场矿石爆堆区域；矿柱由于开采爆破并承受较大压力，裂隙发育，也容易产生自燃；而存放在地表的硫化矿石及硫精矿经过多次破碎后更是频繁出现自热、自燃现象。

3.5.1 硫化矿石的机械活化效应

若从化合物的类型进行划分，硫化矿物可以看做是离子化合物。然而，在硫化矿物的晶体结构中，化学键的性质具有明显的过渡性，在部分硫化物中表现出明显的共价键特性，而在另一些硫化物中显示金属键性。离子晶体的表面可以通过离子极化使新断裂面的势场发生变化，实现离子再配置[174]。图 3-19 表示黄铁矿在破裂后断面的侧面图（右侧为空间侧，左侧为晶体侧）。新生表面显露出来以后，两种离子在空间一侧无离子配置，产生极化；$[S_2]^{2-}$ 在空间一侧电子云密度较低，使得势场变弱。尽管 Fe^{2+} 在外侧电子云密度较高，势场同样变弱，由于 $[S_2]^{2-}$ 极性比 Fe^{2+} 强，从而引起再配置。Fe^{2+} 稍微后退，而 $[S_2]^{2-}$ 向前移动。这种配置最终使（3）表面能降低，稳定性增加，化学活性减小。其中，（1）为新生表面，（3）为平衡表面。新生表面化学活性高，对水分的吸附能力强。离子再配置将引起离子位移，产生双层电性。由图 3-20 可以看出，有 $l_1 > l_2 > l_3$，产生了 l_4 双电层。

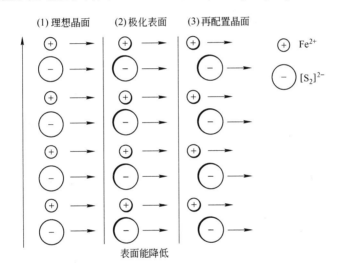

图 3-19 断裂新表面、引起电子极化、产生表面离子再配置过程示意图

Fig. 3-19 The schematic presentation of new fractured surface, electron polarization, and ion reallocation

共价键或与之相近的固体在机械力作用下能够生成原子基团。在硫化矿石破碎过程中，碰撞能量能够切断 Fe—S—Fe，并伴随颗粒微细化，生成原子基团，产生带电的断面，如图 3-21 所示。

在硫化矿物的粉碎破裂断面能够产生自由基或过剩电荷，键裂开后，将引发各种化学反应。黄铁矿的自由基分别和空气中的 O_2 发生反应得到过氧化基，起氧化剂和还原剂双重作用；而过氧化基在一定的温度条件下发生热分解，释放出氧气。黄铁矿的化学键 Fe—S—Fe 在破碎过程中发生断裂后，产生游离基，化学活性增大；可由式（3-11）~式（3-13）表示。

$$自由基 \equiv Fe \cdot + \cdot \underline{S} : \underline{S} \cdot \longrightarrow Fe : \underline{S} : \underline{S} \cdot \qquad (3-11)$$

$$自由基 2 \equiv Fe : \underline{S} \cdot + \cdot \underline{S} : \underline{S} \cdot \longrightarrow 2 \equiv Fe : \underline{S} : \underline{S} \cdot \qquad (3-12)$$

$$\equiv Fe : \underline{S} : \underline{S} \cdot \longrightarrow Fe \cdot + S_2 \qquad (3-13)$$

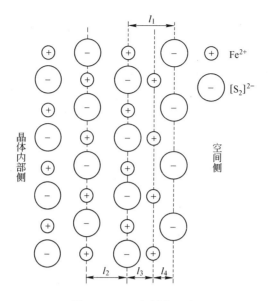

图 3 - 20　双电层的生成

Fig. 3 - 20　The formation of electric double-layer

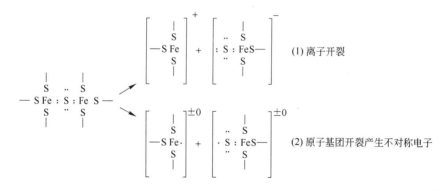

图 3 - 21　黄铁矿的键断裂形式

Fig. 3 - 21　The fracture of chemical bond for pyrite

3.5.2　硫化矿石机械活化的研究现状

国内外许多学者运用 BET 比表面积测试仪、X 射线衍射（XRD）、X 射线光电子能谱（XPS）、扫描电镜（SEM）、红外光谱（IR）、穆斯堡尔谱、顺磁共振（ESR）、热重法（TG）、差热分析（DTA）以及差式扫描量热（DSC）等技术研究了硫化矿石机械活化前后，其形貌、体相结构、光谱学性能、热行为及其他性质的变化[185~191]。

D. Tromans 等[192]从微观形貌学的角度分析了机械活化强化矿物浸出的现象，并将晶体断裂面视为平台、台阶以及转角，给出断裂面的浸出活化能大小排序为：转角 < 台阶 < 平台，见图 3 - 22。

胡慧萍等[193,194]借助离心式高能球磨机对黄铁矿、闪锌矿、方铅矿以及辉钼矿进行了

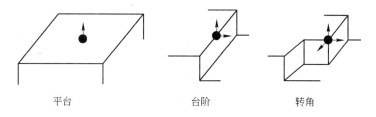

平台　　　　　　　　台阶　　　　　　　　转角

图 3 – 22　矿物表面的平台、台阶以及转角

Fig. 3 – 22　Schematic diagram of Terrace-Step-Kink structure of mineral surfaces

机械活化，利用 XRD、XPS、重量分析法、激光粒度分析仪、SEM 等技术手段系统研究了各种活化硫化矿物的结构性质变化规律。

Agnew 与 Welham[195] 发现，黄铜矿在氧气中球磨 1h 后，可生成可溶性相 $CuSO_4 \cdot 5H_2O$；Eymery 与 Ylli[196] 将黄铁矿在空气气氛中进行球磨，观察到有 $FeSO_4 \cdot H_2O$ 产生；Aylmore 与 Lincoln[197,198] 也证明了毒砂、黄铁矿、磁黄铁矿等硫化矿物在 SO_2、CO_2 等气氛下球磨时，可以在低温条件下诱导气 – 固反应的发生。

3.5.3　硫化矿石的机械活化实验

机械力化学的研究方法主要包括产生高能粉磨作用的研磨装置与机械力化学效应的表征与检测方法。运用行星式球磨机、摆动式球磨机、振动式球磨机等设备可以将巨大的机械能量传递给矿样，使得矿石的机械活化效果非常显著[199]。

本章研究中用于表征硫化矿石机械活化前后的表面与体相结构、光谱学性能以及其他性质变化所采取的技术手段主要有：激光粒度分析、电镜扫描、红外光谱测试、X 射线衍射分析、TG – DSC 联合测试等。采用的研磨装置为中南大学冶金科学与工程学院购置的 KQM 型行星式球磨机，其工作原理为：四个随转盘公转又可以做高速自转的球磨罐安置在同一个旋转盘的圆周上；在球磨罐做公转与高速自转的共同作用下，罐内的研磨球在惯性力的作用下对物料产生极大的高频冲击、摩擦效应，进而对物料进行快速细磨。

具体操作步骤为：将 40g 未活化的矿样装入盛有 2 个直径为 20mm、10 个直径为 15mm，以及 40 个直径为 10mm 不锈钢球的球磨罐中（球料比为 8∶1）；设置球磨机的转速为 160r/min；对两种矿样分别球磨 15min、30min、45min、60min，即得到不同活化程度的样品。采用的代表性矿样采自国内两家典型金属矿山（银家沟硫铁矿、铜陵冬瓜山铜矿），各个矿样的化学组成分析结果见表 3 – 6。

表 3 – 6　矿样的化学成分

Table 3 – 6　Chemical compositions of two samples

矿样编号	组成元素（质量分数）/%									
	Fe	O	S	Si	Zn	Mn	Mg	Cu	Ca	Al
2 号	40.07	27.57	20.78	01.24	01.87	01.95	00.81	04.97	00.40	00.36
7 号	29.00	29.02	15.81	09.40	00.80	—	14.65	01.12	00.12	00.07

注：2 号、7 号代表矿样分别取自银家沟硫铁矿山的 2 号矿体与冬瓜山铜矿的 7 号矿体。

3.5.4 矿样机械活化后的物理化学性质变化

3.5.4.1 晶体结构分析

硫化矿石经历机械冲击力、剪切力、压力等形式力的作用后，晶体结构将发生量变到质变的转化过程。发生形变的颗粒经 X 射线衍射分析后，得不到理想的衍射图，可以依据衍射峰强度和衍射峰的半高宽定量分析晶格扭变和无定形化程度。较大晶块尺寸对应的衍射峰十分锐利；晶块细化时，衍射峰则宽化，宽化结果可由 Scherrer 公式表示[200]：

$$\beta_D = \frac{K\lambda}{D_{hkl}\cos\theta_0} \qquad (3-14)$$

式中，β_D 为晶块细化引起的积分宽度；K 为 Scherrer 常数；λ 为 X 射线的波长；D_{hkl} 为晶块大小；θ_0 为晶面的布拉格角。

由于各个晶粒取向不同，晶体点阵中的各个微观区域内产生不均匀的塑性变形，晶体点阵中原子排列的规律性受到破坏，晶面发生弯曲和歪扭，因而不同晶粒中的同族晶面的间距发生不规则变化[194]；宽化结果为：

$$\beta_\varepsilon = 4\varepsilon\tan\theta_0 \qquad (3-15)$$

式中，β_ε 为晶格畸变引起的积分宽度；ε 为晶格畸变率。

图 3-23 ~ 图 3-26 为两种矿样在机械活化不同时间后，相应晶面的 XRD 图谱。从中可以看出，矿样在粉碎初期，仅是衍射峰强度减弱，表明形成无定形层；随着球磨时间的延长，X 射线衍射峰的强度继续减弱，衍射峰宽化弥散。由此表明，球磨可以破坏硫化矿石的晶格完整性，导致晶粒尺寸减小和晶格畸变，使样品的结晶度降低，向无定形化发展。许多研究结果已证明，晶体颗粒的无定形化程度与磨矿方式、磨矿时间、被磨矿物料的结构性质及尺寸等条件有密切关系[201,202]。

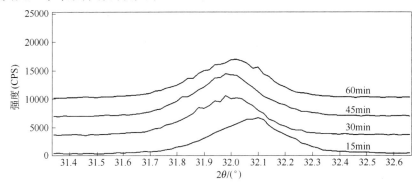

图 3-23 2 号矿样（104）晶面的 XRD 图谱与球磨时间的关系

Fig. 3-23 Peak (104) of XRD spectra of Sample 2 after grinding for different time

胡慧萍等[193,194,203]还深入研究了闪锌矿、方铅矿、黄铁矿、辉钼矿等不同类型硫化矿物经历机械活化后，硫单质生成量、晶格畸变率、晶块尺寸的变化，见图 3-27 ~ 图 3-29。由此可以看出，黄铁矿与方铅矿在球磨过程中的硫单质生成量随球磨时间的延长而增加；黄铁矿、闪锌矿、方铅矿的晶格畸变率随球磨时间的增加而增大，晶块尺寸相应减小，且在 50min 以后变化甚小；在经历相同的球磨时间后，四种硫化矿物的晶格畸变率由大到小的变化顺序是：闪锌矿 > 方铅矿 > 黄铁矿 > 辉钼矿。

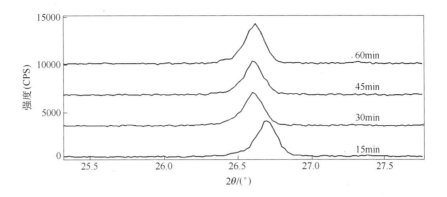

图 3 – 24 2 号矿样（101）晶面的 XRD 图谱与球磨时间的关系

Fig. 3 – 24 Peak （101） of XRD spectra of Sample 2 after grinding for different time

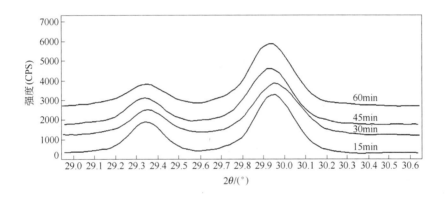

图 3 – 25 7 号矿样（112）晶面的 XRD 图谱与球磨时间的关系

Fig. 3 – 25 Peak （112） of XRD spectra of Sample 7 after grinding for different time

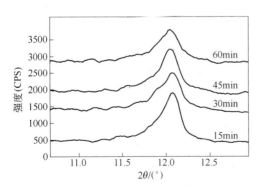

图 3 – 26 7 号矿样（001）晶面的 XRD 图谱与
球磨时间的关系

Fig. 3 – 26 Peak （001） of XRD spectra of
Sample 7 after grinding for different time

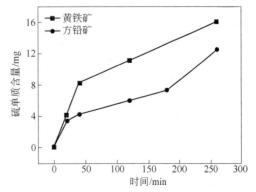

图 3 – 27 不同硫化矿物硫单质的生成量与
球磨时间的关系

Fig. 3 – 27 The elemental sulfur content of
two minerals versus grinding time

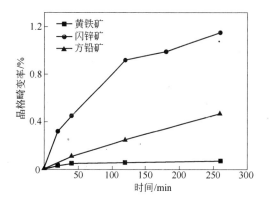

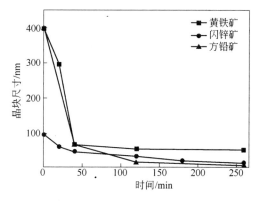

图 3 - 28　不同硫化矿物的晶格畸变率与
　　　　球磨时间的关系

Fig. 3 - 28　The relationship between the lattice
distortion of different sulfides and grinding time

图 3 - 29　不同硫化矿物的晶块尺寸与
　　　　球磨时间的关系

Fig. 3 - 29　The relationship between the subgrain
size of different sulfides and grinding time

3.5.4.2 矿样机械活化前后的热行为

从能量学的角度分析，机械活化导致矿石内部储存能量并残存应力，活化后的矿石处于亚稳状态，更容易发生氧化分解反应[194]。热分析技术的基础在于物质发生相变（熔融、升华、晶型转变等）和化学反应（脱水、分解、氧化还原等）时所产生的特征吸热峰或放热峰[164]；故可以采用 TG - DSC 联合法判断硫化矿石机械活化前后的差异，如鉴别含水物质的脱水过程和脱水程度、晶型转变现象等。

张超等人[204]采用自行研制的机械化学量热仪在303.15 K 的温度条件下对机械活化黄铁矿进行了在线储能研究。结果发现，随着机械活化时间的延长，矿样的储能随之增大，见图 3 - 30。胡慧萍等[205,206]采用 Friendman 法分析了未活化黄铁矿和机械活化不同时间的黄铁矿在各种升温速率下的热分解动

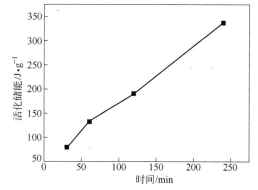

图 3 - 30　黄铁矿的活化时间与活化储能关系

Fig. 3 - 30　The relationship between stored
energy and grinding time for pyrite

力学。结果表明，随着机械活化时间的增加，黄铁矿的表观热分解活化能降低。

采用 STA449C/3/MFC/G 型同步热分析仪来确定硫化矿石经历机械活化前后的热行为。测试样品的量为9mg，升温范围为25～800℃，空气流量为20mL/min。图 3 - 31～图 3 - 33 为 2 号矿样未经机械活化、活化 30min 及 60min 以后，在升温速率为 15K/min 条件下的 TG、DSC、DTG 曲线分布。可以看出，经历机械活化后，矿样的 TG 曲线向下偏移，起始反应温度降低，在 600～750℃的温度区间明显发生新的化学反应，最大反应速率对应的温度分别为 524.659℃、518.858℃、513.3℃，呈下降趋势；且经历机械活化后的矿样，在 DTG 曲线上出现了第二个反应失重峰。表 3 - 7 列出了矿样活化不同时间后 DSC 曲线上所对应的峰值，随着机械活化时间的延长，放热峰的起始点及峰值温度均有所降低。

产生这些现象的可能原因是晶态物质的非晶化现象引起 DSC 曲线形成相应的放热峰，未活化矿样以晶相矿物为主，活化后的矿样中有一部分晶体发生无定形化；或者是机械力化学的脱水效果。由此表明，硫化矿石经历机械活化后，反应活性增强，氧化反应在更低的温度条件下即可进行。

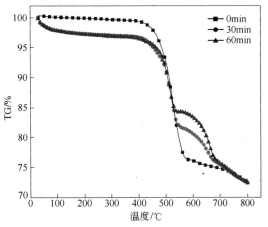

图 3 - 31　2 号矿样活化前后的 TG 曲线

Fig. 3 - 31　TG curves of Sample 2 before and after the grinding

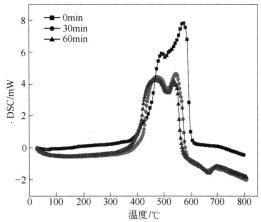

图 3 - 32　2 号矿样活化前后的 DSC 曲线

Fig. 3 - 32　DSC curves of Sample 2 before and after grinding

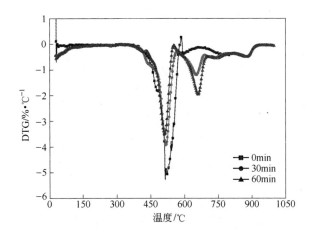

图 3 - 33　2 号矿样在机械活化前后的 DTG 曲线

Fig. 3 - 33　DTG curves of Sample 2 before and after the grinding

表 3 - 7　2 号矿样机械活化前后 DSC 曲线上的峰值比较

Table 3 - 7　The peak temperatures on DSC curves for Sample 2 before and after grinding

机械活化时间 /min	第一个放热峰		第二个放热峰	
	起始点/℃	峰值/℃	起始点/℃	峰值/℃
0	458.5	494.7	553.4	571.3
30	420.7	475.6	521.7	545.0
60	407.0	468.1	521.0	536.5

3.5.4.3 矿样机械活化前后的形貌分析

硫化矿石在经历机械活化作用时，矿粒表面将出现不饱和力场及带电的结构单元，使得矿粒处于不稳定的高能状态，在较弱的引力作用下发生团聚现象，颗粒增粗[207]。这个阶段的自由能减少，体系化学势能减小，表面能释放，物质可能再结晶，是一种可逆过程，如图 3 – 34[164,201] 所示。

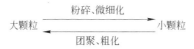

图 3 – 34　颗粒的团聚效应

Fig. 3 – 34　The agglomeration effect of particles

两种矿样在经历不同机械活化时间后的 SEM 照片如图 3 – 35 所示，可以发现：活化前的矿样表面较为光洁，轮廓较为清晰，颗粒之间存在较为明显的边界；矿样活化后，矿粒之间已无界面，因发生黏聚而形成疏松的絮状物；随着活化时间的延长，团聚效应更为显著，大颗粒的周围黏附有许多微小颗粒；7 号矿样的团聚效应更为明显。

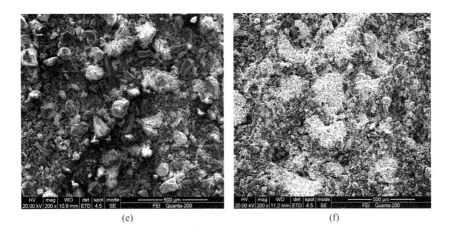

(e)   (f)

图 3 - 35   硫化矿石经历不同机械活化时间后的 SEM 图

Fig. 3 - 35   SEM photographs of two samples after different grinding time

(a)2 号未活化;(b)2 号活化 15min;(c)2 号活化 60min;(d)7 号未活化;(e)7 号活化 15min;(f)7 号活化 60min

3.5.4.4 活化矿样的粒径分布及比表面积

为了深入了解两类硫化矿石矿样在经历不同时间的机械活化作用后，相应的粒度及比表面积分布规律，利用 Mastersize2000 型激光粒度分析仪对各个矿样进行测试。2 号矿样的折射率取 1.520，遮光度取 12.88%；7 号矿样的折射率取 1.500，遮光率取 11.74%。

由图 3 - 36 可以看出，矿样经机械活化后，粒度分布的范围变宽，2 号矿样的粒径分布在 0.1 ~ 1000μm 之间，而 7 号矿样的粒径主要处于 1 ~ 300μm，可以认为 7 号矿样较 2号矿样更容易破碎。随着球磨时间的延长，粒径分布的范围有所缩小，由于矿样在球磨过

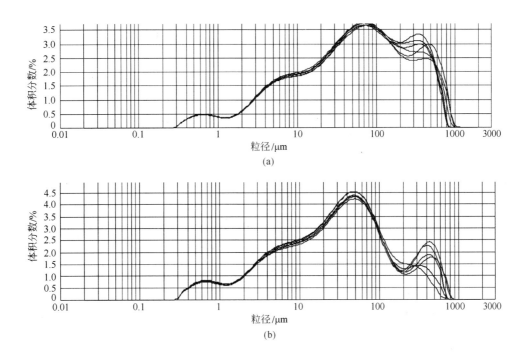

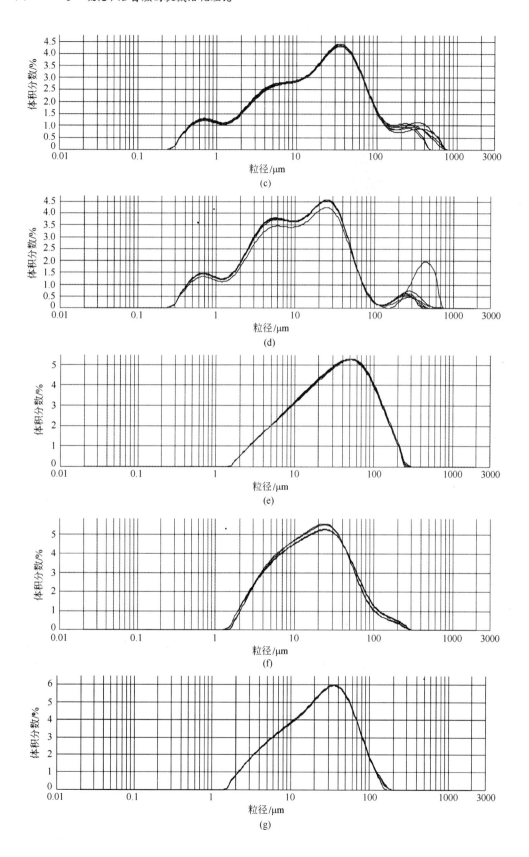

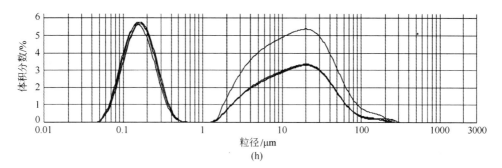

图 3 - 36 矿样在经历不同机械活化时间后的粒度分布

Fig. 3 - 36 The particle size distribution of samples after different grinding time

(a) 2 号活化 15min；(b) 2 号活化 30min；(c) 2 号活化 45min；(d) 2 号活化 60min；

(e) 7 号活化 15min；(f) 7 号活化 30min；(g) 7 号活化 45min；(h) 7 号活化 60min

程中发生团聚并出现粘壁、粘球等现象，使得粉碎不够均匀。矿样在活化过程中，颗粒表面的活化能增大，在一定的球磨时间内还出现颗粒间的弱团聚现象；若继续分磨，该种弱团聚将被打破，粒度进一步减小。

两种矿样在经历不同机械活化时间后，对应的平均粒度及比表面积变化趋势分别见图 3 - 37、图 3 - 38。可以发现，比表面积急剧增大，这与颗粒粒径的变化相对应；继续粉磨时，粒径下降趋缓。

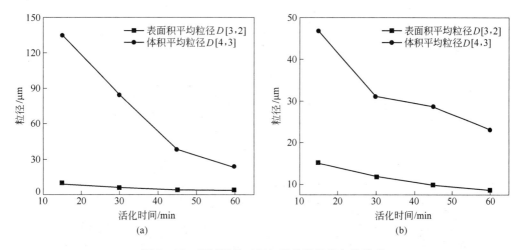

图 3 - 37 机械活化时间与平均粒径分布的关系

Fig. 3 - 37 The relationship between particle size and grinding time for two samples

(a) 2 号矿样；(b) 7 号矿样

3.5.4.5 活化矿样在常温中的氧化行为

为了了解不同矿样在经历机械活化后的氧化特性，将前面制备好的活化矿样置于玻璃皿中，在自然环境中氧化一段时间，相应的 SEM 形貌照片见图 3 - 39。可以发现，活化矿样存放过后，颗粒界面变得较为清晰，絮状物由最初的疏松状转变为致密态，仍表现出轻度的结块现象；这说明矿样的活化效应可能会随时间的延长而减弱。由图 3 - 40 可知，矿

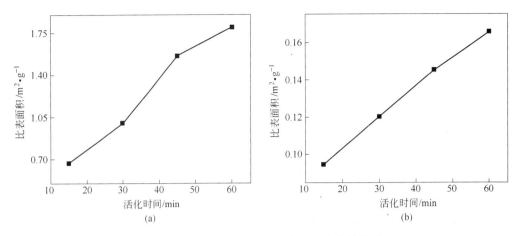

(a)　　　　　　　　　　　　(b)

图 3 - 38　机械活化时间与比表面积变化的关系

Fig. 3 – 38　The relationship between specific surface area and grinding time for two samples

（a）2 号矿样；（b）7 号矿样

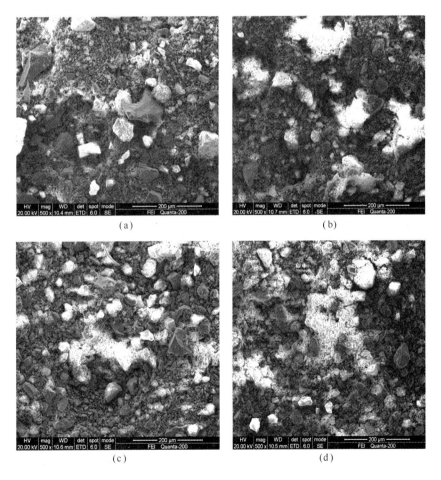

图 3 - 39　活化矿样常温氧化后的 SEM 图

Fig. 3 – 39　SEM photographs of activated samples under natural condition

（a）2 号活化 30min；（b）2 号活化 60min；（c）7 号活化 30min；（d）7 号活化 60min

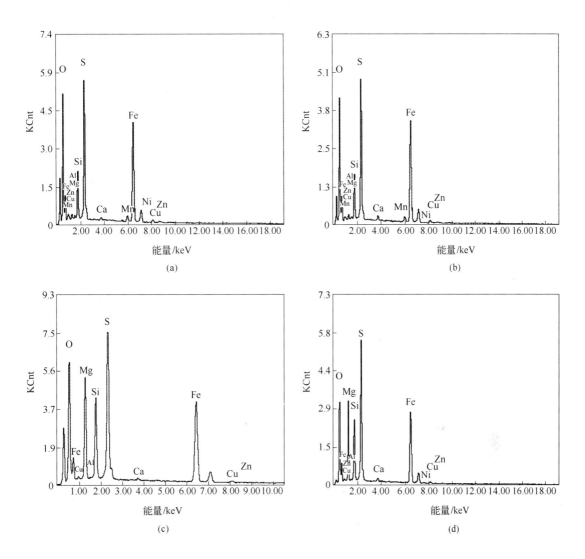

图 3 - 40 活化不同时间的两种矿样在自然条件下氧化后的能谱图

Fig. 3 - 40 EDAX spectra of two samples after different grinding time

(a) 2 号活化 30min；（b) 2 号活化 60min；（c) 7 号活化 30min；（d) 7 号活化 60min

样经历不同的机械活化时间，在相同环境下氧化后的能谱图有较大差异。活化 60min 的矿样氧化 5 个月以后，其 S、O、Fe 等主要元素的能谱峰显著降低；表明活化时间越长，矿样更容易发生氧化。

运用傅里叶红外光谱仪获得两种矿样在不同条件下的 FTIR 图谱，见图 3 - 41，对应的峰值如表 3 - 8 所示。从中可以看出，活化矿样在自然环境中放置 5 个月后，新出现峰的数量有所改变，表明矿样的结构特性发生相应变化；可能是 Si—O 键的伸缩振动使吸收谱强度下降，键力减弱，有序结构被破坏，产生晶格变形。在图 3 - 41 及表 3 - 8 中，2 - 30 代表 2 号矿样机械活化 30min；2 - 30 - 5 代表 2 号矿样机械活化 30min 后，放置在自然环境中氧化 5 个月，其他符号的含义相同。

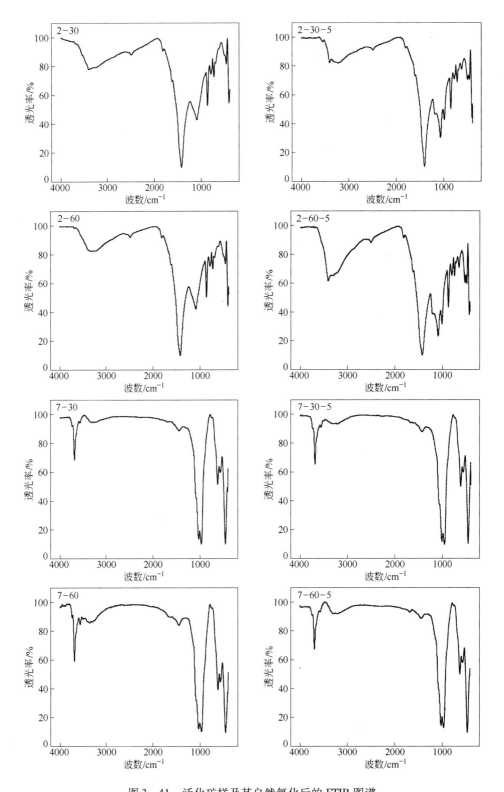

图 3 - 41　活化矿样及其自然氧化后的 FTIR 图谱

Fig. 3 - 41　The FTIR spectra of activated samples under natural conditions

表 3-8 活化矿样及其自然氧化后 FTIR 图谱的峰值

Table 3-8 Peak values in FTIR spectra of activated samples under natural conditions

实验条件	峰 值 位 置/cm^{-1}
2-30	3402.6, 2498.7, 1810.5, 1612.6, 1416.5, 1088.2, 864.2, 791.5, 731.0, 468.8, 412.8, 405.0
2-30-5	3553.2, 3405.5, 3228.9, 2495.3, 1810.6, 1612.2, 1195.1, 1081.6, 1000.5, 863.7, 791.5, 730.7, 636.2, 506.2, 467.1, 413.1
2-60	3689.5, 3316.3, 2498.9, 1810.1, 1420.4, 1088.8, 864.8, 791.3, 732.2, 700.5, 469.5, 415.1
2-60-5	3406.1, 3321.6, 2499.2, 1810.2, 1612.7, 1416.2, 1197.2, 1080.5, 999.6, 863.9, 790.9, 731.8, 700.8, 635.6, 507.6, 468.4, 412.4
7-30	3738.4, 3687.6, 3562.2, 3266.8, 1668.0, 1434.1, 1017.2, 961.2, 614.5, 559.0, 453.2, 408.8, 405.4
7-30-5	3733.6, 3687.8, 3561.6, 3310.5, 3214.9, 1679.3, 1435.2, 1017.5, 962.8, 613.5, 564.4, 456.4
7-60	3739.3, 3686.3, 3559.4, 3493.2, 3357.3, 3293.2, 1606.7, 1438.7, 1018.8, 959.7, 613.3, 561.9, 454.8, 406.3
7-60-5	3738.5, 3687.1, 3562.3, 3193.8, 1679.7, 1435.3, 1018.3, 961.5, 613.0, 559.7, 455.8

由以上分析可知，金属矿床开采中，矿体经受了多种形式的机械力作用（地压、摩擦力、剪切力、冲击力等），导致各种硫化矿物的物理化学性质发生一定程度的改变，化学反应活性相应提高；在一定的环境条件下更容易发生氧化自热现象，最终导致矿山自燃火灾，整个过程可由图 3-42 表示。

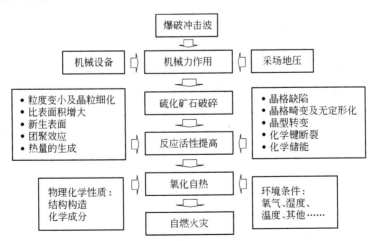

图 3-42 硫化矿石自燃的机械活化过程

Fig. 3-42 The mechanical activation mechanism of sulfide ores for spontaneous combustion

3.6 本章小结

（1）硫化矿石的自然发火过程可以大致划分为低温氧化、自热、燃烧三个阶段；整个反应中表现出物理化学性质的改变（溶解、氧化、有价金属的富集、硫酸盐生成）、热量的释放以及 SO_2 气体生成等主要特征。

（2）有关硫化矿石自燃机理的解释主要存在四种观点，即物理吸附氧机理、电化学机理、微生物作用机理以及化学热力学机理。物理吸附氧机理认为硫化矿石破碎后由于发生物理吸附氧的作用而引发矿石自燃；电化学机理将硫化矿石的低温氧化视为一种电化学反应过程；微生物作用机理认为氧化矿带内含有大量可氧化硫化矿石的微生物，其在矿石的低温氧化过程中发挥重要作用；化学热力学机理将硫化矿石的自燃归结于各种矿物的氧化反应模式及热效应。

（3）硫化矿石的机械活化实验结果表明，经历机械活化后的硫化矿石矿样，其粒径减小、比表面积增大，SEM 形貌表现出显著的团聚效应；活化矿样的起始自热点、自燃点温度均随机械活化时间的延长而降低；矿样活化后，在自然环境中的氧化活性较未活化矿样强。

（4）不同形式的机械力作用于金属矿体上，相当于一个机械活化过程，不仅使矿石的块度变小、比表面积增大、造成矿物晶格畸变、晶格缺陷、晶型转变、颗粒的非晶化等，而且引发机械能与化学能的转化，进而提高了硫化矿石的化学反应活性；在一定的外界条件下，矿石经历低温氧化、自热升温，最终导致金属矿山自燃火灾的发生。

4 硫化矿石自燃倾向性测试的动力学方法研究

硫化矿石自燃倾向性鉴定是通过测试矿石的某些氧化性能表征指标，进而对其自燃危险性大小进行分级。预先判定硫化矿床的自燃倾向性是新建金属矿山能否实现有效开采的前提，可以为高硫矿井防灭火等级的划分及矿床开采设计提供重要依据，以便正确选择采矿方法、通风系统、回采顺序以及采取防灭火技术与措施，达到避免盲目设计、节省投资、保障矿井安全生产、减少国家资源损失的目的。目前，国内外专门针对硫化矿石自燃倾向性测试方法的研究甚少有报道，而且大多数方法出自20世纪70~90年代，至今尚且缺少一种统一的自燃倾向性测试方法，这与金属矿山高效、安全开采的发展趋势严重相违背。本章提出了硫化矿石自燃倾向性的动力学测试方法，分别运用金属网篮交叉点温度法及TG-DSC联合法测试硫化矿石的自燃倾向性，并建立以活化能为鉴定指标的硫化矿石自燃倾向性分级标准。

4.1 硫化矿石自燃倾向性测试的金属网篮交叉点温度法

目前，普遍采取人工加热的实验方法测试硫化矿石的氧化自热性质。研究中所用到的实验装置及操作步骤较为复杂，加上使用玻璃材料进行传热，对矿样的加热效果并不理想，从而影响到矿样的氧化自热速率；而且所获得的实验数据不能展开更深入的分析。金属网篮交叉点温度法[55,56]是 Chen X D 等提出的一种新的物质自热性测试方法，其已广泛运用到各种传热学的理论及实践当中，包括煤炭、木屑、奶粉等物质的自热性分析，并取得了较好的效果。然而，至今未曾发现有人将该方法应用于硫化矿石自燃倾向性的判定中。因此，本节结合中南大学资源与安全工程学院安全与环保研究所现有的仪器设备，自行设计了一套更为简便的实验系统，首次采用该方法测定不同硫化矿样的氧化自热性质。

4.1.1 实验介绍

4.1.1.1 矿样

测试所用矿样采自银家沟硫铁矿与铜陵冬瓜山铜矿，有原矿与硫精矿两大种类，各个矿样采用人工法捣碎过 $180\mu m(80$ 目) 筛孔，矿样中不同粒度的质量分布见表4-1。

表4-1 两种类型矿样不同粒度的质量分布

Table 4-1 The mass percentage of two samples for different particle sizes %

粒度分布/μm	250~180	180~150	150~120	120~109	109~80	80~75	75以下
原　矿	8.497	8.437	8.991	1.376	13.729	9.908	49.062
硫精矿	3.537	4.156	5.673	1.169	13.484	14.260	57.721

　　硫精矿是经矿物加工以后获得的产物，经历了机械球磨过程，其物理化学性质将有很大程度的改变。在此，运用傅里叶红外光谱分析仪给出了三种硫精矿的 FTIR 图谱，如图 4-1、表 4-2 所示。可以看出，高硫精矿与硫铁精矿的红外光谱图较为相似，$1120cm^{-1}$ 处的谱峰显示有硫酸铁的存在，$796cm^{-1}$、$794cm^{-1}$、$670cm^{-1}$ 处显示有水合氢氧化物，$669cm^{-1}$ 处的吸收峰可能为 $Fe_2(SO_4)_3 \cdot H_2O$。相应的化学成分分析结果见表 4-3，可知构成三种硫精矿的组成较为复杂，高硫精矿的含硫量最高，硫铁精矿的含铁量最高，而铜精矿的含铜量最高。XRD 测试结果表明，高硫精矿主要含有 FeS_2、Fe_{1-x}、$CaSO_4 \cdot 2H_2O$、$CuFe_2S_3$、SiO_2 等矿物，硫铁精矿主要由 Fe_3O_4、$Fe_{1-x}S$、FeS_2、$Ca[B(OH)_4]_2 \cdot 2H_2O$、$(CaSO_4) \cdot 2H_2O$ 组成，而铜精矿含有的主要矿物是 $CuFeS_2$、ZnS。由电镜扫描结果可以看出，高硫精矿与硫铁精矿均表现出一定的结块现象，其中硫铁精矿最为明显，见图 4-2。

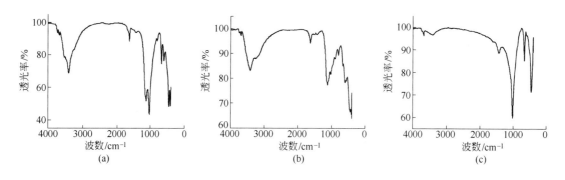

图 4-1　硫精矿的 FTIR 图谱

Fig. 4-1　FTIR spectra of sulfide concentrates

(a) 高硫精矿；(b) 硫铁精矿；(c) 铜精矿

表 4-2　硫精矿 FTIR 的峰值

Table 4-2　Peak values in FTIR spectra of sulfide concentrates

硫精矿的类型	峰 值 位 置/cm^{-1}
高硫精矿	3680，3400，1620，1430，1120，796，669，602，462
硫铁精矿	3690，3400，1620，1420，1120，891，794，599，445
铜精矿	3680，1430，1020，670，465

表 4-3　硫精矿的化学成分（质量分数）

Table 4-3　Chemical compositions of sulfide concentrates　　　　　%

元素种类	Fe	S	O	Si	Mg	Ca	Cu	Al	K
高硫精矿	34.82	23.50	26.16	6.80	4.26	3.28	—	0.82	0.36
硫铁精矿	51.38	13.11	28.07	2.82	2.80	1.48	—	0.35	—
铜精矿	21.34	16.03	23.16	11.17	9.24	1.43	17.43	0.21	—

　　本次实验中所用到的原矿为采自银家沟硫铁矿的 5-1 号矿样，相应的化学组成及粒度形貌分析结果见第 2 章内容中的表 2-3 和图 2-4。

图 4 - 2　硫精矿的 SEM 照片

Fig. 4 - 2　SEM photographs of sulfide concentrates

（a）高硫精矿；（b）硫铁精矿；（c）铜精矿

4.1.1.2　测 试 系 统

测试系统由中南大学安全与环保研究所现有的仪器、设备组装而成，主要包括 HT302E 可程式高温试验箱、金属网篮、K 型热电偶测温元件，CENTER304/309 温度自动 记录仪等，其组合方式见图 4 - 3[208]。

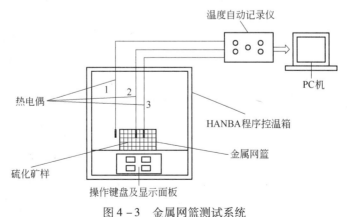

图 4 - 3　金属网篮测试系统

Fig. 4 - 3　The wire-mesh basket test system for sulfide ore samples

其中，HT302E 高温试验箱为电热鼓风式，依靠鼓风电动机使工作室内的空气强制流动来满足技术指标，进而保证箱体内温度场及风流场的均匀；控温仪、开关、指示灯等集于一板，方便操作；箱体大门采用高温抗老化的硅橡胶隔热密封，绝热性能好；箱体左侧及顶部各有一个测试孔，方便测试引线；试验箱内部设置为多层，用于放置实验矿样。金属网篮是用 80μm(180 目) 的金属网筛手工制作而成的一个圆柱体模型，用于装矿样，模型的尺寸可以根据具体实验的矿样量来确定（本次实验所用模型的半径为 2cm，高为 6cm）；金属网篮上的细微筛孔主要是方便空气渗入到矿样内部，保证矿样氧化反应中所需氧气以及实现良好的传热效果，从而加快矿石的氧化自热；金属网篮及箱体内部的构造实体见图 4 – 4。

CENTER304/309 温度自动记录仪是一个以 K 型热电偶为传感器的数位温度表，具有记忆体装置，可以不接电脑直接将矿石氧化自热进程中的温度记录在电表中，然后由电脑将记忆读出并分析。

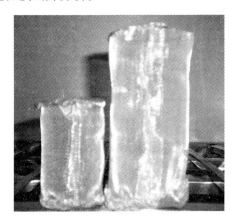

图 4 – 4 不同尺寸的金属网篮及高温试验箱的内部构造

Fig. 4 – 4 wire-Mesh basket with different sizes and internal structure of the system

4.1.1.3 实验步骤

在实验过程中，将箱体顶部及侧面的圆形孔盖打开，使其内部与大气相通，这样有利于矿样自热产生的气体与外界空气发生交换，从而为矿样氧化反应提供稳定的氧气。整个实验的具体操作步骤如下：

（1）用天平称取约 120g 矿样，装入金属网篮内。

（2）如图 4 – 3 所示，箱体内共有三个热电偶（分别用 1、2、3 表示）。1 号热电偶置于金属网篮的外侧，用于测试试验箱内部的温度（环境温度）；2 号、3 号热电偶分别放置在金属网篮的中心以及偏离中心点 1cm 处的位置，用来测量矿样内部不同点的温度，保证三个热电偶处于同一水平位置。

（3）将温度自动记录仪与热电偶数据线连接起来，设置为每隔 30s 自动记录所测点的温度。

（4）通过操纵面板，将箱体内的恒温温度分别设置为 140℃、150℃、160℃、180℃、200℃，对矿样加热恒温约 1.5h(以硫铁精矿为例，由于不同矿样的自热性质差异较大，必须设置不同的恒温温度及恒温时间才能产生自热现象)。

4.1.2 实验数据及分析

依照上述实验步骤，分别测定了原矿 5-1、高硫精矿、硫铁精矿三种矿样在不同恒温条件下的氧化自热性质。

鉴于篇幅，以下仅列出了硫铁精矿在不同恒温条件下的自热曲线，见图4-5。其中，

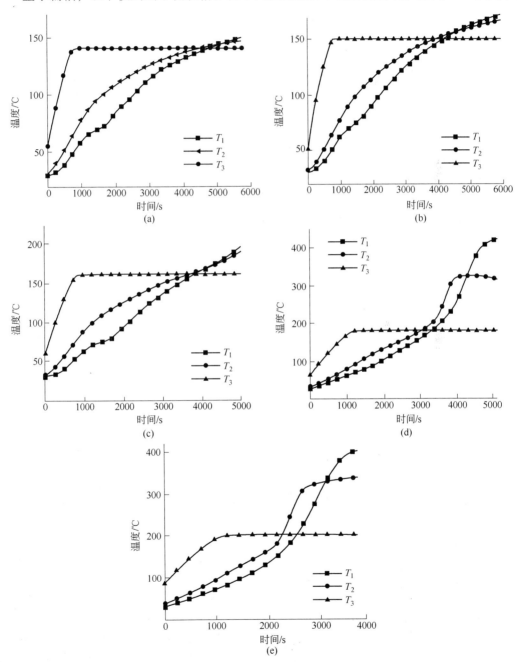

图 4-5 硫铁精矿在不同恒温条件下的 T-t 曲线

Fig. 4-5 T-t curves of iron-sulfide concentrate under different constant temperatures

（a）恒温 140℃；（b）恒温 150℃；（c）恒温 160℃；（d）恒温 180℃；（e）恒温 200℃

T_1 为矿样中心点的温度值，T_2 为偏离中心点 1cm 处位置的温度值，T_3 为试验箱内的恒温温度（环境温度）。在不同的恒温条件下，硫铁精矿交叉点的温度值分别为：142.8℃、156.7℃、170.5℃、323℃、328℃。可以发现，不同矿样出现自热的起始温度以及所需的反应时间均不一样；硫铁精矿最容易自热，而原矿最难自热；随着恒温温度的升高，同一矿样的自热幅度也随之增大，矿样的中心点以及偏离中心点 1cm 处两个位置温度交叉的速度就越快，交叉点的温度值也越大。在加热的初始阶段，硫铁精矿并未发生氧化反应，或者是由于氧化反应中放热的速率很小，散热量大于产热量，使得矿样内的热量无法聚集；所以矿样中心点位置的温度比偏离中心 1cm 处位置的温度要低。恒温一段时间以后，矿样氧化放出的热量逐渐增多，且热量不断积聚，中心点的温度迅速上升，最终超过边界；最后，随着矿样氧化反应进行彻底，温度逐渐下降，直到与周围的环境温度达到平衡。

为了对比不同实验方法的测试效果，采用传统自热法对原矿样进行了测试，对应的 $T-t$ 曲线见图 4-6；T_1 为环境温度，T_2 为矿样的温度。可以看出，使用传统实验方法，在环境温度达到 249℃ 时，矿样仍未出现明显的自热现象，整个过程耗时约 23h；相反，采用上述介绍的实验方法，在恒温温度为 210℃，恒温时间为 1h 的条件下，矿样却产生明显的自热现象；由此表明了新方法的优越性。

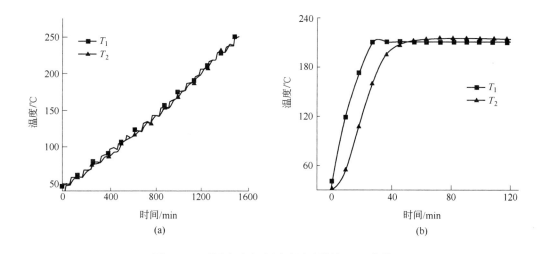

图 4-6 不同实验方法测试原矿样的 $T-t$ 曲线

Fig. 4-6 $T-t$ curves of Sample 5-1 with different experimental methods

（a）传统方法；（b）金属网篮交叉点法

4.1.3 氧化动力学参数的计算

目前，研究硫化矿石的自燃倾向性主要是从化学热力学方面展开[25,31]，甚少有文献从氧化动力学的角度去判定硫化矿石的自燃倾向性大小，而这又是其研究发展的必然趋势，即通过求解硫化矿石的氧化动力学参数来判断其自燃危险性程度。活化能可以定义为硫化矿石氧化反应能够进行所需要的最低能量[209,210]，活化能的大小决定了氧化反应进行的难易程度。硫化矿石的反应活化能越大，表明其自燃倾向性越小；活化能越小，其自燃倾向性就越大。基于上述实验数据，可以计算出各种矿样在不同恒温条件下的交叉点温度的上升速率，进而获得三种矿样的氧化动力学参数。

硫化矿石自然发火是其自身氧化放热与向周围环境散热共同作用的结果，相应的氧化动力学方程可以用式（4-1）表示[211,212]：

$$(\rho c_{p})_{ore}\frac{\partial T}{\partial t} = \lambda \nabla^2 T + Q\rho A e^{-E/(RT)} \tag{4-1}$$

式中，c_{p} 为硫化矿石的比热容，J/(kg·K)；ρ 为硫化矿石的密度，kg/m³；T 为硫化矿石在不同时刻的温度，K；t 为反应时间，s；λ 为硫化矿石的导热系数，W/(m·K)；Q 为在标准状态下单位质量硫化矿石的氧化放热量，J/kg；A 为指前因子，s⁻¹；E 为活化能，J/mol。

按照前面的实验方法，在矿样的中心位置和偏离中心 1cm 处的位置放置两个测温元件，当两测温元件所测温度值相等时，式（4-1）右边的导热项变为零。此时，对式（4-1）两边同时求对数便得到硫化矿石的活化能计算公式，见式（4-2）。因此，只要针对同一个矿样在不同的恒温条件下测得其交叉点温度就可以求出相应的表观活化能。

$$\ln\left(\frac{\partial T}{\partial t}\right)_{T=T_{p}} = \ln\frac{QA}{c_{p}} - \frac{E}{RT_{p}} \tag{4-2}$$

式中，T_{p} 为交叉点温度，K。

将以上所测得的三种矿样在不同恒温条件下的交叉点温升速率代入式（4-2），得出不同矿样的 $\ln(dT/dt)_{T=T_{p}}$ 和 $-1000/RT_{p}$ 的关系，见图 4-7。

进一步获得三种矿样在相应温度范围内的表观活化能及相关性系数，见表 4-4。表观活化能越大，表明硫化矿石发生自燃所需要的能量就越多，自燃倾向性越小。由此可以看出，三种矿样中，表观活化能最小的是硫铁精矿，说明硫铁精矿最容易发生自燃；其次是高硫精矿，而原矿样的表观活化能最大，说明其发生自燃的可能性最小。在实际生产过程中，储存在矿仓中的硫铁精矿及高硫精矿频繁出现过自燃现象，而原矿样所在的矿体在开采过程中并未发生自燃火灾，这也表明用活化能指标来判断硫化矿石的自燃倾向性是科学合理的。

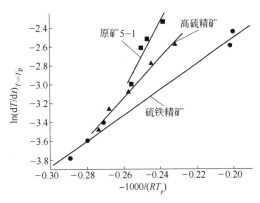

图 4-7 三种矿样 $\ln(dT/dt)_{T=T_{p}}$ 和 $-1000/(RT_{p})$ 相关性分析图

Fig. 4-7 Plots of $\ln(dT/dt)_{T=T_{p}}$ versus $-1000/(RT_{p})$ for three samples

表 4-4 三种矿样的表观活化能值

Table 4-4 The apparent activation energies of three samples

矿样类型	硫铁精矿	高硫精矿	原矿 5-1
表观活化能 E/kJ·mol⁻¹	13.7366	21.3817	36.2350
相关系数	0.9947	0.9925	0.9603

4.2 硫化矿石自燃的 TG/DSC 联合测试研究

热分析技术是在程序控制温度下，测量物质的物理性质与温度关系的一种技术[213,214]，主要包括热重分析法（TGA）、差热分析法（DTA）以及差示扫描量热法（DSC）。TGA 是在程序控制温度下，测量物质质量与温度关系的一种技术，其主要特点是定量性强，能准确测量物质的质量变化及变化的速率；DTA 是在程序控制温度下测量样品与参比物温差的一种技术，DTA 曲线显示矿样受热时被空气氧化所发生的分解、放热、吸热的全过程，不同类型矿样有不一样的 DTA 曲线，通过 DTA 曲线可以计算出氧化热峰面积，比较矿样的放热性大小；DSC 则是在程序控制温度下，通过测定样品和参比物温度相同时所需的热量来确定样品的放热量。

曾有研究者[35]采用 DTA 技术测试了硫化矿石的热行为，鉴于矿石成分的复杂性及不同矿物表现出放热的温度和放热量存在较大差异，各个反应可能存在重叠情况而互相抵消一部分，使得氧化放热过程不能明显反映出来。由此表明，采用单一热分析法测试硫化矿石的热性质具有一定的局限性。本节则运用 TG/DSC 联合法对典型硫化石矿样的热行为进行深入分析，并解算出相应的表观活化能，建立用于判定硫化矿石自燃倾向性的新测试标准。

4.2.1 实验矿样与仪器

测试矿样包含前面章节介绍过的样品，有原矿与硫精矿两大类。新用原矿的主要化学成分见表 4 - 5，可知含有多种化学元素、1 - 2 号矿样的含硫量很低；电镜扫描结果表明三种矿样具有相似的粒度分布，见图 4 - 8；X 射线衍射分析结果表明，原矿中的主要矿物有黄铁矿、菱铁矿以及二氧化硅等。

表 4 - 5　三种原矿的化学成分（质量分数）

Table 4 - 5　Chemical compositions of three original ores　　　　%

元素种类	Fe	O	S	Si	Zn	Mn	Na	Mg	Cu	Ca	Al
1 - 2	33.52	36.13	3.31	15.81	—	0.65		5.08		0.35	2.91
4 - 1	39.79	23.18	25.20	1.39	1.73	4.34	1.24	0.37	1.54	0.91	0.30
7	32.89	25.87	18.31	7.76	—	—		13.42	1.43	0.33	—

本次实验所用热分析仪器为中南大学材料科学与工程学院购买的德国 NETZSCH 公司生产的 STA449C/3/MFC/G 型同步热分析仪。该仪器应用同步热分析（STA）技术可以对一个矿样同时开展 TG、DSC、DTG（热重微分曲线）分析，通过比较 TG、DSC、DTG 的分析结果来确定硫化矿石的热行为。此外，STA 技术避免了因 TG 和 DSC/DTG 分开处理而给真实值带来的误差；如矿样的各向异性、几何形状均能给实验结果造成影响，实验中样品气氛的不一致性也会给反应平衡带来影响。

为了保证实验结果的准确性，对操纵条件进行严格规范；每次测试的样品质量尽量保持在 9mg 左右，测试温度范围为室温至 850℃，空气流量为 20mL/min；在不同升温速率条件下进行多次测试。

图 4 - 8 原矿的 SEM 图片

Fig. 4 - 8 SEM photographs of original ores

(a) 1 - 2; (b) 4 - 1; (c) 7

4.2.2 实验的主要影响因素分析

进行硫化矿石的热分析测试时，将受到多种因素的影响，包括样品量、矿样的粒度分布、气体流量、升温速率等[215]。样品吸热或放热会使样品温度偏离线性程序温度，从而改变 TG 曲线的位置，这种影响随着样品量的增大而变大；反应产生的气体通过样品颗粒周围的孔隙向外扩散的速率也与样品量有直接关系，样品量越大，反应产物越不容易扩散出去，整个样品内的温度梯度就增大。

样品粒度不同，对气体产物扩散的影响也不同。粒度越小，达到温度平衡越快；对于给定的温度，分解程度越大。等量的矿样，通入的气流量不同时，矿样与氧气的反应程度也不一样。同一种样品，对于任何给定的温度，升温速率越慢，分解程度越大。图 4 - 9 给出了同一种硫化矿石矿样在不同粒度分布、不同气体流量的条件下，其特征温度的变化规律。由此可见，最大反应速率所对应的温度与初始放热峰对应的温度均随矿样粒度的变小而降低，随气体流量的增大而变小，但下降幅度不大。

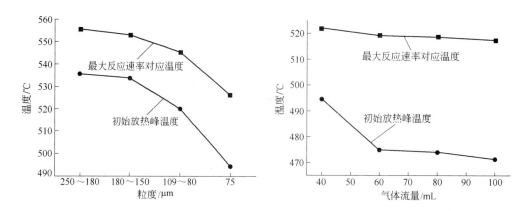

图 4 - 9 矿样的特征温度与粒度、空气流量的关系

Fig. 4 - 9 The critical temperatures versus particle size and airflow

4.2.3 数据处理与分析

利用 Origin 软件将各个矿样的热分析数据进行处理，可以得到不同升温速率条件下对应的 TG - DTG - DSC 曲线。图 4 - 10 给出了 2 - 2、3 - 1 两个矿样在升温速率为 10℃/min 条件下的 TG - DTG - DSC 曲线图。结合实验数据可以发现，在反应初始阶段，矿样出现明显的失重、增重现象，这是硫化矿石中含有的水分蒸发后再与空气发生物理吸附氧的结果；当温度上升至一定值时，矿样开始进入一个较快的失重阶段，两个矿样均存在一个最大的质量损失峰值，其对应的温度可以看做是矿样的自燃点，不同升温速率下的自燃点有

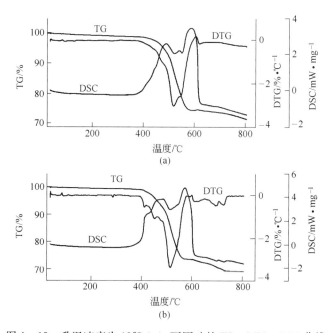

图 4 - 10 升温速率为 10℃/min 下原矿的 TG - DTG - DSC 曲线

Fig. 4 - 10 The TG - DTG - DSC curves of each sample at the heating rate of 10℃/min

(a) 2 - 2；(b) 3 - 1

所差异。在相应的 DSC 曲线上，两个矿样均出现了两个明显的放热峰，表明矿样发生了剧烈燃烧。尽管按照 TG-DTG 曲线可以把整个反应过程划分为多个温度区间，可相应的 DSC 曲线却并不是完全一一对应的。这是因为硫化矿石在氧化燃烧过程中，质量损失过程对应着不同矿物的化学反应进程，而热量的释放却是一个累积的过程，与整个化学反应过程有关；对于反应剧烈的化学过程而言，该种现象表现更为显著[216]。

在 500~600℃ 之间，两个矿样可能发生式（4-3）、式（4-4）的化学反应，均为放热反应[44,217]。

$$4FeS_2 + 11O_2 \rule[0.5ex]{2em}{0.4pt} 2Fe_2O_3 + 8SO_2 \tag{4-3}$$

$$FeS_2 + 3O_2 \rule[0.5ex]{2em}{0.4pt} FeSO_4 + SO_2 \tag{4-4}$$

随着 SO_2 气体的逐渐生成，还可能发生式（4-5）、式（4-6）的反应，从而致使反应中途出现增重现象：

$$2Fe_2O_3 + 4SO_2 + O_2 \rule[0.5ex]{2em}{0.4pt} 4FeSO_4 \tag{4-5}$$

$$2Fe_2O_3 + 6SO_2 + 3O_2 \rule[0.5ex]{2em}{0.4pt} 2Fe_2(SO_4)_3 \tag{4-6}$$

由于原矿中含有菱铁矿，在氧化气氛下，碳酸盐的分解与 FeO 的氧化将相互交叉、同时进行。随着升温速率的增大，相同时间内产生的 CO_2 气体越多；CO_2 的溢出可能会阻止生成物与氧气之间的充分接触，造成分解产物的氧化作用由于缺氧而延缓，使得氧化放热与分解吸热这两个过程脱离。若参与反应的矿样量少、加热速率慢，则上面所述的分解和氧化反应可以同步进行，从而出现总失重率减小的现象。于 400~600℃ 的温度区间，在有氧气的环境下加热，菱铁矿将发生式（4-7）和式（4-8）的反应；当加热速度为 10℃/min 时，菱铁矿在 540~580℃ 的范围内开始快速分解，700℃ 分解完毕[218]。

$$FeCO_3 \rule[0.5ex]{2em}{0.4pt} FeO + CO_2 \tag{4-7}$$

$$4FeO + O_2 \rule[0.5ex]{2em}{0.4pt} 2Fe_2O_3 \tag{4-8}$$

各个原矿在升温速率分别为 5℃/min、10℃/min 和 15℃/min 条件下的 TG 曲线如图 4-11 所示；从中可以看出，升温速率对矿样的 TG 曲线有较大影响。总体看来，随着升温速率的增大，TG 曲线有向高温方向推移的趋势，这是由于矿样温度的上升是依靠热量在介质经过蒸锅再到矿样之间的传递而进行的缘故；在加热的炉子和矿样之间形成了温差，矿样内部便产生了温度梯度，一旦升温速率增大，这种温差也随之增大[219]。表 4-6 给出了各个原矿在不同升温速率下 DSC 曲线上的峰值温度；可以看出，随着升温速率的提高，相应的峰值温度也上升。

表 4-6 各个原矿在不同升温速率下 DSC 曲线峰值温度

Table 4-6 Peak temperatures on the DSC curves of each sample

矿样编号	$\beta/℃ \cdot min^{-1}$			矿样编号	$\beta/℃ \cdot min^{-1}$		
	5	10	15		5	10	15
1-2	519.378	528.126	532.181	4-1	414.378	476.162	488.002
2-2	523.084	541.409	571.409	5-1	516.597	516.981	580.493
3-1	508.539	513.994	520.449				

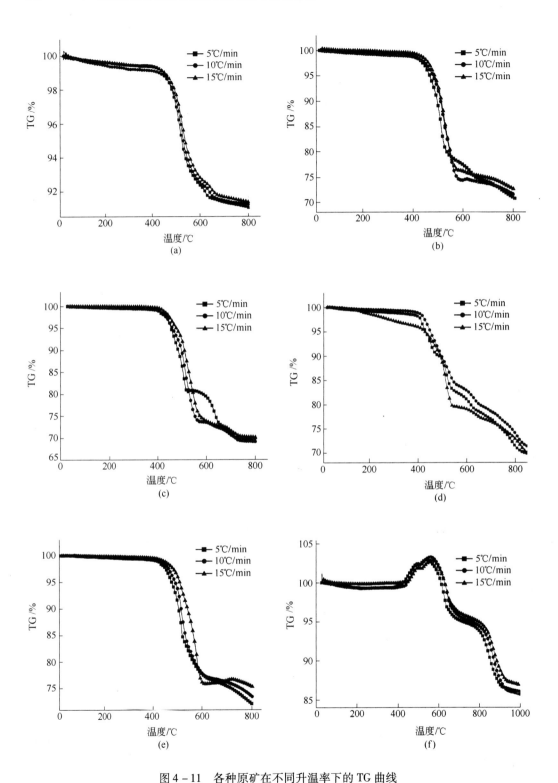

图 4 - 11 各种原矿在不同升温率下的 TG 曲线

Fig. 4 - 11 The TG curves of each sample at different heating rates

（a）1 - 2；（b）2 - 2；（c）3 - 1；（d）4 - 1；（e）5 - 1；（f）7

由于硫精矿在加工过程中经历了更强的机械活化作用，对应的化学反应进程更为烦琐。图 4 - 12 给出了三种硫精矿在升温速率为 10℃/min 条件下的 TG - DTG - DSC 曲线；各个矿样在不同升温速率下的 TG 曲线见图 4 - 13。可以看出，硫铁精矿的反应过程最为复杂，图 4 - 12 中的失重过程可能是由于发生式（4 - 9）~ 式（4 - 11）的化学反应[220,221]。

$$FeS_2 \Longrightarrow FeS + S^0 \tag{4-9}$$

$$S_2 + 2O_2 \Longrightarrow 2SO_2 \tag{4-10}$$

$$4FeS + 7O_2 \Longrightarrow 2Fe_2O_3 + 4SO_2 \tag{4-11}$$

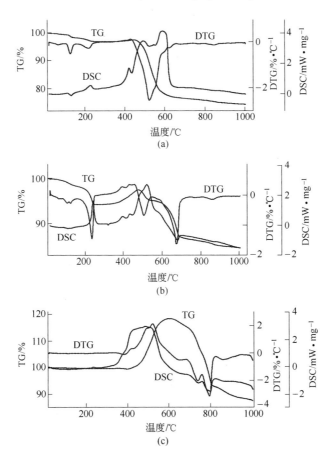

图 4 - 12 三种硫精矿在升温速率为 10℃/min 条件下的 TG - DTG - DSC 曲线

Fig. 4 - 12 TG - DTG - DSC curves of three sulfide concentrates at the heating rate of 10℃/min

（a）高硫精矿；（b）硫铁精矿；（c）铜精矿

硫铁精矿中含有 Fe_3O_4，在氧气氛围中发生式（4 - 12）的氧化反应[222]，导致相应的 TG 曲线出现增重现象，同时放出大量热。

$$4Fe_3O_4 + O_2 \Longrightarrow 6Fe_2O_3 \tag{4-12}$$

铜精矿所含的主要矿物是 $CuFeS_2$，在氧气气氛中，可能发生式（4 - 13）~ 式（4 - 18）的化学反应[223]，表现出明显的增重现象。

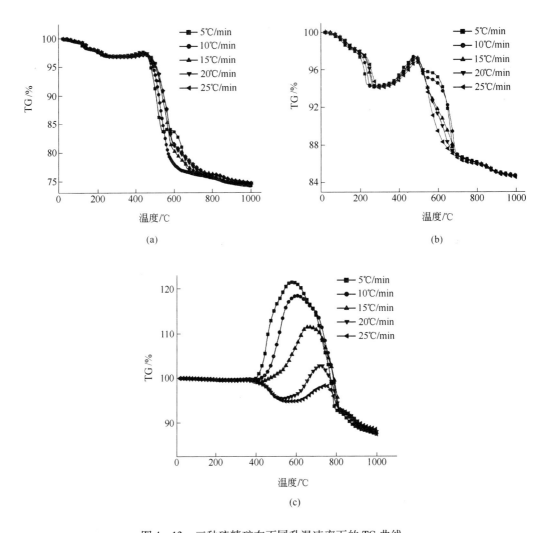

图 4 – 13 三种硫精矿在不同升温速率下的 TG 曲线

Fig. 4 – 13 TG curves of three samples at heating rate

（a）高硫精矿；（b）硫铁精矿；（c）铜精矿

$$2CuFeS_2 + O_2 = Cu_2S + 2FeS + SO_2 \tag{4 – 13}$$

$$Cu_2S + SO_2 + 3O_2 = 2CuSO_4 \tag{4 – 14}$$

$$2Cu_2S + 5O_2 = 2(CuO \cdot CuSO_4) \tag{4 – 15}$$

$$CuFeS_2 + 2O_2 = CuS + FeSO_4 \tag{4 – 16}$$

$$CuS + 2O_2 = CuSO_4 \tag{4 – 17}$$

$$12FeSO_4 + 3O_2 = 4Fe_2(SO_4)_3 + 2Fe_2O_3 \tag{4 – 18}$$

依据 DTG 曲线上的峰值，可以将整个反应历程划分为不同反应阶段。表 4 – 7 列出了三种硫精矿在不同升温速率条件下 DTG 曲线上所对应的峰值温度。

表4-7 硫精矿在不同升温速率下 DTG 曲线上的峰值温度

Table 4-7 Peak temperatures on DTG curves of samples at different heating rates

硫精矿类型	反应阶段	$\beta/℃ \cdot min^{-1}$				
		5	10	15	20	25
高硫精矿	1	118.216	127.695	138.285	142.005	143.302
	2	197.466	219.745	232.535	239.755	242.052
	3	513.466	523.125	563.535	567.755	569.302
含铁硫精矿	1	118.851	128.037	137.637	140.636	146.439
	2	225.351	238.037	242.637	250.386	256.689
	3	413.601	458.537	457.887	462.136	465.689
	4	502.851	507.787	524.137	520.636	548.439
铜精矿	1	104.281	113.495	118.799	123.980	127.532
	2	190.504	198.495	209.299	225.230	227.199
	3	447.031	521.495	607.799	653.48	673.29
	4	725.281	737.745	744.299	790.04	797.23

总之，硫化矿物的氧化反应历程相当复杂，同一种矿物在不同的温度条件下，氧化生成物存在很大差异。表4-8[224]列出了四种典型硫化矿物在各种温度条件下的反应产物，其中黄铜矿的反应模式最为复杂。

表4-8 某些金属硫化矿物在不同温度下的生成产物

Table 4-8 The products of some sulfide minerals under different temperatures

化学式	矿物名称	反应温度/℃	生 成 产 物
FeS_2	黄铁矿	400, 445, 380, 500, 420	FeS, S; FeS, SO_2; $Fe_{1-x}S$, SO_2; $FeSO_4$, SO_2; Fe_2O_3, SO_2
FeS	磁黄铁矿	350, 370	$FeSO_4$, Fe_3O_4
$CuFeS_2$	黄铜矿	350, 550, 500	$CuFeS_2$, FeS_2, $\gamma - CuFeS_2$; $CuFeS_2$, $Cu_{1.8}S$, M_xO_y; $CuFeS_2$, Fe_3O_4, Fe_2O_3, FeS_2
ZnS	闪锌矿	527, 580	ZnS, ZnO, $ZnSO_4$, Zn; ZnS, ZnO, $ZnSO_4$

4.3 硫化矿石自燃的热分析动力学研究

热分析动力学[225]是应用热分析技术获得反应动力学参数和机理函数的一种方法，而固相反应动力学是热分析动力学研究的核心，其主要任务是确定固相反应的机理及相关动力学参数。从数据处理上，动力学参数的计算可以区分为积分法和微分法；从操作方式上，动力学测试又可以划分为单一扫描速率法和多重扫描速率法。

4.3.1 硫化矿石自燃的反应动力学机理

在空气环境中，硫化矿石所含主要矿物将发生典型的气固反应。根据热分析动力学理论，硫化矿石自燃过程的反应速率可以用式（4-19）表示[221,226]：

$$\frac{\mathrm{d}a}{\mathrm{d}t} = A\mathrm{e}^{-E/(RT)}f(a) \tag{4-19}$$

式中，a 为矿石发生氧化分解反应的转化率，$a = (m_0 - m_t)/(m_0 - m_\infty)$，$m_0$ 为初始时刻的质量，m_t 为 t 时刻的质量，m_∞ 为反应终止时刻的质量；t 为反应时间；T 为反应温度；A 为指前因子；E 为反应活化能；R 为摩尔气体常数；$f(a)$ 是反映硫化矿石氧化反应机理的函数模式。

将升温速率 $\beta = \mathrm{d}T/\mathrm{d}t$ 代入式（4-19），得到式（4-20）：

$$\frac{\mathrm{d}a}{f(a)} = \frac{A}{\beta}\mathrm{e}^{-E/(RT)}\mathrm{d}T \tag{4-20}$$

将式（4-20）的两侧分别从 a_0 到 a_n，T_0 到 T_n 进行积分，有

$$\int_{a_0}^{a_n}\frac{\mathrm{d}a}{f(a)} = \frac{A}{\beta}\int_{T_0}^{T_n}\mathrm{e}^{-E/(RT)}\mathrm{d}T \tag{4-21}$$

由于无法求得式（4-21）的解析解，应用 Coats-Redfen 积分公式[225]，可得其近似解，如式（4-22）：

$$\ln\left(\frac{g(a)}{T^2}\right) = \ln\left[\frac{AR}{E\beta}\left(1 - \frac{2RT}{E}\right)\right] - \frac{E}{RT} \tag{4-22}$$

令 $g(a) = \int_{a_0}^{a_n}\dfrac{\mathrm{d}a}{f(a)}$，其定义为 TG 曲线的积分函数。对于不同的反应机理，动力学模式函数 $f(a)$ 及对应的积分函数 $g(a)$ 有所区别，常见的气固反应机理模式见表 4-9[225~228]。

表 4-9 常用气固反应动力学模式函数

Table 4-9 Analytical forms of functions of common gas-solid reactions

反应机理模式	符号	积分形式 $g(a)$	微分形式 $f(a)$
一维扩散	D1	a^2	$1/(2a)$
二维扩散	D2	$a + (1-a)\ln(1-a)$	$-1/\ln(1-a)$
三维扩散	D3	$[1-(1-a)^{1/3}]^2$	$3(1-a)^{2/3}/\{2[1-(1-a)^{1/3}]\}$
三维扩散	D4	$(1-2a/3)-(1-a)^{2/3}$	$3/\{2[(1-a)^{-1/3}-1]\}$
一级反应	F1	$-\ln(1-a)$	$1-a$
二级反应	F2	$(1-a)^{-1}-1$	$(1-a)^2$
二维成核与生长	A2	$[-\ln(1-a)]^{1/2}$	$2(1-a)[-\ln(1-a)]^{1/2}$
三维成核与生长	A3	$[-\ln(1-a)]^{1/3}$	$3(1-a)[-\ln(1-a)]^{2/3}$
一维相界面反应	R1	a	1
二维相界面反应	R2	$1-(1-a)^{1/2}$	$2(1-a)^{1/2}$
三维相界面反应	R3	$1-(1-a)^{1/3}$	$3(1-a)^{2/3}$

将各种反应机理模式依次代入式（4-22）中，对不同升温速率下的 TG 数据进行处理，可得 $\ln[g(a)/T^2]$ 对 $1/T$ 的一系列曲线，其中线性相关性最好的动力学模式代表硫化矿石非等温氧化的反应机制。在确定的反应机制下用 $\ln[g(a)/T^2]$ 对 $1/T$ 作图，得到一条直线，通过斜率 $-E/R$ 及截距可以获得相应的动力学参数值。

图 4 - 14 为矿样在 480 ~ 580℃之间，于不同升温速率下 $\ln[g(a)/T^2]$ 对 $1/T$ 的关系图，通过比较不同机理函数所对应的相关性系数，就可以确定在该温度区间矿样的反应机理。表 4 - 10 为矿样在三种升温速率下，运用不同模式函数所求得 $\ln[g(a)/T^2]$ 对 $1/T$ 的相关性系数，可以看出 D1 模式在任一升温速率下的相关性系数均为最大，由此认为 D1 模型是该矿样在相应温度区间的反应机理函数，即 $g(a) = a^2$。运用 D1 模型，由 $\ln[g(a)/T^2]$ 对 $1/T$ 作图，得到三种升温速率下相应温度区间的拟合直线，由对应的斜率和截距计算出动力学参数值，见表 4 - 11；可知在不同的升温速率条件下，矿样的动力学参数不一样。

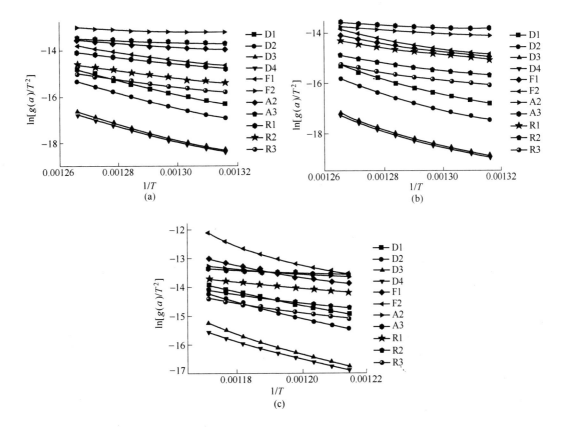

图 4 - 14　不同升温速率下 $\ln[g(a)/T^2]$ 对 $1/T$ 的曲线

Fig. 4 - 14　The plots of $\ln[g(a)/T^2]$ versus $1/T$ at different heating rates

(a) $\beta = 5℃/min$；(b) $\beta = 10℃/min$；(c) $\beta = 15℃/min$

表 4 - 10　不同升温速率下各种机理函数的相关系数

Table 4 - 10　The correlation coefficients of mechanism functions at different heating rates

升温速率 /℃·min^{-1}	函 数 名 称					
	D1	D2	D3	D4	F1	F2
5	- 0. 99848	- 0. 99808	- 0. 99758	- 0. 99792	- 0. 9968	- 0. 93189
10	- 0. 99381	- 0. 99309	- 0. 99229	- 0. 99282	- 0. 99076	- 0. 98828
15	0. 99944	- 0. 99836	- 0. 99639	- 0. 99772	- 0. 99937	- 0. 98653

升温速率 /℃·min⁻¹	函 数 名 称				
	A2	A3	R1	R2	R3
5	– 0.99620	– 0.99540	– 0.99832	– 0.99762	– 0.99736
10	– 0.98890	– 0.98641	– 0.99316	– 0.99197	– 0.99157
15	– 0.99260	– 0.99113	– 0.99937	– 0.99705	– 0.99603

表 4 – 11 采用积分法求得的动力学参数值

Table 4 – 11 Kinetics parameters calculated by the integral method

升温速率/℃·min⁻¹	5	10	15
温度区间/℃	486.597 ~ 516.597	486.981 ~ 516.981	550.493 ~ 580.493
活化能 E/kJ·mol⁻¹	247.009	251.307	196.26
指前因子 A/s⁻¹	1.873×10^{13}	4.259×10^{13}	5.226×10^{9}

将表 4 – 11 中所获得的参数分别代入式（4 – 19），可以得出矿样在不同实验条件下，相应温度区间的反应动力学方程，见式（4 – 23）~ 式（4 – 25）：

$$\frac{da}{dt} = 1.873 \times 10^{13} \times e^{-247.009/(RT)} \times a^2 \tag{4 – 23}$$

$$\frac{da}{dt} = 4.259 \times 10^{13} \times e^{-251.307/(RT)} \times a^2 \tag{4 – 24}$$

$$\frac{da}{dt} = 5.226 \times 10^{9} \times e^{-196.260/(RT)} \times a^2 \tag{4 – 25}$$

4.3.2 硫化矿石自燃的表观活化能计算

研究结果表明，多种升温速率测试条件下所获得的动力学参数更加可靠，产生较小的实验误差[221]。此外，硫化矿石中的矿物成分存在很大差异，其反应机理相当复杂。而在数据处理方面，Ozawa-Flynn-Wall 法与其他方法相比，避免了因反应机理函数的假设不同而可能带来的误差。因此，依据在多个升温速率测试条件下获得各个矿样相对应的 DTG 曲线，本节利用 Ozawa-Flynn-Wall 法[225,228]计算矿样的表观活化能值。

考虑初始反应的温度 T_0 较低，反应速率可忽略不计，式（4 – 19）两侧可分别从 0 到 α，0 到 T 积分，得式（4 – 26）：

$$\int_0^\alpha \frac{da}{f(a)} = G(\alpha) = \frac{A}{\beta} \int_0^T e^{-E/(RT)} dT = \frac{A}{\beta} \Lambda(T) \tag{4 – 26}$$

为了得到右侧温度积分的近似解，令 $u = E/(RT)$，则有：

$$dT = -\frac{E}{Ru^2} du \tag{4 – 27}$$

式（4 – 26）可以转换成：

$$G(\alpha) = \frac{A}{\beta} \int_0^T e^{-E/(RT)} dT = \frac{AE}{\beta R} \int_\infty^u \frac{-e^{-u}}{u^2} du = \frac{AE}{\beta R} \int_{\frac{E}{RT}}^{+\infty} \frac{e^{-u}}{u^2} du = \frac{AE}{\beta R} \cdot P(u) \tag{4 – 28}$$

分部积分，则有：

$$P(u) = \int_\infty^u \frac{-e^{-u}}{u^2} du = \int_\infty^u \frac{1}{u^2} de^{-u} = \frac{e^{-u}}{u^2}\Big|_\infty^u - \int_\infty^u e^{-u} du^{-2}$$

$$= \cdots = \frac{e^{-u}}{u^2}\Big(1 - \frac{2!}{u} + \frac{3!}{u^2} - \frac{4!}{u^3} + \cdots\Big) \tag{4-29}$$

取式（4-29）右端括号内的前两项，并取对数，则有：

$$\ln P(u) = -u + \ln(u-2) - 3\ln u \tag{4-30}$$

由 u 的区间范围，$20 \leqslant u \leqslant 60$，得 $-1 \leqslant (u-40)/20 \leqslant 1$。令 $v = (u-40)/20$，则有：

$$u = 20v + 40 \tag{4-31}$$

将式（4-31）代入式（4-30），并就对数展开项取一级近似，可得：

$$\ln P(u) = -u - 3\ln40 + \ln38 + \ln[1 + 10v/19 - 3\ln(1 + v/2)]$$

$$\approx -5.3308 - 1.0516u \tag{4-32}$$

即

$$P_D(u) = 0.00484e^{-1.0516u} \tag{4-33}$$

进一步有：

$$\lg P_D(u) = -2.315 - 0.4567E/(RT) \tag{4-34}$$

将式（4-32）代入式（4-27），可得一级近似的第二种表达式，即 Doyle 近似式：

$$\int_0^T e^{-E/(RT)} dT = \frac{E}{R}P_D(u) = \frac{E}{R}(0.00484e^{-1.0516u}) \tag{4-35}$$

联立方程式（4-34）与式（4-35），整理可得 Ozawa 公式[228]：

$$\lg\beta = \lg\Big[\frac{AE}{Rg(\alpha)}\Big] - 2.315 - 0.4567\frac{E}{RT} \tag{4-36}$$

由于在不同的升温速率 β_i 下各热谱峰顶温度（最大失重率对应温度）T_p 处硫化矿石的转化率近似相等[229]，所以 $\lg\Big(\frac{AE}{Rg(\alpha)}\Big)$ 为常数，其斜率为 $-0.4567E/R$。由 $\lg\beta$ 对 $1/T_p$ 作图，见图4-15、图4-16；进一步获得各个矿样的表观活化能值，如表4-12、表4-13所示。

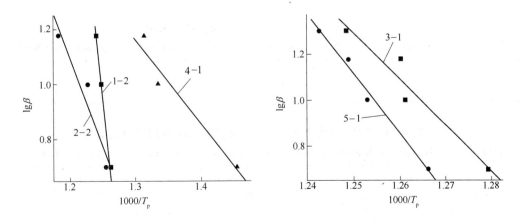

图4-15　原矿 $\lg\beta \sim 1000/T_p$ 的相关性分析

Fig. 4-15　Plots of $\lg\beta$ versus $1000/T_p$ for original ores

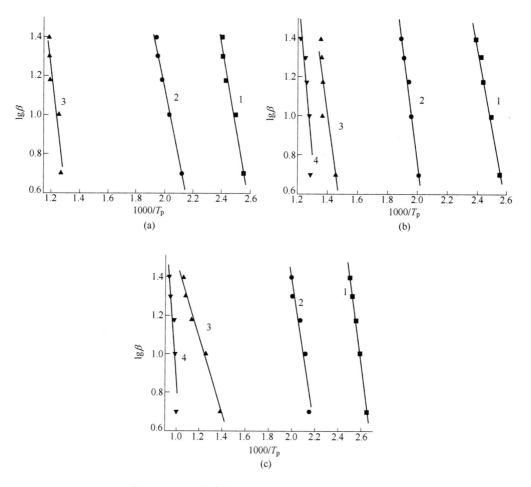

图 4 - 16 三种硫精矿 $\lg\beta \sim 1000/T_p$ 的相关性分析

Fig. 4 - 16 Plots of $\lg\beta$ versus $1000/T_p$ for three sulfide concentrates

（注：图中 1、2、3、4 代表矿样不同的反应阶段）

（a）高硫精矿；（b）硫铁精矿；（c）铜精矿

表 4 - 12 各个原矿从室温到 800℃ 之间的表观活化能

Table 4 - 12 The apparent activation energies of each sample between room temperature and 800℃

矿样编号	1 - 2	2 - 2	3 - 1	4 - 1	5 - 1
$E/\text{kJ} \cdot \text{mol}^{-1}$	427. 242	116. 835	364. 017	65. 397	474. 228

表 4 - 13 硫精矿从室温到 800℃ 之间不同反应阶段的表观活化能

Table 4 - 13 Apparent activation energies of sulfide concentrates from room temperature to 800℃

矿样类型	$E/\text{kJ} \cdot \text{mol}^{-1}$			
	反应阶段 1	反应阶段 2	反应阶段 3	反应阶段 4
高硫精矿	75. 761	65. 885	116. 542	—
硫铁精矿	75. 165	109. 529	106. 189	160. 900
铜精矿	82. 888	69. 949	35. 988	149. 339

4.4　硫化矿石预氧化前后的表观活化能比较

目前关于硫化矿石自燃倾向性研究的文献大都是针对某些矿山的原矿样（矿石未发生预氧化作用）进行测试的。实践表明，自燃硫化矿石在矿床的层位多出现在经过漫长地质年代预氧化比较严重的松散黄铁矿亚带中，易自燃矿石一般都经历过一段时间的预氧化作用[25]。因此，将采集到的新鲜矿样进行预氧化处理，并比较硫化矿石预氧化前后的自燃倾向性变化，能够保证测试结果的完整性与可靠性，也更加符合现场实际需要。

4.4.1　矿样的预氧化

本次实验采用的预氧化矿样取自第2章已介绍的暴露于自然环境中6个月后的矿样。将发生预氧化作用的矿样进行电镜扫描及能谱分析，可以发现其中的主要元素含量均发生变化，且表现出轻微的结块现象，见表4-14、图4-17。

表4-14　矿样预氧化前后的 EDAX 能谱分析

Table 4-14　EDAX spectra analysis of sample before and after the oxidation

矿样编号	2-2			3-1			5-1		
原子分数/%	Fe	O	S	Fe	O	S	Fe	O	S
氧化前	20.25	50.44	17.02	22.31	30.38	36.00	19.42	53.35	14.17
氧化后	22.38	51.33	17.16	19.01	43.99	28.47	18.80	55.72	11.88

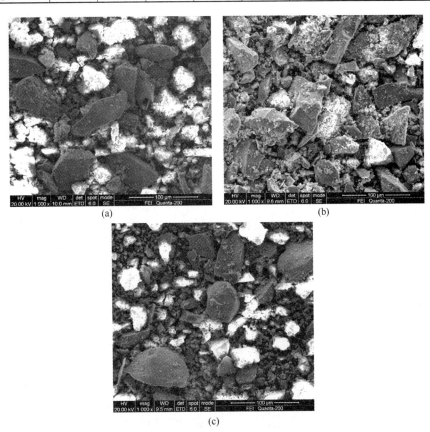

(a)　　　　(b)

(c)

图4-17　矿样预氧化后的 SEM 照片

Fig. 4-17　SEM photographs of samples after the oxidation

(a) 2-2；(b) 3-1；(c) 5-1

4.4.2 实验数据及分析

采取上述的实验步骤,对经历预氧化的各个试样做热分析。鉴于实验数据较多,文中仅给出升温速率为 15℃/min 条件下,三种矿样预氧化前后的 TG/DTG/DSC 曲线,见图 4-18 和图 4-19。可以看出,矿样预氧化后的 TG 曲线均往下偏移,放热峰的宽度变小,表明矿样反应速率加快,放热量减少。这主要是由于硫化矿石在预氧化中吸附了空气中的水分及氧气,从而产生某些中间产物,加速了反应进程。

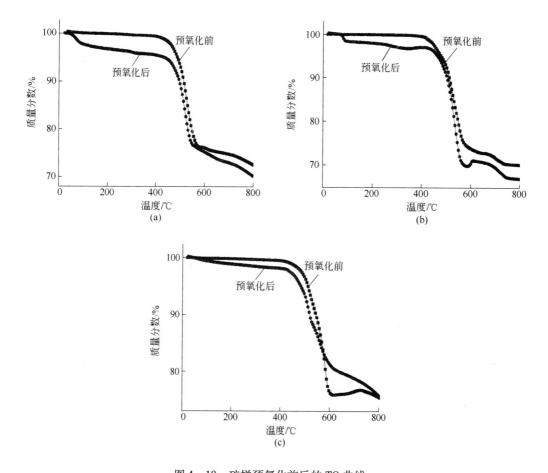

图 4-18 矿样预氧化前后的 TG 曲线

Fig. 4-18 The TG curves of fresh and oxidized samples

(a) 2-2; (b) 3-1; (c) 5-1

表 4-15 列出了各个矿样预氧化前后,在不同升温速率下的自燃点温度。可以看出,矿样的自燃点随升温速率的增大而升高;矿样 2-2 发生预氧化后,自燃点明显降低,而矿样 3-1、5-1 恰恰相反,这与文献 [230] 的研究结果相一致。

图 4-20 为三种矿样发生预氧化后的 DTG 曲线,均出现两个明显的峰值,从而可以将整个反应历程划分为两个阶段。曲线中的最大损失峰值对应于矿样的最大反应速率,相应的温度可视作矿样的自燃点。

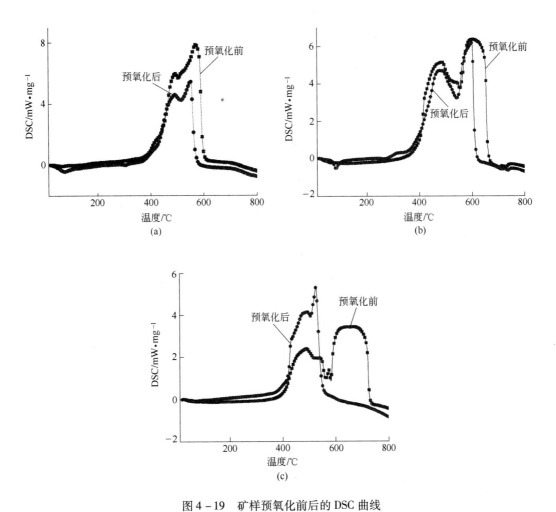

图 4 - 19　矿样预氧化前后的 DSC 曲线

Fig. 4 - 19　The DSC curves of fresh and oxidized samples

(a) 2 - 2；(b) 3 - 1；(c) 5 - 1

表 4 - 15　不同升温速率下三种矿样预氧化前后的自燃点比较

Table 4 - 15　Comparison of spontaneous combustion points between fresh and oxidized samples

升温速率/℃ · min⁻¹		矿　样　类　型		
		2 - 2	3 - 1	5 - 1
氧化前	5	511. 834	508. 539	516. 597
	10	519. 659	519. 659	524. 981
	15	524. 159	520. 449	527. 493
	20	529. 635	527. 736	531. 564
氧化后	5	495. 649	495. 830	526. 875
	10	512. 022	512. 419	550. 455
	15	517. 595	531. 538	562. 130
	20	521. 285	549. 635	575. 643

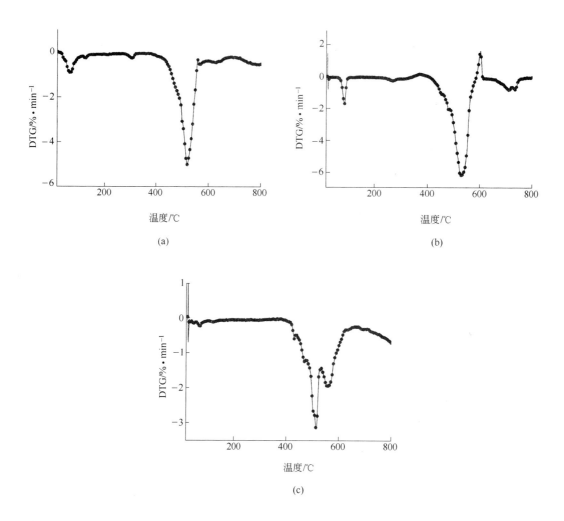

图 4 - 20　各个矿样预氧化后的 DTG 曲线

Fig. 4 - 20　DTG curves of the oxidized samples

(a) 2 - 2; (b) 3 - 1; (c) 5 - 1

4.4.3　矿样预氧化后的表观活化能

依据式 (4 - 36), 利用不同升温速率下各矿样的最大质量损失峰值温度可以给出三种矿样预氧化前后的 $\lg\beta \sim 1000/T_p$ 关系图, 如图 4 - 21 所示。

根据拟合直线的斜率求出三种矿样在相应温度区间内的表观活化能, 见表 4 - 16。可以发现, 三种矿样发生预氧化作用后, 相应的表观活化能均有很大程度的改变, 且在低温反应区间的表观活化能值较高温阶段的值小。矿样发生预氧化前的总活化能值为 364.017 ~ 474.228kJ/mol; 而预氧化后的总活化能值降低到 244.523 ~ 333.161kJ/mol。由此表明, 硫化矿石发生预氧化作用后, 自燃倾向性增大。这与矿山中经历一段时间预氧化的矿石更容易发生自燃的现象相一致。

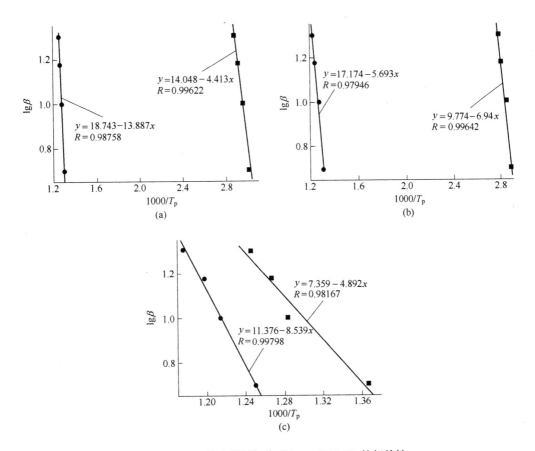

图 4 - 21 三种矿样预氧化后 lgβ ~ 1000/T_p 的相关性

Fig. 4 - 21 Plots of lgβ versus 1000/T_p for three oxidized samples

(a) 2 - 2；(b) 3 - 1；(c) 5 - 1

表 4 - 16 三种矿样预氧化后的表观活化能值

Table 4 - 16 The apparent activation energies of three oxidized samples

矿 样 编 号		2 - 2	3 - 1	5 - 1
预氧化后	反应阶段 1 的表观活化能 E/kJ·mol^{-1}	80.337	103.638	89.056
	反应阶段 2 的表观活化能 E/kJ·mol^{-1}	252.824	126.339	155.467
	整个反应的表观活化能/kJ·mol^{-1}	333.161	229.977	244.523
预氧化前	整个反应的表观活化能/kJ·mol^{-1}	395.548	364.017	474.228

4.5 硫化矿石自燃倾向性的鉴定标准

由前面章节的研究结论可知，硫化矿石自燃倾向性的鉴定指标必须充分反映矿石自燃的氧化动力学特性[70]，进行自燃倾向性鉴定时应该遵循如下三个原则：

（1）硫化矿石自燃是一个极其复杂的物理化学反应过程，其自燃倾向性鉴定指标应该是一个与过程有关的量，并体现整个氧化反应能力。

（2）低温氧化是矿石自然发火过程的关键，鉴定指标必须表征低温阶段的氧化性。

（3）为了在实际生产中推广应用，各个测试指标的获取应该尽量简便。

依据活化能的定义，可以将其作为表征硫化矿石自燃倾向性大小的指标；而矿石自燃所表现出的动力学特性应该是矿石中所有矿物的综合性质。

结合十几个具有代表性矿样的表观活化能测试结果与矿山的实际情况，本节给出了硫化矿石自燃倾向性的分级标准，如表 4 - 17 所示。与以往鉴定硫化矿石自燃倾向性的测试方法相比较，利用动态热分析研究硫化矿石反应动力学过程的优点有：实验样品需求量少、节省时间、测试成本低、可重复性操作强，并且可以在反应开始到结束的整个温度范围内连续计算动力学参数。由于热分析结果受实验条件及数据处理方法的影响很大，在此专门针对硫化矿石自燃倾向性鉴定的测试规范进行了统一要求，见表 4 - 18；目的是让各个研究者在今后的操作中严格执行该标准，保证测试指标的可靠性。

表 4 - 17　基于活化能指标的硫化矿石自燃倾向性分级标准

Table 4 - 17　The classification criteria of spontaneous combustion tendency by activation energy for sulfide ores

自燃倾向性等级	定性描述	表观活化能值/kJ · mol^{-1}
Ⅰ 级	自燃倾向性大	<180
Ⅱ 级	自燃倾向性一般	180 ~ 350
Ⅲ 级	自燃倾向性小	>350

表 4 - 18　硫化矿石自燃倾向性鉴定的测试规范

Table 4 - 18　The test criteria for spontaneous combustion tendency of sulfide ores

矿 样	粒度/μm	温度范围/℃	升温速率/℃ · min^{-1}
新鲜矿样	180 ~ 120	30 ~ 800	5, 10, 15, 20, 25
测试仪器型号	气流量/mL · min^{-1}	质量/mg	数据处理方法
NETZSCH 公司 STA449C/3/MFC/G 型	20	10	Ozawa-Flynn-Wall 法

4.6　本章小结

（1）设计了一套新的用于研究硫化矿石氧化自热性质的实验装置，该测试系统由程序控温箱、金属网篮、热电偶以及温度自动记录仪表构成。采用该套装置对三种不同矿样的氧化自热性质进行了测定，达到较好的效果。运用氧化反应动力学方程解算出硫铁精矿、高硫精矿以及原矿的表观活化能分别是 13.7366kJ/mol、21.3817kJ/mol、36.2350kJ/mol；表明硫铁精矿的自燃倾向性最大，而原矿的自燃倾向性最小，结果与实际相符。与传统的用于测试硫化矿石氧化自热性质的实验相比，该方法具有测试成本低、操作简便、测试时间短等特点，还能利用所获得的数据求解出矿样的氧化反应动力学参数。

（2）运用 TG-DSC 联合法测试了硫化矿石的热行为。将 480 ~ 580℃ 之间的热重分析数据，依次代入 11 种不同动力学机制模型函数中进行 $\ln[g(a)/T^2]$ 对 $1/T$ 的相关性分析；结果表明，一级扩散模式的相关性最好，即在该温度区间硫化矿石的氧化分解反应符合一级扩散模式；运用 Coats-Redfern 积分法得出升温速率为 5℃/min、10℃/min 以及 15℃/min 的条件下，硫化矿石在相应温度区间的表观活化能、指前因子依次为：247.009kJ/mol、$1.873 \times 10^{13} s^{-1}$，251.307kJ/mol、$4.259 \times 10^{13} s^{-1}$，196.26kJ/mol、$5.226 \times 10^{9} s^{-1}$。

（3）硫化矿石矿样经过一段时间的常温预氧化作用后，其 TG 曲线向下移动，DSC 曲线中的峰值宽度变小，起始反应温度降低。可能原因是矿石在预氧化过程中产生了某些加速其氧化的中间产物，从而提高了反应活性。矿样发生预氧化前的活化能值为 364.017～474.228kJ/mol，而预氧化后的总活化能值降低到 244.523～333.161kJ/mol；表明硫化矿石经预氧化作用以后，自燃倾向性增大。在实际生产中，硫化矿石崩落后通常有较长一段时间堆放在井下采场，从而导致部分矿石发生预氧化作用。在矿山开采之前，比较矿样预氧化后前后的自燃倾向性具有重要意义，以保证生产安全。

（4）提出将热分析动力学测试方法用于鉴定硫化矿石的自燃倾向性。该方法具有测试速度快、试样用量少、测试成本低、可重复性操作强等优点。初步建立了以活化能为判定指标的硫化矿石自燃倾向性划分等级，并对相应的测试规范进行了严格要求。

5 硫化矿石自燃预测的数学模型及综合评价研究

迄今为止，国内外有关硫化矿石自然发火数学模型及综合评价方法的研究并不多见。数学模型是用一个数学关系式将影响硫化矿石氧化自热的一些基本因素加以组合，涉及温度、堆放时间、矿石的物理化学性质以及外界环境条件等。硫化矿石自燃预测的数学模型应该反映出各个因素影响程度的相对大小，并且简单、实用、具有可解性。

本章将深入研究描述硫化矿石自燃过程的各类数学模型，包括采场硫化矿石爆堆的温度场、风流场、氧气浓度场、硫化矿石的自然发火期、矿堆自燃的临界堆积厚度等；并尝试运用一种新的数学模型对采场硫化矿石爆堆的自燃危险性进行综合定量评价。

5.1 硫化矿石自然发火过程的数学模型

5.1.1 硫化矿石自燃的特征

采场硫化矿石爆堆是由大量块状硫化矿石、围岩等堆积而成的多孔介质，其显著特点是流体与固体共同占有空间；固体部分称为固体骨架，而在孔隙介质范围内没有固体骨架的那一部分称为孔隙空间。硫化矿石在自然发火过程中表现出如下几个主要特征[231]：

(1) 矿堆内部存在温度差、大气压差、气体浓度差，导致空气发生非稳态渗流；

(2) 矿石与空气发生化学反应，造成质和热的剧烈交换，增强了气体的渗流；

(3) 硫化矿石爆堆在不同时刻、不同位置处的风流场、氧气浓度场、温度场均发生非稳态变化，且彼此相互影响。

5.1.2 硫化矿石堆内部的风流场

硫化矿石堆中的孔隙及裂隙的形状、大小、连通性均不相同，是由外形极不规则的矿石所构成的通道；在不同孔隙中或同一孔隙的不同部位，气体的流动状态存在差异。研究硫化矿石堆内部的气体流动特性，不是研究个别气体质点的运动特点，而是研究孔隙介质内具有平均性质的渗流规律。假设松散硫化矿石堆是各向同性的均匀多孔介质，采用宏观连续介质法分析矿堆内气体的流动及传热传质特性，把运动变量、动力变量及参数看成是空间坐标和时间坐标的连续函数；借助偏微分方程描述松散矿堆中的漏风流动、氧气输运、传热及传质现象[231,232]。

5.1.2.1 Darcy 实验定律[233]

法国水利工程师 Darcy 曾采用如图 5-1 所示的实验装置，研究了水在直立均质砂粒中的流动特性，得到著名的 Darcy 定律，即

$$Q = KA(h_1 - h_2)/L = KA\frac{\Delta H}{L} \tag{5-1}$$

或
$$v = K\frac{\Delta H}{L} = KJ \tag{5-2}$$

式中，K 为渗透系数，m/s；Q 为渗流量，m³/s；$h_1 - h_2$ 为侧压水头差，m；J 为水力坡度，$J = \Delta H/L$；v 为渗流速度，m/s；A 为实验段的横断面积，m²；L 为实验段的长度，m。

式（5-2）即为渗流定律，反映了层流运动的线性关系，也称作线性渗流定律。

如果推广到斜多孔介质柱中的流体流动中，则有：

$$\overline{Q} = K(H_1 - H_2)/L \tag{5-3}$$
$$H_i = Z + p_i/\gamma \tag{5-4}$$

式中，$\overline{Q} = Q/A$ 为比流量，是与流动方向垂直的每个单位横截面上的流量，m³/(m²·s)；$(H_1 - H_2)/L$ 为压力梯度；p_i 为 i 断面的压强；γ 为重度。

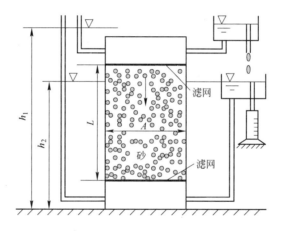

图 5-1　Darcy 实验装置

Fig. 5-1　The Darcy experimental system

若将 Darcy 定律中的 K、A、L 视为常数进行处理，则式（5-1）可表示为：

$$\Delta H = \frac{L}{KA} \cdot Q \tag{5-5}$$

该式与层流状态下通风阻力定律 $\Delta H = RQ$ 具有相似的数学表达式及物理意义。因此，Darcy 定律可以用于研究硫化矿石堆内部的气体流动规律。

5.1.2.2　硫化矿石堆内部气体流动的连续性方程[234~236]

采场环境中硫化矿石堆的边界条件非常复杂，需要研究内部气流空间运动或平面运动的连续性方程。在矿堆中取一个六面体 $\Delta x \Delta y \Delta z$，首先要保证相当大，以包含大量的破碎矿石和孔隙，从而获得与多孔介质有关的一系列物理量；再者，该六面体要小到与矿堆相比时可近似视为一个点；由此可以将整个矿堆看作是由多个质点所构成的连续介质，见图5-2。因此，与硫化矿石堆相关的各个物理量也变成连续可微的函数。

设单元体的边长分别为 Δx、Δy、Δz，作空间坐标系并使坐标轴与各边对应。假定气流从六面体的某些面流入，而从另一些面流出。各边长为无限小量，气体连续流动，则通过各单位面积的气流量相等，设为 Q_x。在 Δt 时间内，经过六面体的左侧界面，沿 x 轴方向流入六面体的气体质量为：

$$\rho Q_x = \rho v_x \Delta y \Delta z \Delta t \qquad (5-6)$$

式中，ρ 为风流密度；v_x 为沿 x 轴方向的渗流速度。

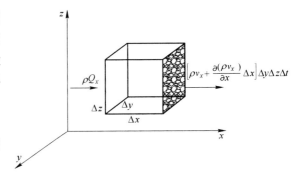

图 5 - 2 硫化矿石堆的表征体单元

Fig. 5 - 2 The characterized unit of sulfide ore stockpile

在相同时间内，经过六面体右侧界面，沿 x 轴方向流出六面体的气体质量为：

$$M_x = \left[\rho v_x + \frac{\partial(\rho v_x)}{\partial x} \Delta x \right] \Delta y \Delta z \Delta t \qquad (5-7)$$

在 Δt 时间内，沿 x 轴方向，经六面体流入与流出的气体质量差 $\mathrm{d}M_x$ 为（设流入为正，流出为负）：

$$\mathrm{d}M_x = -\frac{\partial(\rho v_x)}{\partial x} \Delta x \Delta y \Delta z \Delta t \qquad (5-8)$$

同理，在 Δt 时间内，气体流入六面体与流出六面体的质量总差值应等于沿各轴向的差值总和，即：

$$\mathrm{d}M = \mathrm{d}M_x + \mathrm{d}M_y + \mathrm{d}M_z = -\left[\frac{\partial(\rho v_x)}{\partial x} + \frac{\partial(\rho v_y)}{\partial y} + \frac{\partial(\rho v_z)}{\partial z} \right] \Delta x \Delta y \Delta z \Delta t \qquad (5-9)$$

若流入六面体的质量与流出的量不等，表明空气密度在 Δt 内发生了改变。设此前气体的密度为 ρ，六面体内部气体的质量为 $\rho n \Delta x \Delta y \Delta z$，$n$ 为矿石堆的孔隙率；经过 Δt 时间后，气体的密度变为 $\rho + \frac{\partial \rho}{\partial t} \Delta t$，六面体内部气体总质量的变化为：

$$\mathrm{d}M = \frac{\partial \rho}{\partial t} n \Delta x \Delta y \Delta z \Delta t \qquad (5-10)$$

由于矿石堆的孔隙率为常量，因此六面体内部气体质量的变化是由密度的差异所引起的。气流为连续介质，流入和流出六面体的气体质量差应该与六面体内部气体质量的变化量相等；即渗透连续方程可表示为：

$$-\left[\frac{\partial(\rho v_x)}{\partial x} + \frac{\partial(\rho v_y)}{\partial y} + \frac{\partial(\rho v_z)}{\partial z} \right] \mathrm{d}x \mathrm{d}y \mathrm{d}z = \frac{\partial \rho}{\partial t} n \mathrm{d}x \mathrm{d}y \mathrm{d}z \qquad (5-11)$$

当矿堆内部的气流密度变化很小时，可以认为漏风稳定，密度近似为常数，即式 (5-11) 可简化为：

$$\frac{\partial v_x}{\partial x} + \frac{\partial v_y}{\partial y} + \frac{\partial v_z}{\partial z} = 0 \qquad (5-12)$$

式 (5-12) 为三维不可压缩气流的连续性微分方程，适用于理想状态下的气体。

硫化矿石自然发火过程中，松散矿石内部的风流为层流状态，遵守达西定律。在研究矿堆内的气体流动时，线性渗透定律中的 k 代表矿堆的透气性指标。当水力坡 $J = 1$ 时，渗透系数在数值上与渗透速度相等。由于水力坡 J 为无量纲参数，则渗透系数具有速度的量纲，即 k 与 v 的单位相同。渗透系数 k 与矿石的块度、形状、堆积方式、流动气体的物理性质等因素有关。硫化矿石堆任意方向单位长度的全风压差因位置不同而存在差异，各个方向的渗透系数也各不相同；矿堆的渗流特性可表示为式（5-13）。

$$\begin{cases} v_x = -K_x \dfrac{\partial H}{\partial x} \\[2mm] v_y = -K_y \dfrac{\partial H}{\partial y} \\[2mm] v_z = -K_z \dfrac{\partial H}{\partial z} \end{cases} \qquad (5-13)$$

式中，K_x、K_y、K_z 分别表示矿堆内部任一位置点平行于坐标 x、y、z 方向的渗透系数；H 为全风压。

由于采场硫化矿石爆堆中的风流可视为层流流动，相应的漏风速度较小，可简化为均匀介质，联合式（5-12）、（5-13），可得：

$$\frac{\partial}{\partial x}\left(K_x \frac{\partial H}{\partial x}\right) + \frac{\partial}{\partial y}\left(K_y \frac{\partial H}{\partial y}\right) + \frac{\partial}{\partial z}\left(K_z \frac{\partial H}{\partial z}\right) = 0 \qquad (5-14)$$

第一类边界条件：
$$H \mid_s = H_c + H_r$$

式中，H_c 为由系统压差、巷道起伏、局部阻力等引起的压力降之和，通常为定值；H_r 为热力风压。

5.1.2.3　硫化矿石堆内风流场的数学模型[236]

硫化矿石在自然发火过程中，矿堆内部的漏风是在常压低速条件下进行，可以作为不可压缩性流体渗流来处理。假设计算区域内风流的密度不变，依据质量守恒定律，矿堆中漏风流场的数学模型可以表示为：

$$\frac{\partial \overline{Q}_x}{\partial x} + \frac{\partial \overline{Q}_y}{\partial y} + \frac{\partial \overline{Q}_z}{\partial z} = 0 \qquad (5-15)$$

式中，$\overline{Q}_x$、$\overline{Q}_y$、$\overline{Q}_z$ 分别为沿 x、y、z 方向的漏风强度分量，$m^3/(m^2 \cdot s)$。

第一类边界条件：
$$\overline{Q} \mid_s = \overline{Q}_c + \overline{Q}_r$$

第二类边界条件：
$$\frac{d\overline{Q}}{dn} \Big|_x = 0$$

式中，s 为漏风边界；$\overline{Q}_c$ 为由井下压差、局部阻力等带来的漏风之和，通常条件下视为定值；$\overline{Q}_r$ 是因热力风压所造成的漏风。

5.1.3　硫化矿石堆内部的氧浓度场

采场矿石爆堆中的氧气浓度主要受矿石的耗氧速率、氧气扩散速率以及漏风强度等影响。氧化自热过程中，矿堆内部的孔隙直径较大，风速很小，可以不考虑因速度波动所引起的机械弥散；氧气在松散矿石堆中的输送以空气渗透和分子扩散为主。根据多孔介质传质学理论，矿堆内气体组分 j 的质量守恒方程为[100,235]：

$$\frac{\partial(c_j \cdot v_x)}{\partial x} + \frac{\partial(c_j \cdot v_y)}{\partial y} + \frac{\partial(c_j \cdot v_z)}{\partial z} + \frac{\partial(J_{jx})}{\partial x} + \frac{\partial(J_{jy})}{\partial y} + \frac{\partial(J_{jz})}{\partial z} + \frac{\partial(c_j)}{\partial \tau} = r_j \quad (5-16)$$

式中，J_j 为扩散质量流率，$mol/(s \cdot m^2)$；c_j 为组分 j 的物质的量浓度，mol/m^3；v_x、v_y、v_z 分别为沿 x、y、z 方向上的平均风流速度，m/s；τ 为反应时间，s；r_j 为 j 组分的生成

率，mol/(s·m³)。

扩散质量流率 J_j 以分子扩散、传热扩散、压力扩散等形式出现。硫化矿石自燃的环境大多处于常压态，且在自燃初期温度较低，可以忽略热扩散。对于二元混合物系统，只存在分子扩散时，可由裴克定律[231]得到：

$$J_{jx} = -D_j \frac{\partial(c_j)}{\partial x} \tag{5-17}$$

$$J_{jy} = -D_j \frac{\partial(c_j)}{\partial y} \tag{5-18}$$

$$J_{jz} = -D_j \frac{\partial(c_j)}{\partial z} \tag{5-19}$$

式中，D_j 为 j 组分向另一组分的扩散系数，m²/s。

进一步得到二元混合气体的质量组分方程，见式（5-20）：

$$\frac{\partial c_j}{\partial \tau} + \left(\frac{\partial c_j v_x}{\partial x} + \frac{\partial c_j v_y}{\partial y} + \frac{\partial c_j v_z}{\partial z} \right) = D_j \left(\frac{\partial^2 c_j}{\partial x^2} + \frac{\partial^2 c_j}{\partial y^2} + \frac{\partial^2 c_j}{\partial z^2} \right) + r_j \tag{5-20}$$

自燃是硫化矿石与漏风流中氧气发生化学反应的过程，微元体内的矿石是一个消耗氧的汇，r_j 为负值；矿石堆内部氧气浓度的质量平衡方程可变为[235]：

$$\frac{\partial c}{\partial \tau} + \overline{Q}_x \frac{\partial c}{\partial x} + \overline{Q}_y \frac{\partial c}{\partial y} + \overline{Q}_z \frac{\partial c}{\partial z} = D_e \left(\frac{\partial^2 c}{\partial x^2} + \frac{\partial^2 c}{\partial y^2} + \frac{\partial^2 c}{\partial z^2} \right) - V(T) \tag{5-21}$$

式中，D_e 为矿堆内的氧气扩散系数；$V(T)$ 为硫化矿石的耗氧速率，mol/(s·m³)。

初始条件：
$$c \mid_{t=0} = c_0$$

第一类边界条件：
$$c \mid_s = c_t$$

第二类边界条件：
$$\frac{dc}{dn} \Big|_s = 0$$

式中，c_0 为矿堆内的初始氧气浓度，mol/m³；c_t 为矿堆表面供风处的氧浓度，mol/m³。

5.1.4 硫化矿石堆内温度场的数学模型

硫化矿石堆内部的传热主要包括[100]：矿体内的导热、孔隙中气体的导热、矿块之间接触热阻的导热、孔隙中气体与矿体之间的对流换热、矿块及气体间的辐射换热、矿堆中水分蒸发等相变换热以及受热弥散作用而通过气相运输的热量。

研究表明，辐射热效应只有在高真空、高温条件下表现显著，一般情况下可忽略[237]。当矿石颗粒直径不超过 4～6mm 时，多孔介质的孔隙尺寸很小，足以阻止对流发生，可以忽略孔隙中流体的对流换热量。总之，多孔介质中的热量传递通常只考虑固体、流体的导热作用。由于固体与气体的物性不同，相应的导热效应存在差异，固体颗粒间的气体微层对导热作用有较大影响。在正常压力下，固体颗粒间的接触热阻则可以忽略不计。

5.1.4.1 硫化矿石堆中矿块的传热分析[238]

依据热力学第一定律，微元体内的矿石颗粒遵守能量守恒定律：

$$Q_c - Q_d + Q_f = E_c \tag{5-22}$$

式中，Q_c 为单位时间内通过微元体表面的矿石颗粒流入和流出的热量差，kJ/s；Q_d 为单位时间内矿石与孔隙间气体的对流换热量，kJ/s；Q_f 为单位时间内矿石颗粒自身的氧化放热强度，kJ/s；E_c 为单位时间内微元体中矿石颗粒的能量变化，kJ/s。

若不考虑风流在多孔介质中流动时所发生的热对流，依据传热学理论，可以得到表征微元体的三维热传导偏微分方程。如图 5-2 所示，设单位时间内通过微元体表面的矿石颗粒，在 x 方向流入、流出的热量差为：

$$Q_x = \frac{\partial}{\partial x}\left[(1-n)\lambda_c \frac{\partial T_c}{\partial x}\right]\mathrm{d}x\mathrm{d}y\mathrm{d}z \tag{5-23}$$

同理，分别得到沿 y、z 方向的热量差：

$$Q_y = \frac{\partial}{\partial y}\left[(1-n)\lambda_c \frac{\partial T_c}{\partial y}\right]\mathrm{d}x\mathrm{d}y\mathrm{d}z \tag{5-24}$$

$$Q_z = \frac{\partial}{\partial z}\left[(1-n)\lambda_c \frac{\partial T_c}{\partial z}\right]\mathrm{d}x\mathrm{d}y\mathrm{d}z \tag{5-25}$$

因此，单位时间内通过微元体表面矿石颗粒间流入和流出的热量差为：

$$Q_c = \left\{\frac{\partial}{\partial x}\left[\lambda_c(1-n)\cdot\frac{\partial T_c}{\partial x}\right] + \frac{\partial}{\partial y}\left[\lambda_c(1-n)\cdot\frac{\partial T_c}{\partial y}\right] + \frac{\partial}{\partial z}\left[\lambda_c(1-n)\frac{\partial T_c}{\partial z}\right]\right\}\mathrm{d}x\mathrm{d}y\mathrm{d}z$$
$$\tag{5-26}$$

式中，n 为孔隙率；λ_c 为矿石的导热系数，W/(m·K)；T_c 为矿石温度，K。

矿石颗粒的内能变化值为：

$$E_c = \frac{\mathrm{d}e}{\mathrm{d}\tau} = \frac{\partial}{\partial\tau}\left[\rho_c \cdot c_c \cdot (1-n) \cdot T_c\right]\mathrm{d}x\mathrm{d}y\mathrm{d}z \tag{5-27}$$

式中，c_c 为矿石的比热容，kJ/(kg·K)；ρ_c 为矿石密度，kg/m³；e 为矿石的内能，kJ；τ 为反应时间，s。

用 q 表示单位时间内单位体积硫化矿石的放热强度，kJ/(m³·s)，则有：

$$Q_f = q\mathrm{d}x\mathrm{d}y\mathrm{d}z \tag{5-28}$$

5.1.4.2 硫化矿石堆孔隙间气体的传热[235,238]

流入矿堆内的漏风温度与矿石温度不同，必然发生热传递。风流中的热焓随漏风的流动而迁移，这种热量转移是在矿井总负压（或正压）的作用下发生的，为受迫对流传热。流经采场时，气流内部将产生温度梯度并导致密度差，进而形成压力差，使得气流内部发生分子扩散的导热过程，即自由对流传热。这两种对流传热在采场环境共同存在，但以受迫对流传热为主。

漏风流经矿堆时，表面上的热量传递受诸多因素影响，如风流的速度、密度、比热容、动力黏度、导热系数等。在此仅考虑空气流的流速、比热容、密度等参数。

根据热力学第一定律，微元体内孔隙中的气体遵守能量守恒定律：

$$Q_g - Q_h + Q_d = E_g \tag{5-29}$$

式中，Q_g 为单位时间内通过微元体表面孔隙间的气体流入和流出的热量差，kJ/s；Q_h 为单位时间孔隙间气体的焓变，kJ/s；Q_d 为单位时间内孔隙间气体与矿块的对流换热量，kJ/s；E_g 为孔隙间气体能量的变化率，kJ/s。

同理，单位时间内通过微元体表面孔隙间气体流入和流出的热量差为：

$$Q_g = \left[\frac{\partial}{\partial x}\left(\lambda_g \cdot n \cdot \frac{\partial T_g}{\partial x} \right) + \frac{\partial}{\partial y}\left(\lambda_g \cdot n \cdot \frac{\partial T_g}{\partial y} \right) + \frac{\partial}{\partial z}\left(\lambda_g \cdot n \cdot \frac{\partial T_g}{\partial z} \right) \right] \mathrm{d}x\mathrm{d}y\mathrm{d}z \quad (5-30)$$

式中，λ_g 为气体的导热系数，$W/(m \cdot K)$；T_g 为气流温度，K。

单位时间内微元体表面孔隙间流入和流出的气体热焓值为：

$$Q_h = \left[\frac{\partial}{\partial x}(n \cdot \rho_g \cdot c_g \cdot v_x \cdot T_g) + \frac{\partial}{\partial y}(n \cdot \rho_g \cdot c_g \cdot v_y \cdot T_g) + \frac{\partial}{\partial z}(n \cdot \rho_g \cdot c_g \cdot v_z \cdot T_g) \right] \mathrm{d}x\mathrm{d}y\mathrm{d}z$$
$$(5-31)$$

式中，v_x、v_y、v_z 分别为气流在 x、y、z 方向上速度的分量，m/s；ρ_g 为气体的密度，kg/m^3；c_g 为气体的比热，$kJ/(kg \cdot K)$。

单位时间微元体内孔隙间气体能量的变化率为：

$$E_g = \frac{\partial}{\partial \tau}(n \cdot \rho_g \cdot c_g \cdot T_g)\mathrm{d}x\mathrm{d}y\mathrm{d}z \quad (5-32)$$

单位时间微元体内矿石与孔隙间气体的对流换热是导热和对流同时作用的结果，受导热与气体运动规律的支配；气固间的换热量可由牛顿冷却公式计算：

$$Q_d = K_c(T_c - T_g)\mathrm{d}x\mathrm{d}y\mathrm{d}z \quad (5-33)$$

式中，T_g 表示气体温度，K；T_c 为固体温度，K；K_c 是对流换热系数，$W/(m^2 \cdot ℃)$。

5.1.4.3 硫化矿石堆的传热分析

硫化矿石堆是由矿体和气体组成的复杂系统，其传热过程是气固共同作用的结果。联合式 (5-22)、式 (5-26) ~ 式 (5-28)、式 (5-33)，得到：

$$\mathrm{div}\left[\lambda_c \cdot (1-n) \cdot \mathrm{grad}T_c \right] - K_c(T_c - T_g) + q = \frac{\partial}{\partial \tau}[\rho_c \cdot c_c \cdot (1-n) \cdot T_c] \quad (5-34)$$

由式 (5-29) ~ 式 (5-33)，可得：

$$\mathrm{div}\left[n \cdot \lambda_g \cdot \mathrm{grad}T_g \right] - \mathrm{div}(n \cdot \rho_g \cdot c_g \cdot \bar{v} \cdot T_g) + K_c(T_c - T_g) = \frac{\partial}{\partial \tau}[n\rho_g \cdot c_g \cdot T_g]$$
$$(5-35)$$

式中，$\bar{v}$ 为气流的速度，m/s。

令 $\rho_e \cdot c_e = \rho_c \cdot c_c \cdot (1-n) + \rho_g \cdot c_g \cdot n$；$\lambda_e = \lambda_c \cdot (1-n) + \lambda_g \cdot n$；$c_e$ 为松散矿石的比热容（当量比热容），$kJ/(kg \cdot K)$；ρ_e 为松散矿石的密度（当量密度），kg/m^3；λ_e 为松散矿石的导热系数（当量导热系数），$W/(m \cdot K)$；ρ_c、c_c 为固体骨架的密度和比热容；n 为矿石堆的孔隙率。

将式 (5-34)、式 (5-35) 相加，有：

$$\rho_e \cdot c_e \frac{\partial T}{\partial \tau} = \lambda_e \cdot \mathrm{div}(\mathrm{grad}T) + q - (n \cdot \rho_g \cdot c_g) \cdot \mathrm{div}(\bar{v} \cdot T_g) \quad (5-36)$$

式中，左边为积累项，右边依次为导热项、热源项、对流项。

显然，硫化矿石堆中某一微元体内的热量积聚等于微元体内矿石自身的氧化放热量、微元体内的热传导及对流换热之和；进而可以得到描述矿堆温度场的能量守恒方程[231, 239]：

$$\rho_e c_e \frac{\partial T}{\partial \tau} = q(T) + \lambda_e \left(\frac{\partial^2 T}{\partial x^2} + \frac{\partial^2 T}{\partial y^2} + \frac{\partial^2 T}{\partial z^2} \right) - \rho_g c_g \left(\overline{Q}_x \frac{\partial T}{\partial x} + \overline{Q}_y \frac{\partial T}{\partial y} + \overline{Q}_z \frac{\partial T}{\partial z} \right) \quad (5-37)$$

式中，$q(T)$ 为矿石在空气中不同温度下的放热强度，可由自热实验求得。

初始条件： $\qquad\qquad\qquad T\big|_{t=0} = T_0$

第一类边界条件： $\qquad\qquad\qquad T\big|_s = T_w$

第三类边界条件： $\qquad\qquad -\lambda_e \frac{\mathrm{d}T}{\mathrm{d}x}\bigg|_{x=0} = K_e(T_w - T_g)$

式中，T_0 为矿石初始温度，K；T_w 为矿堆的表面温度，K；T_g 为风流温度，K。

由此可以看出，硫化矿石堆发生自燃必须满足如下条件[238]：

$$\lambda_e \cdot \mathrm{div}(\mathrm{grad}T) + q - n \cdot \rho_g \cdot c_g \cdot \mathrm{div}(\bar{v} \cdot T_g) > 0 \quad (5-38)$$

即只有在矿石的放热强度大于传导散热量及风流焓的增量时，才有可能引起硫化矿石堆的持续升温。

综合以上分析结论，可以获得采场硫化矿石爆堆自燃过程的三维动态数学模型及边界条件[80,231]，见式（5-39）、表5-1。

$$\begin{cases} \dfrac{\partial \overline{Q}_x}{\partial x} + \dfrac{\partial \overline{Q}_y}{\partial y} + \dfrac{\partial \overline{Q}_z}{\partial z} = 0 \\[2mm] \dfrac{\partial c}{\partial \tau} + \overline{Q}_x \dfrac{\partial c}{\partial x} + \overline{Q}_y \dfrac{\partial c}{\partial y} + \overline{Q}_z \dfrac{\partial c}{\partial z} = D_e \left(\dfrac{\partial^2 c}{\partial x^2} + \dfrac{\partial^2 c}{\partial y^2} + \dfrac{\partial^2 c}{\partial z^2} \right) - V(T) \\[2mm] \rho_e c_e \dfrac{\partial T}{\partial \tau} = q(T) + \lambda_e \left(\dfrac{\partial^2 T}{\partial x^2} + \dfrac{\partial^2 T}{\partial y^2} + \dfrac{\partial^2 T}{\partial z^2} \right) - \rho_g c_g \left(\overline{Q}_x \dfrac{\partial T}{\partial x} + \overline{Q}_y \dfrac{\partial T}{\partial y} + \overline{Q}_z \dfrac{\partial T}{\partial z} \right) \\[2mm] \dfrac{\partial}{\partial x}\left(K_x \dfrac{\partial H}{\partial x} \right) + \dfrac{\partial}{\partial y}\left(K_y \dfrac{\partial H}{\partial y} \right) + \dfrac{\partial}{\partial z}\left(K_z \dfrac{\partial H}{\partial z} \right) = 0 \end{cases} \quad (5-39)$$

表5-1 硫化矿石堆自燃数学模型的定解条件

Table 5-1 The boundary conditions for the numerical model of spontaneous combustion of sulfide ore stockpile

定解条件	风流压力场方程	温度场方程	氧气浓度场方程
初始条件	—	$T\big|_{t=0} = T_0$	$c\big|_{t=0} = c_0$
第一类边界条件	$\overline{Q}\big|_s = \overline{Q}_c + \overline{Q}_r$	$T\big|_s = T_w$	$c\big|_s = c_t$
第二类边界条件	$\dfrac{\mathrm{d}\overline{Q}}{\mathrm{d}n}\bigg|_s = 0$	—	$\dfrac{\mathrm{d}c}{\mathrm{d}n}\bigg|_s = 0$
第三类边界条件	—	$-\lambda_e \dfrac{\mathrm{d}\overline{Q}}{\mathrm{d}n}\bigg|_s = K_e(T_w - T_g)$	—

5.2 硫化矿石自然发火期数学模型的构建

硫化矿石崩落后暴露于空气中时，在一定的供氧、储热环境中，矿石从常温上升到自燃温度所经历的时间为硫化矿石的自然发火期[240~242]。由前面的分析结果可知，发火周期受到硫化矿石自身的物理化学性质及外界环境因素的共同制约。

5.2.1　基于电化学理论的矿石自然发火期

在前面第 3 章已做了阐述，国内外许多学者将硫化矿石自燃归结于电化学作用。由此表明，矿石在氧化自热过程中发生了电子转移，产生电流效应，而电流的强弱又反映出矿石氧化反应速率的大小。因此，硫化矿石的自然发火期与矿石的电化学反应速率存在密切关系。

根据电化学中的法拉第定律，硫化矿物氧化量与电量之间的关系如下：

$$\Delta m = \frac{Q}{F} \cdot \frac{M}{n} = \frac{It}{F} \cdot N \tag{5-40}$$

式中，Δm 为反应的硫化矿石质量，g；Q 为电荷量，C；M 为矿石的总质量，g；n 为参与电极反应的矿石的物质的量，mol；I 为电流大小，A；t 为反应时间，s；N 为矿石的摩尔质量，g/mol；F 为法拉第常数，96500C/mol。

硫化矿石的氧化速率可以用单位时间、单位面积矿石的失重量表示[86]，即

$$W_{失重} = \frac{\Delta m}{St} = \frac{IM}{nFS} = \frac{JN}{F} \tag{5-41}$$

式中，$W_{失重}$ 为矿石反应速率的重量指标，g/(cm^2·h)；S 为矿石的表面积，cm^2；J 为电流密度，表示矿石自然氧化的腐蚀速率，A/m^2；其余符号意义同前。

硫化矿石是脉石及多种硫化矿物的集合体，各种矿物均可发生氧化反应。若确定矿石中各种硫化矿物的百分比含量（质量分数）$w_i (i = 1, \cdots, m)$ 及矿石的总表面积 S_0，即可根据式（5-41）计算出一天时间内硫化矿石氧化的总质量 m。考虑硫化矿石自燃受到多种外界因素的影响，设地质条件、采矿方法、漏风强度、一次崩矿量的影响程度分别为 k_1、k_2、k_3、k_4，相应的量值可由专家评定。若已知硫化矿石中单位矿物产生的热量 q，同时考虑影响矿石自燃的内外界因素，得到硫化矿石自然发火期的数学模型，见式（5-42）[243]：

$$\tau = k_1 k_2 k_3 k_4 \frac{c_p (1 - \Phi)(T_s - T_0) + \Phi r_w}{5.37 \times 10^{-6} \bar{i}_0 (1 - \Phi) \frac{q}{\rho} (1 - k) \sum_N \frac{P_N}{d_N} \sum_m n_m w_m} \tag{5-42}$$

式中，c_p 为矿石的比热容，J/(g·℃)；Φ 为矿石的含水率；$\bar{i}_0$ 为矿岩的氧化反应速率，μA/cm^2；T_s 为矿石的自燃点，℃；T_0 为爆堆的初始温度，℃；d_N 为某一块度范围内矿石的平均块度，cm；P_N 为平均块度为 d_N 的矿石所占百分比；w_m 为矿石中第 m 种硫化矿物的质量分数；n_m 为第 m 种硫化矿物的物质的量，mol；r_w 为水的汽化热，J/mol；ρ 为矿石密度，g/cm^3；q 为单位硫化矿物的反应放热，J/g；k 为散热系数，散热量与产热量之比；τ 为矿石的自然发火期，d。

鉴于不同矿山、同一座矿山不同采场，硫化矿石的物理化学性质各异，相应参数的测试较为烦琐，可能产生某些误差，所得结果的可靠性有待进一步论证。

5.2.2　基于传热学理论的矿石自然发火期

采场硫化矿石爆堆的传热过程可以简化为图 5-3 所示的模型。依据传热学的理论知识可以建立硫化矿石自热与散热过程的宏观平衡方程，用于定量描述矿石从低温氧化到自

燃所需时间与硫化矿石自身的氧化自热性、矿石的热物理参数、块度、体积以及堆放环境条件等因素之间的关系。

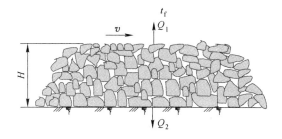

图 5 - 3　硫化矿石堆的传热模型

Fig. 5 - 3　The heat transportation model of sulfide ore stockpile

设矿堆与大气发生对流作用而散发的热量为 Q_1，矿堆向地板传递的热量为 Q_2，矿堆的吸热量为 Q_3；依据牛顿换热定律、导热方程，可以依次得到：

$$Q_1 = KA(\bar{t}/2 - t_f) = a_k r_0/\lambda_0 A(\bar{t}/2 - t_f) = (6.184 + 4.168v) r_0 A/\lambda_0 (\bar{t}/2 - t_f) \tag{5-43}$$

$$Q_2 = A\lambda_r (\bar{t}/2 - t_r/\sqrt{\pi a_r \tau}) \tag{5-44}$$

$$Q_3 = AH\rho_0 c_0 (\bar{t} - t_r)/\tau \tag{5-45}$$

设矿石堆所含水的平均吸热量为 Q_4，当 $\bar{t} \leqslant 100\,℃$ 时，有：

$$Q_4 = (AHK_w/K_0)\rho_w c_w (\bar{t} - t_r)/\tau \tag{5-46}$$

当 $\bar{t} \geqslant 100\,℃$ 时，有：

$$Q_4 = (AHK_w/K_0)\rho_w [c_w (100 - t_r) + 2501]/\tau \tag{5-47}$$

单位时间内矿石氧化的平均放热量 Q_5 为：

$$Q_5 = q_s \cdot 6AH/D \tag{5-48}$$

式中，q_s 为单位时间、单位面积矿石表面的氧化发热量，W/m^2。

根据能量守恒定律，有：

$$Q_5 = Q_1 + Q_2 + Q_3 + Q_4 \tag{5-49}$$

将式（5-43）~式（5-48）代入式（5-49），整理得到矿石从崩落到自燃的时间 τ[25, 87]。

当 $\bar{t} \leqslant 100\,℃$ 时，得：

$$\tau = k_1 k_2 \left\{ \left[\frac{1}{4} \left[\frac{\lambda_r (\bar{t}/2 - t_r)/\sqrt{\pi a_r}}{(6.184 + 4.168v) r_0 (\bar{t}/2 - t_f)/\lambda_0 - 6Hq_s/D} \right]^2 - \right. \right.$$
$$\frac{H\rho_0 c_0 (\bar{t} - t_r) + HK_w \rho_w c_w (\bar{t} - t_r)/K_0}{(6.184 + 4.168v) r_0 (\bar{t}/2 - t_f)/\lambda_0 - 6Hq_s/D} \right]^{\frac{1}{2}} -$$
$$\left. \frac{\lambda_r (\bar{t}/2 - t_r)/\sqrt{\pi a_r}}{2(6.184 + 4.168v) r_0 (\bar{t}/2 - t_f)\lambda_0 - 6Hq_s/D} \right\}^2 \tag{5-50}$$

同理，当 $\bar{t} \geqslant 100\,℃$ 时，有：

$$\tau = k_1 k_2 \left\{ \left[\frac{1}{4} \left[\frac{\lambda_r (\bar{t}/2 - t_r)/\sqrt{\pi a_r}}{(6.184 + 4.168v) r_0 (\bar{t}/2 - t_f)/\lambda_0 - 6Hq_s/D} \right]^2 - \right. \right.$$

$$\left. \frac{H\rho_0 c_0 (\bar{t} - t_r) + HK_w \rho_w [c_w (100 - t_r) + 2501] c_w K_0}{(6.184 + 4.168v) r_0 (\bar{t}/2 - t_f)/\lambda_0 - 6Hq_s/D} \right]^{\frac{1}{2}} -$$

$$\left. \frac{\lambda_r (\bar{t}/2 - t_r)/\sqrt{\pi a_r}}{2(6.184 + 4.168v) r_0 (\bar{t}/2 - t_f) \lambda_0 - 6Hq_s/D} \right\}^2 \tag{5-51}$$

上述各式中，λ_0 为硫化矿石的导热系数，W/(m·K)；ρ_0 为矿石的密度，kg/m³；c_0 为矿石的比热容，J/(kg·K)；K_0 为矿石的松散系数；K_w 为矿石的含水率；c_w 为水的比热容，$c_w = 4.178 \times 10^3$，J/(kg·K)；ρ_w 为水的密度，kg/m³；λ_r 为围岩的导热系数，W/(m·K)；a_r 为围岩的热扩散率，$a_r = \lambda_r/(\rho_r \cdot c_r)$，m²/s；$\rho_r$ 为围岩的密度，kg/m³；c_r 为围岩的比热容，J/(kg·K)；t_r 为围岩温度，℃；$\bar{t}$ 为矿堆冒烟时的平均温度，℃；t_f 为采场风温，℃；a_k 为风流与矿堆的换热系数，$a_k = 6.184 + 4.168v$，W/(m²·K)；v 为采场平均风速，m/s；H 为矿堆的平均高度，m；D 为矿石的平均块度，m；A 为矿堆与风流的换热面积，m²；K 为矿堆的不稳定传热系数，$K = a_k r_0/\lambda_0$，W/(m²·K)；r_0 为采场过风断面的水力半径，m；τ 为矿石崩落至冒烟的时间。

该模型提及了矿山采场的通风条件及崩矿量，同时还考虑了影响矿石自燃的地质条件、采矿方法等，在式（5-50）、式（5-51）前面同样添加了修正系数 k_1、k_2。

5.3 硫化矿石爆堆自燃深度的测算模型

若采场硫化矿石呈锥体状堆积，其传热过程可由图5-4表示。矿石堆自燃部位的热量传输满足两个平衡条件[244,245]：从矿堆内部传递到表面的热量与矿堆表面向周围空气的散热量相等；矿堆内的热生成量与其向表面的传热量相等。

设矿堆表面与空气的换热量为 Q_1，由牛顿冷却公式可得：

$$Q_1 = K_g (t_s - t_a) \tag{5-52}$$

式中，K_g 为对流传热系数，W/(m²·K)；t_s 为矿堆的表面温度，℃；t_a 为采场大气温度，℃。

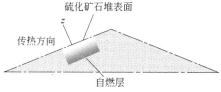

图 5-4 锥体状硫化矿石堆的传热示意图
Fig. 5-4 The heat transportation model for sulfide ores stockpile

假设从矿堆内部向矿堆表面传递的热量为 Q_2，由傅里叶定律可以得到：

$$Q_2 = \int_0^L \lambda_e (t_z - t_s)/z \, dz \tag{5-53}$$

$$t_z = t_s + z(t_{max} - t_s)/L \tag{5-54}$$

即：

$$Q_2 = \int_0^L \lambda_e (t_{max} - t_s)/L \, dz = Q_1 = \lambda_e (t_{max} - t_s) \tag{5-55}$$

式中，λ_e 为当量导热系数，W/(m·K)；t_z 为矿堆内部各分层的温度，℃；t_{max} 为自燃区域的最高温度，℃；L 为自燃深度，m。

联合式（5-52）、式（5-55），可得：

$$t_{max} = K_g(t_s - t_a)/\lambda_e + t_s \qquad (5-56)$$

设 Q_z 为 z 的函数，则有矿堆内部的热生成量 Q_3 为：

$$Q_3 = \int_0^L Q_z \mathrm{d}z \qquad (5-57)$$

由 $Q_1 = Q_2 = Q_3$，便可建立硫化矿石爆堆的表面温度、采场大气温度、对流换热系数、当量导热系数以及自燃深度之间的关系式；联合求解，即可确定矿堆的自燃深度。

5.4 矿仓硫精矿的自燃临界堆积厚度

硫精矿是用选矿方法从各种金属硫化矿物的原矿中分离出不需要成分后所得到的品位较高的粉末状物质。硫精矿的含硫量高，在选矿过程中经历了球磨工序，比表面积增大，其化学活性有很大程度的提高。储存在矿仓中的硫精矿容易发生氧化作用并放出热量，在一定条件下可能导致自燃火灾。氧化时还会释放出大量 SO_2 等有毒气体，造成矿仓内部缺氧窒息，严重威胁到工作人员的生命健康；在潮湿环境中还会产生大量酸，进而腐蚀仓库的金属门窗、抓斗行车、供电线路和电磁站等，缩短其使用寿命，造成重大的经济损失；堆放期间还会发生板结现象而失去商品价值。例如，安徽铜陵冬瓜山铜矿[246]在生产过程中，矿仓内的硫精矿已经发生过多次氧化自燃现象，经济损失巨大，见图 5-5。

图 5-5 矿山用于存放硫精矿的矿仓

Fig. 5-5 The storehouse for depositing sulfide concentrates

由物质的自然发火规律可知，矿仓内的硫精矿发生自燃必须同时具备三个基本条件：硫精矿本身具有自燃倾向性；硫精矿与水、空气充分接触；硫精矿堆不断聚热，温度上升到自燃点。因此，预防硫精矿自燃工作的基本思路就是破坏或消除这三个要素中一个或几个的作用。显然消除前两个因素相当困难，故可以采取某种措施使硫精矿体系向周围环境散发热量的速率较其体系内部生成热量的速率快，即保证硫精矿在矿仓内堆积时不能超过某一厚度。自燃临界堆积厚度就是硫精矿储存在矿仓内时，其氧化生成热等于向周围环境散发热量时的堆积厚度。因此，通过对矿仓硫精矿的自燃临界堆积厚度进行科学计算，可以有效预防自燃火灾的发生，保证矿山生产的顺利开展。

5.4.1 相关理论

目前描述物质自燃的理论模型[247, 248]主要有 Semenov 模型、Frank-Kamenetskii 理论模型以及 Thomas 和 Bowes 模型。其中，Semenov 模型[249]未考虑物质中心位置与边界之间的温度梯度，不适用研究大尺寸的堆积物；Frank-Kamenetskii 模型考虑了物质内部的温度梯度，其取决于物质的几何形状与热传导，认为物质的表面温度与环境温度相等；Thomas 和 Bowes 模型同时考虑了物质的内部热阻以及与外界的对流换热和辐射。

储存在矿仓内的硫精矿受环境温度影响较小，基于 Frank-Kamenetskii 模型可以推导物质自燃的临界堆积半厚度计算公式[250~254]，见式（5 – 58）。

$$r = \sqrt{\frac{\delta_c RT_a^2 \lambda}{EQA\rho\exp(-E/RT_a)}} \tag{5 – 58}$$

式中，r 为无限大平板的半厚，m；δ_c 为 F-K 参数，其值由不同物体的几何形状决定（平板为 0.88，立方体为 3.663，圆柱体为 3.513）；T_a 为环境温度，K。

用该模型确定矿仓硫精矿的自燃临界堆积厚度时，必须知道矿仓的环境温度、表观活化能以及 QA 值。目前用于获取动力学参数的实验方法有多种，包括传统的网篮测试法、F-K 分析法、热释放速率法以及交叉点温度法。传统网篮法需要对 4 种不同尺寸的样本测试临界环境温度后，才能求得表观活化能及 QA 值，工作量大。第 4 章已经介绍了一种新的金属网篮交叉点温度法，只需测试同一矿样在不同恒温条件下的交叉点值就可获得相应的活化能及 QA 值。在此，本节采用该方法来确定硫精矿的相关参数。

5.4.2 实验及数据分析

根据冬瓜山铜矿的实际情况，从不同矿仓内采集了高硫精矿、硫铁精矿两种代表性矿样。矿样的化学成分、电镜扫描结果以及实验装置见第 4 章中的表 4 – 3、图 4 – 2、图 4 – 3；依据前述的实验步骤分别测定了两种硫精矿在不同恒温条件下的氧化自热性质。图 5 – 6 为高硫精矿在不同恒温条件下的自热曲线；T_1 为矿样中心点的温度，T_2 为偏离中心点 1cm 处位置的温度，T_3 为试验箱内的温度。

进一步解算出高硫精矿、硫铁精矿在相应温度范围内的 QA 值分别为 6830、640，表观活化能及相关系数见表 4 – 4。高硫精矿与硫铁精矿的导热系数分别取 2.954W/(m·℃)、3.930W/(m·℃)，比热容分别取 0.607×10^3J/(kg·℃)、0.506×10^3J/(kg·℃)，密度依次取 2310kg/m³、3762kg/m³；当硫精矿以无限大平板的形式堆积时，取 δ_c 为 0.88。将求得的表观活化能 E 及 QA 代入式（5 – 58）中，计算出两种矿样在不同环境温度下的自燃临界堆积半厚度；最终得到相应条件下的临界堆积厚度，见表 5 – 2。

表 5 – 2　两种硫精矿样在不同温度下的自燃临界堆积厚度

Table 5 – 2　The critical pile height of two sulfide concentrates under various temperatures

环境温度/℃		5	10	15	25	30
矿样	高硫精矿/m	0.4550	0.4278	0.4026	0.3578	0.3388
	硫铁精矿/m	0.3170	0.3068	0.3062	0.2786	0.2706

由此可以看出，硫铁精矿的自燃临界堆积厚度较高硫精矿的小，这与硫铁精矿更容易发生自燃的客观现象完全相符；矿样在各种环境温度条件下的自燃临界堆积厚度不同，环境温度越高，临界堆积厚度越小。

冬瓜山铜矿每年副产硫精矿 100 万吨，而占 48.7% 的磁硫铁矿处理复杂且难以直接

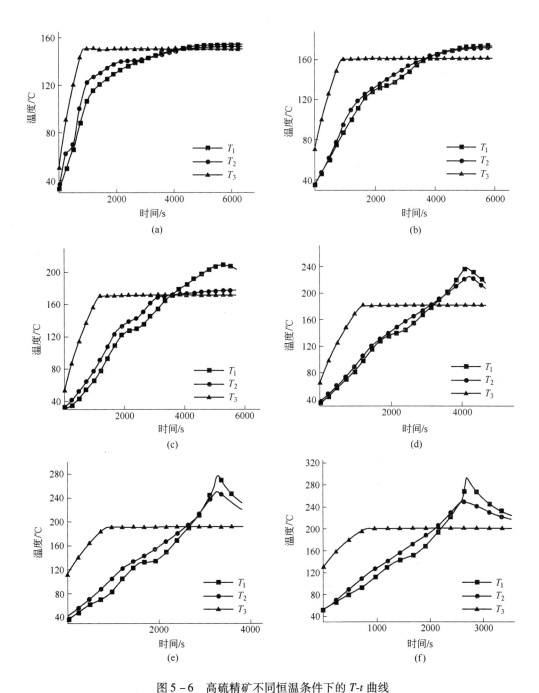

图 5-6　高硫精矿不同恒温条件下的 *T-t* 曲线

Fig. 5-6　The *T-t* curves of sulfur-rich concentrates under various constant temperatures

（a）恒温温度为150℃；（b）恒温温度为160℃；（c）恒温温度为170℃；（d）恒温温度为180℃；

（e）恒温温度为190℃；（f）恒温温度为200℃

销售，长期堆放在矿仓内时经常出现自燃现象（夏季更为频繁）。可以依据上述方法获得相应条件下的自燃临界堆积厚度值（必须满足求解公式中的各个参数与实际情况相符），保证硫精矿在不同环境温度下的最大堆积厚度不超过相应条件下的临界值。积极采取各种措施满足该条件，如定期将硫精矿拖运走，储存时的堆积厚度尽量保持均匀；不同季节下的堆积厚度要有所区别。

5.5 采场环境中硫化矿石爆堆的自燃危险性评价研究

由前面几章的研究内容可知，影响采场硫化矿石爆堆自燃的因素有很多，而且各个因素互相影响、相互作用，不可能运用单因素法来评价矿石自燃危险性的大小，而且现有的绝大多数方法仍旧停留在定性评价阶段，用于定量评价硫化矿石爆堆自燃危险性的方法并不多见[80]。文献［76］以"火灾、爆炸危险指数"（DOW）为模型，分析影响硫化矿石自燃的各个因素，建立了针对硫化矿石自燃危险性的评价指数和等级，但该方法在处理诸多不确定性影响因素过程中带有较强的主观性，难免会对评价结果产生一定的影响。鉴于采场硫化矿石爆堆自燃危险性评价过程中存在许多不确定性的因素，本节将一种新的数学模型——未确知测度模型运用到矿石爆堆的自燃危险性评价当中，并能对其进行定量分析。

5.5.1 未确知测度理论概述

未确知信息及其数学理论[255]是由王光远教授于 1990 年提出来的，它是一种不同于模糊信息、随机信息和灰色信息的新的不确定性信息理论。而后，许多学者将该理论应用到各个学科领域当中，其中成果最多的是未确知测度评价模型的应用[256~260]。

设评价对象组成的集合为评价对象空间，记为 X，则评价对象空间 $X = \{X_1, X_2, X_3, \cdots, X_n\}$。如果某个评价对象有 m 个评价指标，用 $I_1, I_2, \cdots, I_m$ 表示，则指标空间可表示为 $I = \{I_1, I_2, \cdots, I_m\}$，若 x_{ij} 表示第 i 个评价对象 X_i 关于第 j 个评价指标 I_j 的测量值，则 X_i 可表示为一个 m 维向量：$X_i = (x_{i1}, x_{i2}, \cdots, x_{im})$。

对 x_{ij} 有 p 个评价等级 $C_1, C_2, \cdots, C_p$，评价等级空间记为 U，则 $U = \{C_1, C_2, \cdots, C_p\}$；设第 k 级比第 $k+1$ 级危险性大（或安全程度高），记为 $C_k > C_{k+1}$；若 $C_1 > C_2 > \cdots > C_p$，或 $C_1 < C_2 < \cdots < C_p$，则称 $\{C_1, C_2, \cdots, C_p\}$ 是评价等级空间 U 上的一个有序分割类[257]。

在采场硫化矿石爆堆的自燃危险性评价当中，评价等级空间则表示前一个等级比后一个等级的危险程度大。

如果 $\mu_{ijk} = \mu(x_{ij} \in C_k)$ 表示测量值 x_{ij} 属于第 k 个评价等级 C_k 的程度，且 μ 满足：

$$0 \leqslant \mu(x_{ij} \in C_k) \leqslant 1$$
$$(i = 1, 2, \cdots, n; j = 1, 2, \cdots, m; k = 1, 2, \cdots, p) \tag{5-59}$$

$$\mu(x_{ij} \in U) = 1 (i = 1, 2, \cdots, n; j = 1, 2, \cdots, m) \tag{5-60}$$

$$\mu \left| x_{ij} \in \bigcup_{l=1}^{k} C_l \right| = \sum_{l=1}^{k} \mu(x_{ij} \in C_l) (k = 1, 2, \cdots, p) \tag{5-61}$$

称式（5-60）为 μ 对评价空间 U 满足归一性，式（5-61）为 μ 对评价空间 U 满足可加性，称满足式（5-59）~式（5-61）的 μ 为未确知测度[256]。

5.5.1.1 单指标未确知测度[256,257]

根据未确知测度的定义构造单指标测度函数 $\mu(x_{ij} \in C_k)$（$i = 1, 2, \cdots, n; j = 1, 2, \cdots, m; k = 1, 2, \cdots, p$），以便求出某一评价因素 x_i 的各个指标测度值 μ_{ijk}，那么称

$(\mu_{ijk})_{m \times p}$ 为单指标测度评价矩阵，即

$$(\mu_{ijk})_{m \times p} = \begin{bmatrix} \mu_{i11} & \mu_{i12} & \cdots & \mu_{i1p} \\ \mu_{i21} & \mu_{i22} & \cdots & \mu_{i2p} \\ \cdots & \cdots & \cdots & \cdots \\ \mu_{im1} & \mu_{im2} & \cdots & \mu_{imp} \end{bmatrix} \tag{5-62}$$

5.5.1.2 指标权重的确定

在未确知测度综合评价系统中，指标权重[258]向量是非常重要的，如果专家对各个测量指标的相对重要性非常熟悉、有经验，则可由专家组按一定规则给各个评价指标评分，并用统计评分的方法确定指标权重向量；若专家无法给出权重估计，也可以用相似权作为权重。本节运用熵确定权重，避免了专家打分的主观性。

设 w_j 为测量指标 x_{ij} 与其他指标相比具有的相对重要程度，且 w_j 满足：$0 \leqslant w_j \leqslant 1$，$\sum\limits_{j=1}^{m} w_j = 1$，则 $w = \{w_1, w_2, \cdots, w_m\}$ 称为指标权重向量。在此，利用熵确定权重[261]，即

$$v_j = 1 + \frac{1}{\lg p} \sum_{k=1}^{p} \mu_{jk} \lg \mu_{jk} \tag{5-63}$$

$$w_j = v_j \Big/ \sum_{i=1}^{n} v_i \tag{5-64}$$

由于单指标测度评价矩阵（5-62）为已知量，可以通过式（5-63）、式（5-64）求得 w_j。

5.5.1.3 多指标未确知测度[259]

设 w_j 为评价指标 $I_j (j = 1, 2, \cdots, m)$ 的权重，如果存在 μ_{ik} 满足：$0 \leqslant \mu_{ik} \leqslant 1$，$\mu_{ik} = \sum\limits_{j=1}^{m} w_j \mu_{ijk} (k = 1, 2, \cdots, p)$，则称矩阵（5-65）为多指标未确知测度矩阵。

$$(\mu_{ik})_{n \times p} = \begin{bmatrix} \mu_{11} & \mu_{12} & \cdots & \mu_{1p} \\ \mu_{21} & \mu_{22} & \cdots & \mu_{2p} \\ \cdots & \cdots & \cdots & \cdots \\ \mu_{n1} & \mu_{n2} & \cdots & \mu_{np} \end{bmatrix} \tag{5-65}$$

称向量 $\mu_{ik} = (\mu_{i1}, \mu_{i2}, \cdots, \mu_{ip})$ 为 X_i 的多指标综合测度评价向量。

5.5.1.4 置信度识别准则[258,259]

为了得出评价对象的最终评价结果，引入"置信度"评价准则。设 λ 为置信度（$\lambda \geqslant 0.5$，通常取 $\lambda = 0.6$ 或 0.7），如果 $C_1 > C_2 > \cdots > C_p$，且令

$$k_0 = \min \left| k : \sum_{i=1}^{k} \mu_i > \lambda, k = 1, 2, \cdots, p \right| \tag{5-66}$$

则认为评价对象属于第 k_0 个评价等级 C_{k_0}。

5.5.2 采场硫化矿石爆堆自燃危险性评价指标体系的建立

采场硫化矿石爆堆的自燃危险性评价工作是一项极其复杂的系统工程，要实现其合理评价的目标，就必须建立完善、科学的评价指标体系。选择评价指标过多，会加大整个评价体系的复杂程度及评价难度，而指标过少又不能全面反映评价系统的客观状况。

由前面几章的研究结论可知，影响硫化矿石爆堆自燃的因素有很多，鉴于某些指标之间存在极大的相关性[71,160]，本次研究中给出的采场硫化矿石爆堆自燃危险性评价体系的结构全面、简单。由于某些定性指标不能直接参与评价，在参考大量经验资料及相关技术规程后，通过特定的处理方法将定性指标转化为半定量指标，转化后不会影响评价结果，这类指标包括矿井的通风条件状况、选用的采矿方法等。本节采用分级标准量化法对各指标进行分级和取值，将每个指标分为 4 级，评判集为 $\{C_1, C_2, C_3, C_4\}$，即 I 级、II 级、III 级、IV 级，分别表示自燃危险性极大、危险性大、危险性一般、危险性小，每级都规定一个取值标准或数值区间，具体见表 5 - 3[262] 和表 5 - 4。

表 5 - 3 采场硫化矿石爆堆自燃危险性评价的定量指标分级标准

Table 5 - 3 Classification criterion of quantitative indexes in spontaneous combustion risk evaluation on sulfide ore dumps in stope

影响程度分级	硫化矿石的自燃倾向性							开采工艺条件		
	矿石氧化增重率 I_1/%	水溶性铁离子含量 I_2/%	矿堆中水溶液 pH 值 I_3	矿石的含水量 I_4/%	矿物成分的 ST 值 I_5	矿石的自热幅度 I_6/℃	矿石的着火点 I_7/℃	矿石损失率 I_8/%	矿岩的环境温度 I_9/℃	矿石堆的体积 I_{10}/m³
I 级 (C_1)	>6	>0.3	<2	3～4	>130	>30	<200	>30	>40	>500
II 级 (C_2)	4～6	0.2～0.3	2～3	4～6	90～130	15～30	200～300	20～30	30～40	250～500
III 级 (C_3)	2～4	0.01～0.2	3～4	6～8	65～90	5～15	300～400	10～20	15～30	100～250
IV 级 (C_4)	<2	<0.01	>4	>8 或 <3	<65	<5	>400	<10	<15	<100

注：ST 为硫化矿石中各种硫化矿物成分的综合危险指标。

表 5 - 4 采场硫化矿石爆堆自燃危险性评价的定性指标分级标准

Table 5 - 4 Classification criterion of qualitative indexes in spontaneous combustion risk evaluation on sulfide ore dumps in stope

影响程度分级	赋值	开采工艺条件	
		选用的采矿方法 I_{11}	矿山的通风条件 I_{12}
I 级 (C_1)	1	崩落采矿法，即在采场回采过程中用崩落围岩处理空区的采矿方法；矿石损失率大，进而矿石发生氧化作用而放出大量热	通风系统、通风设施、通风质量及通风管理差，矿石氧化生成的热量很难及时被排出，矿石爆堆容易聚热，矿石自燃危险性大

影响程度分级	赋值	开 采 工 艺 条 件	
		选用的采矿方法 I_{11}	矿山的通风条件 I_{12}
Ⅱ级（C_2）	2	崩落采矿法结合其他采矿法，使得矿石损失率较大	通风条件中等，氧化生成的热量不容易被排出，矿石自燃危险性较大
Ⅲ级（C_3）	3	空场采矿法，即在采场回采过程中维护空区暂不处理的方法；矿石损失率小	通风条件较好，能排出较多的氧化生成热，矿石自燃危险性较小
Ⅳ级（C_4）	4	充填采矿法，即在采场回采过程中用充填处理空区的采矿方法；矿石损失率极小	通风条件很好，能排出大量的氧化生成热，矿石爆堆不容易聚热，矿石自燃危险性很小

根据上述有关单指标测度函数的定义和表 5 - 3、表 5 - 4 中关于各评判指标的赋值标准，构建采场硫化矿石爆堆自燃危险性评价的各指标测度函数，以便求得各个评价指标的未确知测度值。其中，硫化矿石的低温氧化增重率、矿石中水溶性铁离子的含量、矿石爆堆中水溶液的 pH 值、矿石的含水量、矿物成分的 ST 值、矿石的自热幅度、矿石的着火点、采场矿石的损失率、矿岩的环境温度及矿石爆堆体积等定量指标的单指标测度函数见图 5 - 7；采矿方法、矿山通风条件两个定性指标的单指标测度函数见图 5 - 8[79]。

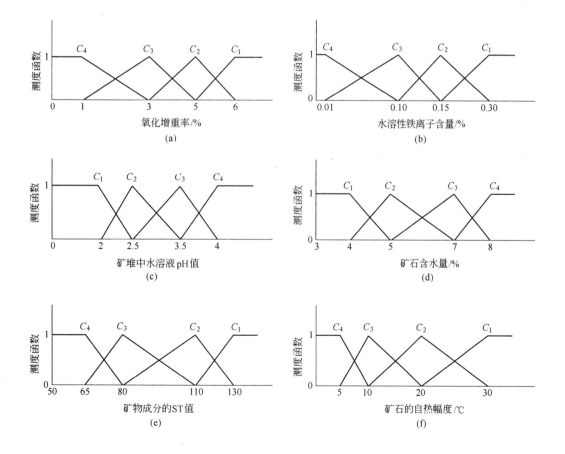

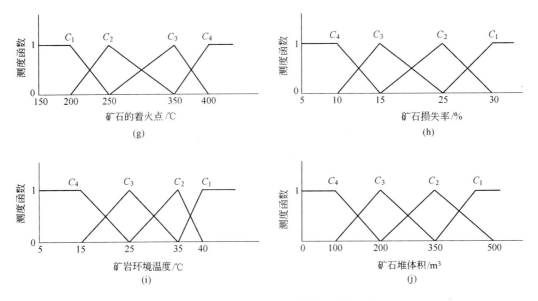

图 5 - 7　各个定量指标的单指标测度函数

Fig. 5 - 7　Uncertainty measurement functions of the quantitative single indexes

（a）氧化增重率的单指标测度函数；（b）水溶性铁离子含量的单指标测度函数；（c）矿堆中水溶液 pH 值的单指标测度函数；（d）矿石含水量的单指标测度函数；（e）矿物成分 ST 值的单指标测度函数；（f）矿石自热幅度的单指标测度函数；（g）矿石着火点的单指标测度函数；（h）矿石损失率的单指标测度函数；（i）矿岩环境温度的单指标测度函数；（j）矿石堆体积单指标测度函数

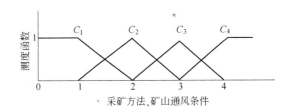

图 5 - 8　采矿方法、矿山通风条件的单指标测度函数

Fig. 5 - 8　Uncertainty measurement function of the quantitative indexes

5.5.3　实例应用

新疆阿舍勒铜矿[263]矿区位于中国阿尔泰山山脉西北段南麓低山丘陵区，地形以构造剥蚀及构造侵蚀成因类型为主；其中某一矿体呈厚层状，以块状矿石为主，矿石类型以铜锌硫矿石、铜硫矿石为主，硫铁矿石次之。共采集了几个有代表性的矿样，其化学成分见表 5 - 5。结合其工程设计方案，用未确知测度模型评价该矿山采场硫化矿石爆堆的自燃危险性大小；同时对国内其他 3 座典型的发火矿山进行了评价。4 座矿山的采场矿石爆堆各指标统计值详见表 5 - 6。

将表 5 - 6 中统计到的各指标值，分别代入图 5 - 7 和图 5 - 8 相应的单指标未确知测度函数中，计算求得阿舍勒铜矿、松树山铜矿、武山铜矿、东乡铜矿的单指标评价矩阵分

表5-5 阿舍勒铜矿矿物组成及含量统计表（显微镜下估算）

Table 5-5 Statistical data of mineral contents of samples（wt. %）（estimated under microscope）

矿样编号	全硫/%	水溶性铁离子/%	磁黄铁矿/%	胶状黄铁矿/%	黄铁矿/%	白铁矿/%	黄铜矿/%	闪锌矿/%	其他硫化物/%
1	38.33	0.045	—	—	85.0	—	2.0	1.0	—
2	40.42	0.021	—	—	55.0	—	0.1	40.0	0.8
3	48.58	0.032	—	—	95.0	—	0.2	0.1	0.1
4	46.30	0.042	—	—	95.0	—	2.0	0.3	0.2
5	45.00	0.058	—	—	90.0	—	5.0	0.8	0.2
6	46.93	0.156	—	—	90.0	—	5.0	0.6	0.2

表5-6 各矿山采场矿石爆堆各指标调查统计值

Table 5-6 Estimation and measure data of risk evaluation indexes of each mine in stope

矿山名称	采场硫化矿石爆堆自燃危险性的评价指标值											
	I_1	I_2	I_3	I_4	I_5	I_6	I_7	I_8	I_9	I_{10}	I_{11}	I_{12}
阿舍勒铜矿（X_1）	1.825	0.102	4	2	54	0	315	12	12	350	4	2
松树山铜矿（X_2）	5.750	0.450	2.5	3	120	25	220	25	25	300	1	2
武山铜矿（X_3）	5.250	1.10	3	4	125	20	220	25	25	300	1	2
东乡铜矿（X_4）	4.250	1.860	2	3	112	18	210	25	22	300	1	2

别为式（5-67）~式（5-70）。

$$(\mu_{1jk})_{12\times4} = \begin{bmatrix} 0.00 & 0.00 & 0.41 & 0.59 \\ 0.00 & 0.04 & 0.96 & 0.00 \\ 0.00 & 0.00 & 0.00 & 1.00 \\ 0.00 & 0.00 & 0.00 & 1.00 \\ 0.00 & 0.00 & 0.00 & 1.00 \\ 0.00 & 0.00 & 0.00 & 1.00 \\ 0.00 & 0.35 & 0.65 & 0.00 \\ 0.00 & 0.00 & 0.40 & 0.60 \\ 0.00 & 0.00 & 0.00 & 1.00 \\ 0.00 & 1.00 & 0.00 & 0.00 \\ 0.00 & 1.00 & 0.00 & 0.00 \\ 0.00 & 1.00 & 0.00 & 0.00 \end{bmatrix} \quad (5-67)$$

$$(\mu_{2jk})_{12\times4} = \begin{bmatrix} 0.75 & 0.25 & 0.00 & 0.00 \\ 1.00 & 0.00 & 0.00 & 0.00 \\ 0.00 & 1.00 & 0.00 & 0.00 \\ 1.00 & 0.00 & 0.00 & 0.00 \\ 0.50 & 0.50 & 0.00 & 0.00 \\ 0.50 & 0.50 & 0.00 & 0.00 \\ 0.60 & 0.40 & 0.00 & 0.00 \\ 0.00 & 1.00 & 0.00 & 0.00 \\ 0.00 & 0.00 & 1.00 & 0.00 \\ 0.00 & 0.67 & 0.33 & 0.00 \\ 1.00 & 0.00 & 0.00 & 0.00 \\ 0.00 & 1.00 & 0.00 & 0.00 \end{bmatrix} \quad (5-68)$$

$$(\mu_{3jk})_{12 \times 4} = \begin{bmatrix} 0.25 & 0.75 & 0.00 & 0.00 \\ 1.00 & 0.00 & 0.00 & 0.00 \\ 0.00 & 0.50 & 0.50 & 0.00 \\ 1.00 & 0.00 & 0.00 & 0.00 \\ 0.75 & 0.25 & 0.00 & 0.00 \\ 0.00 & 1.00 & 0.00 & 0.00 \\ 0.60 & 0.40 & 0.00 & 0.00 \\ 0.00 & 1.00 & 0.00 & 0.00 \\ 0.00 & 0.00 & 1.00 & 0.00 \\ 0.00 & 0.67 & 0.33 & 0.00 \\ 1.00 & 0.00 & 0.00 & 0.00 \\ 0.00 & 1.00 & 0.00 & 0.00 \end{bmatrix} \qquad (5-69)$$

$$(\mu_{4jk})_{12 \times 4} = \begin{bmatrix} 0.00 & 0.63 & 0.37 & 0.00 \\ 1.00 & 0.00 & 0.00 & 0.00 \\ 1.00 & 0.00 & 0.00 & 0.00 \\ 1.00 & 0.00 & 0.00 & 0.00 \\ 0.10 & 0.90 & 0.00 & 0.00 \\ 0.00 & 0.80 & 0.20 & 0.00 \\ 0.80 & 0.20 & 0.00 & 0.00 \\ 0.00 & 1.00 & 0.00 & 0.00 \\ 0.00 & 0.00 & 0.70 & 0.30 \\ 0.00 & 0.67 & 0.33 & 0.00 \\ 1.00 & 0.00 & 0.00 & 0.00 \\ 0.00 & 1.00 & 0.00 & 0.00 \end{bmatrix} \qquad (5-70)$$

由式（5-63）和式（5-64）来确定各评价指标的权重，求得阿舍勒铜矿、松树山铜矿、武山铜矿、东乡铜矿4座矿山的评价指标权重分别为：

$w_1 = \{0.04905, 0.08419, 0.09580, 0.09580, 0.09580, 0.09580, 0.05106, 0.04934,$
    $0.09580, 0.09580, 0.09580, 0.09580\}$

$w_2 = \{0.06137, 0.10331, 0.10331, 0.10331, 0.05166, 0.05166, 0.05321, 0.10331,$
    $0.10331, 0.05610, 0.10331, 0.10331\}$

$w_3 = \{0.06095, 0.10261, 0.05130, 0.10261, 0.06095, 0.10261, 0.05284, 0.10261,$
    $0.10261, 0.05572, 0.10261, 0.10261\}$

$w_4 = \{0.05425, 0.10340, 0.10340, 0.10340, 0.07915, 0.06608, 0.06608, 0.10340,$
    $0.05784, 0.05615, 0.10340, 0.10340\}$

由多指标测度评价向量式求出各座矿山的多指标综合测度评价向量，取置信度 $\lambda = 0.6$，并结合置信度评价准则式（5-66），得出4座矿山的综合未确知测度及判别结果，见表5-7。

表5-7 未确知测度模型评价结果与矿山实际情况的比较

Table 5-7 Comparison of the results of uncertainty measurement evaluation and the factual

矿山名称	综合未确知测度				判别结果	矿山是否发生过自燃火灾
	C_1	C_2	C_3	C_4		
阿舍勒铜矿	0	0.2128	0.1539	0.6333	Ⅳ级	否
松树山铜矿	0.4395	0.4358	0.1218	0	Ⅱ级	是
武山铜矿	0.4005	0.4529	0.1467	0	Ⅱ级	是
东乡铜矿	0.4744	0.4159	0.0923	0.0174	Ⅱ级	是

由表5-7可知,阿舍勒铜矿采场矿石爆堆发生自燃火灾的危险等级为Ⅳ级,发火危险性小;而松树山铜矿、武山铜矿以及东乡铜矿采场矿石爆堆发生自燃火灾的危险等级为Ⅱ级,发火危险性大。依据评价结果,各矿山应该采取相应的防灭火技术与措施,从而达到避免盲目设计、节省投资、保证安全的目的。

4座矿山在实际开采过程中,阿舍勒铜矿未曾发生过自燃火灾,而松树山铜矿、武山铜矿以及东乡铜矿采场矿石爆堆都发生过自燃火灾,由此表明用未确知测度模型对采场硫化矿石爆堆自燃危险性评价的结果与矿山的实际发火情况完全相符,从而验证了该方法的可行性。

5.6 本章小结

(1)硫化矿石自燃过程中,松散矿堆内部的风流场与温度场均随时间发生动态变化。基于多孔介质渗流力学和传热学理论建立了硫化矿石自然发火过程的综合数学模型,包括风流场、氧气浓度场以及温度场。

(2)硫化矿石的自然发火期取决于矿石自身的物理化学性质、被开采破坏后的堆积状态参数、裂隙或孔隙率、通风供氧、蓄热和散热环境等;本章基于电化学理论及传热学理论,分别给出了硫化矿石自然发火期的数学模型,并加以修正。

(3)运用金属网篮交叉点温度法,基于Frank-Kamenetskii模型解算出高硫精矿与硫铁精矿两种矿样在不同环境温度下的自燃临界堆积厚度。结果表明,硫铁精矿的自燃临界堆积厚度较高硫精矿的小,矿样在不同环境温度下的自燃临界堆积厚度各异,临界堆积厚度随环境温度的升高而减小,与实际情况完全相符。

(4)针对采场硫化矿石爆堆自燃危险性评价中诸多影响因素的不确定性,综合考虑了硫化矿石的自燃倾向性及采场工艺条件;基于未确知测度理论,建立了采场硫化矿石爆堆的自燃危险性评价模型。该方法用于采场硫化矿石爆堆的自燃危险性预测是合理有效的,为硫化矿石自燃危险性综合评价提供了一条新的途径。

6 硫化矿石自然发火重要参数的确定及数值模拟

第 5 章内容中已给出了描述硫化矿石自然发火的各类数学模型,而这些模型只有在获得解算以后才能用于指导现场实践;其中涉及诸多重要参数的确定。针对某座具体矿山或者同一矿山不同采场环境,各类数学模型中所包含的参数是不一样的。因此,本章将系统介绍一些重要参数的确定方法,并利用数值分析软件对国内典型金属矿山的矿石自燃灾害进行模拟分析。

6.1 孔与孔隙率

采场硫化矿石爆堆是由固体骨架与孔隙空间共同构成的多孔介质。所谓多孔介质是指[233]:多孔物质所占据的一部分空间;在多孔介质占据的范围内,固体相应遍及整个多孔介质;构成孔隙空间的某些孔洞、裂隙应当互相连通。图 6 - 1 给出了粒度分别为 180 ~ 250 μm 及 80 ~ 109 μm 两种硫化矿石矿样在相同放大倍数下的 SEM 照片;可见粒度不同时,矿样中孔隙的大小与形状存在很大差别。

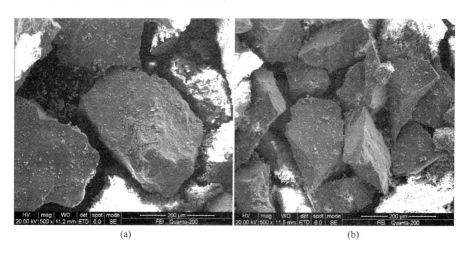

(a)   (b)

图 6 - 1 不同粒度矿样的孔隙分布

Fig. 6 - 1 Pore distribution of samples with different particle sizes

(a) 180 ~ 250 μm; (b) 80 ~ 109 μm

为了适应观测和应用连续介质方法,往往采用某些可行的实验测量技术来确定多孔介质的几何性质,如孔隙率、比表面积、孔径分布等宏观参数。硫化矿石堆中的孔隙结构有许多类型,可以依据孔的宽度对其特征尺寸进行表征,将孔进行分类,见表 6 - 1[264]。此外,国际理论与应用化学协会将孔划分为 3 大类[265]:大孔、中孔和微孔;孔宽度大于

50nm 的称为大孔，孔宽度在 2～50nm 之间的为中孔，而小于 2nm 的为微孔。根据孔的连通性，又可以将其划分为闭孔、半开孔、开孔，如图 6－2 所示。

表 6－1 孔的分类
Table 6－1 The classification of pores

类别	微孔	小孔	中孔	大孔	超大孔
孔宽	<2nm	2nm～10nm	10nm～100nm	100nm～100μm	>100μm

每一个孔尺寸范围都与表现在吸附等温线上的特征吸附效应相对应[265]。在微孔中，由于孔壁最接近，其相互作用势能比更宽孔中的势能高很多，在一定相对压力下的吸附量也增大；在中孔中，发生毛细凝聚，吸附等温线具有特征滞后回线；大孔尺

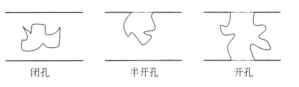

图 6－2 硫化矿石堆中孔的类型
Fig. 6－2 Different pores in sulfide ores

寸范围宽，由于相对压力与 1 非常接近，不能详细画出等温线。各类孔之间的界线并不严格、不固定，取决于孔的形状和吸附质分子的本质。

利用 Autosorb－1 型全自动比表面积及孔隙率分析仪获得了三种不同粒度矿样的吸附等温线，见图 6－3；可以看出，各种等温曲线在形状上类似，但在不同相对压力下对气

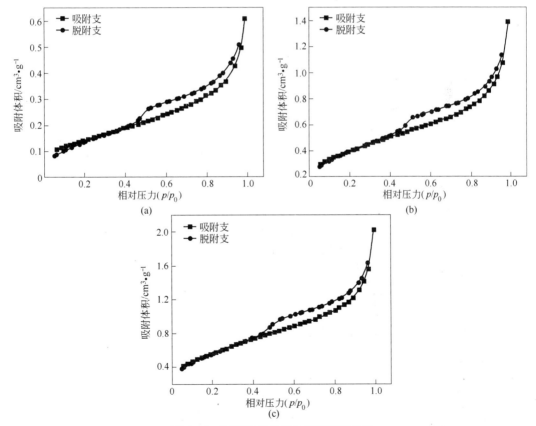

图 6－3 不同粒度矿样的吸附等温曲线
Fig. 6－3 The isotherm linear for samples with different particle sizes
（a）250μm；（b）120μm；（c）80μm

体的吸附量有较大差异；等温线中的吸附支和脱附支不能重合，表明其中含有较多的介孔（孔径介于微孔与大孔之间）。

BJH 模型为当前最为流行的介孔分析方法，是基于气－液两相平衡时孔内毛细管凝聚现象所满足的 Kelvin 方程而推导出的。图 6－4 给出了三种不同粒度矿样的 BJH 脱附支拟

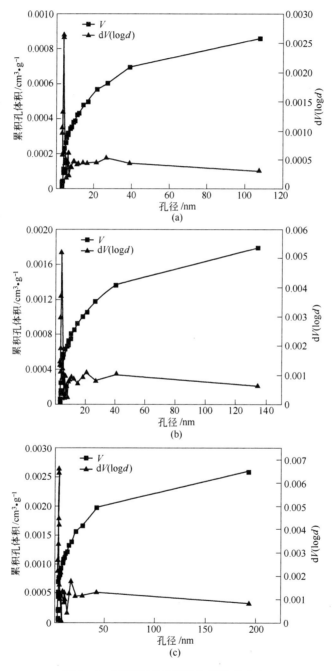

图 6－4 不同粒度矿样的 BJH 孔径分布

Fig. 6－4 BJH method desorption for samples with different particle sizes

（a）250μm；（b）120μm；（c）80μm

合的累积孔径分布；测得粒度为 $250\mu m$、$120\mu m$、$80\mu m$ 矿样的比表面积、孔积、平均孔径分别为：$0.418m^2/g$，$0.001cm^3/g$，$7.111nm$；$0.819m^2/g$，$0.002cm^3/g$，$6.092nm$；$1.190m^2/g$，$0.003cm^3/g$，$6.061nm$。

6.1.1 孔隙率[266]

孔隙率指多孔介质体系中的孔隙所占总量的份额，是宏观的统计平均值；或只是表征均匀多孔介质的孔隙率，以百分比数表示。通常用松散矿堆孔隙空间 V_v 与松散矿堆总体积 V_b 之比计算：

$$n = \frac{V_v}{V_b} = \frac{V_b - V_s}{V_b} \tag{6-1}$$

式中，V_s 为固体骨架所占空间的大小；n 也称为绝对孔隙率，显然有 $n < 1$。

多孔介质中存在另一类孔隙，表面上看相互连通，但在流动或反应中几乎不起作用，称为死端。若用相互连通的孔体积 $(V_v)_e$ 取代上式中的 V_v，则有：

$$n_e = (V_v)_e / V_b \tag{6-2}$$

称 n_e 为效孔隙率。

硫化矿石爆堆的孔隙率也可以用松散系数（碎胀系数）表示，指爆破后呈松散状态矿石的体积与爆破前的矿体自然状态下原有体积之比。测定目的是为矿山开采设计和确定矿车、吊车、矿仓等的容积提供依据；其计算公式如式（6-3）所示。

$$K = V_2 / V_1 \tag{6-3}$$

式中，K 为松散系数；V_2 为爆破后矿堆的体积；V_1 为爆破前矿体的体积。

由上可知，松散系数与孔隙率之间还满足式（6-4）的关系：

$$n = 1 - 1/K \tag{6-4}$$

在实际应用中，硫化矿石孔隙率的测定一般在实验室内进行。将采集到的矿样破碎成不同粒度后，测得 6 种粒径分布下所对应的孔隙率，如图 6-5 所示。可以看出，矿样粒度越大，其堆积时的孔隙率也随之增大。

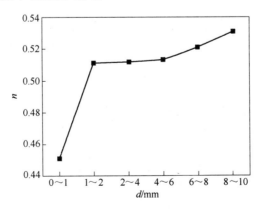

图 6-5　硫化矿石粒度与孔隙率的关系

Fig. 6-5　The relationship between particle size and porosity

此外，还可以通过现场观察以确定采场矿石爆堆的孔隙率。文献［235］根据苏联学者对采空区矿压的观测结果发现，随着工作面距离的增加，采空区矿压不断增大，增幅逐渐减小；当与工作面的距离达到100m以上时，矿山压力趋于一个稳定值，工作面顶部垮落所形成的松散煤体厚度可达实体煤的1.3倍左右，即孔隙率约为0.23；而经过一段时间压实后的老空区，现场所观测到的孔隙率约为0.2。如果认为近距离煤层采空区的孔隙率在距离工作面小于100m时随距离的变化符合抛物线规律，而大于100m时其孔隙率不再随距离变化，则可以拟合出近距离采空区松散矿体的孔隙率分布，见式（6 – 5）。

$$n = \begin{cases} 0.00001y^2 - 0.002y + 0.3 & y \leqslant 100 \\ 0.2 & y > 100 \end{cases} \tag{6 – 5}$$

式中，n 为孔隙率；y 为采空区到工作面的距离，m。

6.1.2 比表面积 M

固体的表面有外表面与内表面之分[265]。外表面包括所有的表面凸出部分和所有宽大于长的裂缝；内表面则由所有长大于宽的裂纹、孔和空腔组成。由图6 – 6可以看出，矿化矿石经破碎后，其表面有的较为平缓，而有些相当粗糙。

比表面积 M 可以表示为单位体积 V_b 内所含颗粒的总表面积 A_s，即

$$M = A_s / V_b \tag{6 – 6}$$

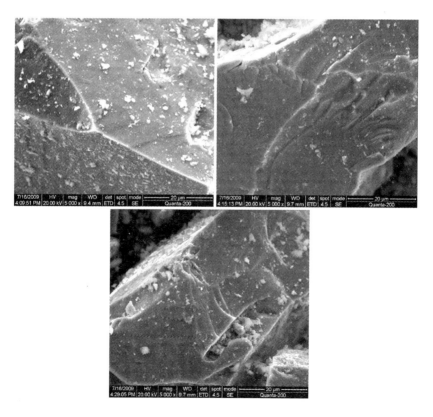

图6 – 6　不同矿样的表面分布

Fig. 6 – 6　SEM photographs of various surfaces of sulfide ore particles

也可定义为单位体积松散矿体内孔隙的总面积 A_v，即

$$M = A_v/V_b \qquad (6-7)$$

6.1.3 硫化矿石的块度

矿石破碎后的粒度尺寸并不单一，存在一个分布范围，且颗粒形状极不规则。运用欧美克 LS800 型激光粒度仪测试了 180μm 以下矿样的粒度分布，见图6-7。采场硫化矿石爆堆的块度分布受诸多因素影响，如矿体硬度、矿床赋存的地质构造、矿压分布、采矿方法及巷道布置参数等；每个因素对矿体破碎程度的影响存在差异，相互关联。为了衡量矿石块度分布的宏观特征，有学者运用模糊数学理论对矿体的破碎程度进行综合评判，并根据现场观测与经验来划分矿石堆的块度分布范围[231]；也有研究者运用分维来描述矿体的爆破破碎特征和行为[267]。硫化矿石的块度越小，堆积时的孔隙率越小，从而导致堆积密度增大，见图6-8。

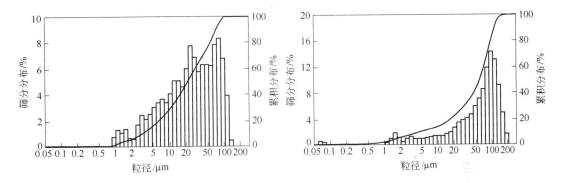

图6-7 测试中常用硫化矿石矿样的粒度分布

Fig. 6-7 The particle size distribution of common test samples

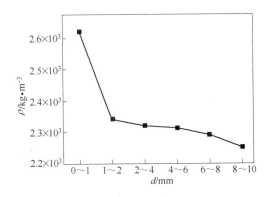

图6-8 不同粒度与堆积密度的关系

Fig. 6-8 The relationship between particle size and pile density

6.2 渗透系数

渗透性用于衡量采场硫化矿石爆堆传导风流的性能，其与矿堆骨架的成分、块度大

小、弯曲度和孔隙率等有关，还受气流密度、黏滞性等的影响。通常运用渗透系数 K 来表征硫化矿石爆堆输送风流的能力，如式（6-8）[268]。

$$K = k\rho g/\mu \tag{6-8}$$

式中，k 为硫化矿石堆的渗透率；ρ 为气体密度；g 为重力加速度；μ 为风流的动力黏度。

由达西定律可知，渗透率只与多孔介质自身的结构特性有关。若将硫化矿石爆堆视为各向同性介质，渗透系数和渗透率则相当于标量，可采用文献［269］中的装置进行测定，如图6-9所示。工作原理大致为：借助引风机，风流经入口稳定段、硫化矿石矿样、流量计以后，再返回到大气中；阀门用于调控气流量，由流量计读出大小；将不同粒度的矿样装入试管中，调节空气流量，由压差计读出矿样两侧的静压差。

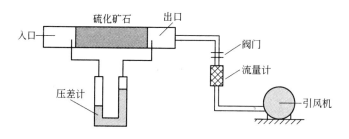

图6-9 渗透率的测试系统

Fig. 6-9 The test system for permeability of samples

渗透率与多孔介质的孔隙率有很大关联，依据不同孔隙率下所测得的实验数据，拟合出渗透率与孔隙率之间的关系[235,268]，见图6-10。

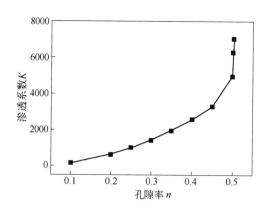

图6-10 孔隙率 n 与渗透系数 K 之间的关系

Fig. 6-10 The relationship between porosity n and permeability coefficient K

6.3 耗氧速率

硫化矿石自然发火过程中需要消耗氧气，可用耗氧速率进行衡量。确定矿样耗氧速率的实验装置可借助硫化矿石动态自热率测试系统（将在后面的内容中详细介绍）。假设流经松散矿石内部的风流恒定，且沿竖直方向（z 轴）匀速流动，矿石内部氧气浓度的一维平衡方程可表示为[270]：

$$\mathrm{d}\varphi/\mathrm{d}\tau = -V(T) \tag{6-9}$$

式中，$V(T)$ 为温度为 T 时矿样的耗氧速率，$\mathrm{mol}/(\mathrm{s}\cdot\mathrm{cm}^3)$；$\varphi$ 为氧气浓度（体积分数）。

设测试过程中的供风量为 Q，m^3/s；装置断面积为 S，m^2；依据 $\mathrm{d}\tau = \mathrm{d}x/\overline{Q}$，$\overline{Q} = Q/S$，则有：

$$\overline{Q}\frac{\mathrm{d}\varphi}{\mathrm{d}x} = -V(T) \tag{6-10}$$

由于硫化矿石反应中的耗氧速率与空气中的氧气浓度成正比，可得：

$$V(T) = \frac{\varphi}{\varphi_0}V_0(T) \tag{6-11}$$

式中，φ_0 为标准状态下大气中的氧浓度，21%；$V_0(T)$ 为标准氧浓度下的矿石耗氧速率 $\mathrm{mol}/(\mathrm{s}\cdot\mathrm{cm}^3)$。

联合式（6-10）、式（6-11），进一步得到：

$$\mathrm{d}\varphi = -V_0(T)\cdot\frac{\varphi}{\overline{Q}\cdot\varphi_0}\mathrm{d}x \tag{6-12}$$

对式（6-12）两侧同时积分，获得矿样耗氧速率的计算式[231]：

$$V_0(T) = \frac{Q\cdot\varphi_0}{S\cdot(z_2-z_1)}\cdot\ln\frac{\varphi_1}{\varphi_2} \tag{6-13}$$

6.4 传热系数

6.4.1 导热系数

研究多孔介质的导热过程可以运用简化解析法与有效导热系数法，前者受到诸多实验条件的限制，后者则成为当前最常用的多孔介质导热研究方法。至今为止，国内外许多学者基于传统几何理论、分形理论、逾渗理论等提出了各种有效导热系数的理论模型。

6.4.1.1 当量导热系数[271]

假设在温度分别为 T_1、T_2（$T_2 < T_1$）的两平行平板之间填充有均匀多孔介质，孔隙率为 n，两平板相距 δ，如图 6-11 所示。当流体未流动，也不发生相变时，热量 Q 将从温度为 T_1 的热平板通过多孔介质导热而传给温度为 T_2 的冷平板。

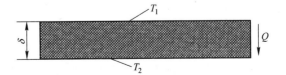

图 6-11 充满多孔介质的平行平板

Fig. 6-11 The parallel boards filled with porous medium

热流量 Q 是经由固体骨架传递的热量 Q_s 和经由静止流体传递的热量 Q_f 之和，且在相互接触的界面上保持局部热力学平衡。在常物性条件下，依据傅里叶定律，可得：

$$Q = Q_s + Q_f = \frac{\lambda_s}{\delta} S_s (T_1 - T_2) + \frac{\lambda_f}{\delta} S_f (T_1 - T_2) \tag{6-14}$$

式中，λ_s、λ_f 分别为固体骨架和静止流体的导热系数；S_s、S_f 依次为固相和流体相的导热面积。

定义多孔介质的当量导热系数为 λ_e，有 $Q = \frac{\lambda_e}{\delta} S(T_1 - T_2)$，且满足 $S = S_s + S_f$。可以进一步得到 $S_s/S = (1-n)$、$S_f/S = n$，或 $\lambda_e = \lambda_s(1-n) + n\lambda_f$。

λ_e 取决于宏观已知的孔隙率 n、骨架材料及流体的导热系数，而与容器的形状、几何尺寸等无关。同理，容积热容量 $(\rho c)_e$ 可表示为：

$$(\rho c)_e = (\rho c)_s (1 - n) + n (\rho c)_f \tag{6-15}$$

当量热扩散率 a_e 为：

$$a_e = \frac{\lambda_e}{(\rho c)_e} \tag{6-16}$$

6.4.1.2 基于热线法的导热系数测定[272]

测量多孔介质有效导热系数的方法可以划分为稳态法与非稳态法两大类。稳态法是在被测矿样的温度分布趋于稳定以后，通过测量矿样单位截面上的热流率与温度梯度来确定矿样的导热系数；非稳态法是指矿样在测试中的温度分布随时间发生变化，通过测量温度变化率来间接获取矿样的导热系数。两种方法各有优、缺点；稳态法的实验公式简单，测试时间长，而非稳态法的实验公式复杂，测试时间短。

本次研究结合课题组已有的实验仪器，采用非稳态测试法中的热线法来确定硫化矿石的导热系数。热线法是假定在固体介质中存在一个理想的无限细长的线形热源（热线），热源输出功率恒定，且在试样的长度方向上保持一致；加热丝温度上升速率与试样的热物性参数有关，经历一段时间后可通过温度的变化推导出被测矿样的导热系数。线形热源的输出功率一定时，若被测试样的导热系数高，产生的热量将很快传递出去，热线温升幅度小；若材料导热系数小，产生的热量散发相对较慢，热线温升增大。由此可见，热线温升的变化速率是热源输出功率和被测矿样导热系数的函数；若已知一定输出功率下热线的温升变化，便可以获得矿样的导热系数。

热线法已经发展到多种相关测量技术，常见的有交叉线技术、平行线技术。本次采用交叉线技术，整个测试系统包括 HANBA 控温箱、热线、直流稳压电源、温度自动记录仪、数字式万用表、矿样盒等，分别测定了三种不同粒度的硫化矿石矿样，整个测试系统见图 6 - 12。

硫化矿石的导热系数与自身的物理化学成分、孔隙率、饱和度、环境温度等均有很大关系。本次研究中测试了不同粒度矿样（见图 6 - 13）以及同一粒度矿样在不同环境温度下的导热系数，结果见图 6 - 14、图 6 - 15；可以看出，硫化矿石的导热系数与粒度分布近似呈抛物线规律，且导热系数随环境温度的上升而增大。

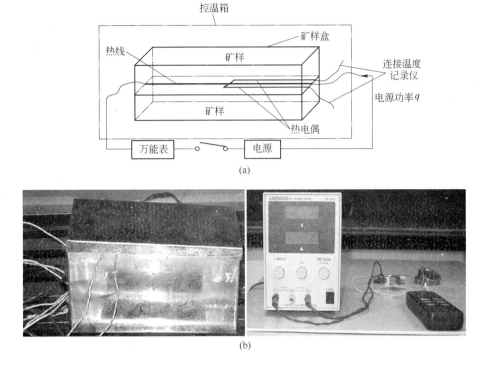

(a)

(b)

图 6 – 12 硫化矿石导热系数的测试系统

Fig. 6 – 12 The test system for heat conductivity of sulfide ores

(a) 示意图；(b) 实物图

图 6 – 13 实验所用不同粒度的矿样

Fig. 6 – 13 The samples with different particle sizes

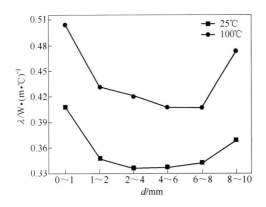

图 6 - 14 硫化矿石导热系数与粒度的关系

Fig. 6 - 14 The relationship between heat
conductivity and particle size

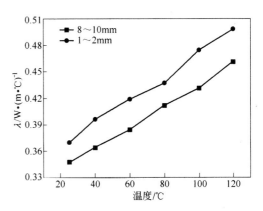

图 6 - 15 硫化矿石导热系数与环境温度的关系

Fig. 6 - 15 The relationship between heat
conductivity and environmental temperature

将测得的结果进行拟合，进而确定同一粒度矿样的导热系数与环境温度的关系式以及相同温度条件下矿样导热系数与粒度分布的关系，见表 6 - 2。

表 6 - 2 导热系数拟合回归方程
Table 6 - 2 The fitting functions of heat conduction coefficient

粒度等级	拟合回归方程	拟合相关系数	温度	拟合回归方程	拟合相关系数
0 ~ 1mm	$\lambda = 0.001T + 0.38$	0.990	25℃	$\lambda = 0.168\exp(-d/1.05) + 0.299 + 0.007d$	0.968
1 ~ 2mm	$\lambda = 0.001T + 0.315$	0.995	40℃	$\lambda = 0.213\exp(-d/1.336) + 0.284 + 0.011d$	0.956
2 ~ 4mm	$\lambda = 0.001T + 0.305$	0.999	60℃	$\lambda = 0.203\exp(-d/1501) + 0.298 + 0.012d$	0.916
4 ~ 6mm	$\lambda = 0.001T + 0.309$	0.996	80℃	$\lambda = 0.26\exp(-d/2.055) + 0.27 + 0.019d$	0.932
6 ~ 8mm	$\lambda = 0.001T + 0.316$	0.992	100℃	$\lambda = 0.614\exp(-d/5.337) - 0.088 + 0.049d$	0.890
8 ~ 10mm	$\lambda = 0.001T + 0.338$	0.998	120℃	$\lambda = 0.52\exp(-d/4.483) + 0.04 + 0.043d$	0.930

6.4.2 采场环境的不稳定传热系数

估算采场工作面的通风量时将涉及采场的不稳定传热系数，在此运用热力学模型模拟的研究方法确定不稳定传热系数[273]。

设采场中与风流接触的围岩壁面积为 A_W，与风流接触的矿堆面积为 A_0，则有矿岩的面积比为：

$$e = A_0/A_W \tag{6-17}$$

假设采场中存在 n 堆矿石，其初始温度分别为 T_{01}，T_{02}，T_{03}，…，T_{0n}；矿堆的面积依次为 A_{01}，A_{02}，A_{03}，…，A_{0n}；在该位置处原岩的温度为 T_r，则有面积加权平均温度为：

$$\overline{T} = \frac{A_{01}T_{01} + A_{02}T_{02} + \cdots + A_{0n}T_{0n} + A_W T_r}{(A_{01} + A_{02} + A_{03} + \cdots + A_{0n}) + A_W} \tag{6-18}$$

定义温度加权平均面积为：

$$\overline{A} = \frac{A_{01}T_{01} + A_{02}T_{02} + \cdots + A_{0n}T_{0n} + A_W T_r}{(T_{01} + T_{02} + T_{03} + \cdots + T_{0n})/n + T_r} \tag{6-19}$$

设采场横截面上围岩的周长为 P_r，对应矿石的周长为 P_0，则有加权平均热扩散率为：

$$\bar{a} = (a_0 P_0 + a_r P_r)/(P_0 + P_r) \qquad (6-20)$$

式中，a_0、a_r 分别为矿石与围岩的热扩散率。

若采场矿石堆的长度为 x_0，无矿石处的采场长度为 x_r，矿堆位置处的采场截面水力半径为 R_0，无矿石处采场截面的水力半径为 R_r，则长度加权平均半径为：

$$\bar{R} = (R_0 x_0 + R_r x_r)/(x_0 + x_r) \qquad (6-21)$$

定义采场加权平均不稳定传热系数为：

$$\bar{K} = H/[\bar{A}(\bar{T} - \bar{T}_f)] \qquad (6-22)$$

式中，H 为采场的换热量；$\bar{T}_f$ 为采场风流的平均温度。

定义采场加权平均傅里叶数为：

$$\overline{Fo} = (\bar{a}\tau)/\bar{R}^2 \qquad (6-23)$$

式中，τ 为矿石的堆放时间。

通过实验分析，可以拟合出不同条件下采场的不稳定传热系数计算公式[25,273]。

（1）当矿石温度和围岩的温度相同时，有：

$$\bar{K} = \left(1 + \frac{ev}{0.94\sqrt{Fo'} + 0.3}\right)\left(\frac{\lambda_r/R(\sqrt{BV})^{1/10}}{0.258\sqrt{Fo} + 0.052\sqrt{B}}\right) \qquad (6-24)$$

式中，v 为采场无矿石段的平均风速，m/s；λ_r 为围岩的导热系数，W/(m·K)；Fo' 为似傅里叶数；B 为似毕渥数；Fo 为傅里叶数。

（2）当矿石温度高于围岩的温度时，有：

$$\bar{K} = v\sqrt{e}/(0.322\sqrt{Fo} + 0.025) \qquad (6-25)$$

6.4.3 矿石的放热强度

以往确定硫化矿石的氧化放热强度一般是通过现场测定，而且大多数工作是在常温条件下开展，适用性不够强。

图 6-16 为本书所述研究课题组用于测定硫化矿石放热强度的实验装置的简化示意图[274]。假设矿样的导热系数为恒定值，其内部的一维稳态导热方程可由圆柱坐标方程式表达，见式（6-26）。

$$\frac{1}{r}\frac{d}{dr}\left(r\frac{dt}{dr}\right) + \frac{q_v}{\lambda_0} = 0 \qquad (6-26)$$

式中，t 为温度，℃；r 为圆柱坐标半径，m；λ_0 为矿样的导热系数，W/(m·℃)；q_v 为矿样的放热强度，W/m³。

若矿样的内热源分布均匀，则 q_v 为常数，解偏微分方程式（6-26），有：

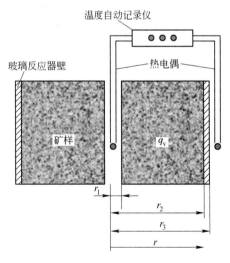

图 6-16 测定矿样自热速率的实验装置

Fig. 6-16 The experimental device for self-heating velocity of samples

r_1—热电偶绝缘瓷套半径；r_2—反应器内半径；

r_3—反应器外半径

$$t = -\frac{q_v}{4\lambda_0}r^2 + C_1\ln r + C_2 \qquad (6-27)$$

满足边界条件 $r = r_1$ 时，$t = t_{w1}$；$r = r_2$ 时，$t = t_{w2}$；求解式（6-27）后，可得：

$$t = t_{w2} + \frac{q_v}{4\lambda_0}r^2\left(1 - \frac{r^2}{r_2^2}\right) + C_1\ln\frac{r}{r_2} + C_2$$

其中：

$$C_1 = \left[t_{w1} - t_{w2} - \frac{q_v r_2^2}{4\lambda_0}\left(1 - \frac{r_1^2}{r_2^2}\right)\right]/\ln(r_1/r_2) \qquad (6-28)$$

将式（6-28）对温度求一阶导数，有：

$$\frac{dt}{dr} = -\frac{q_v}{2\lambda_0}r + \frac{C_1}{r} \qquad (6-29)$$

令 $\frac{dt}{dr} = 0$，温度最高处的位置 r_{max} 为：

$$r_{max} = \sqrt{2\lambda_0 C_1/q_v} \qquad (6-30)$$

当 $r_{max} = r_1$ 时，联合式（6-28）与式（6-30），有：

$$\frac{q_v r_1^2}{2\lambda_0} = C_1 = \left[t_{w1} - t_{w2} - \frac{q_v r_2^2}{4\lambda_0}\left(1 - \frac{r_1^2}{r_2^2}\right)\right]/\ln\frac{r_1}{r_2}，\ \text{可以进一步得到：}$$

$$t_{w1} = t_{w2} + \frac{q_v r_1^2}{4\lambda_0}\left(\frac{r_2^2}{r_1^2} - 1 - 2\ln\frac{r_1}{r_2}\right) \qquad (6-31)$$

由传热学理论，可以求得单位长度玻璃的导热热阻，见式（6-32）：

$$R_1 = -\frac{1}{2\pi\lambda_g}\ln\frac{r_3}{r_2} \qquad (6-32)$$

式中，λ_g 为玻璃的导热系数，$W/(m \cdot ℃)$。

同理，玻璃反应器外侧单位长度的放热热阻为：

$$R_2 = \frac{1}{2\pi r_3 \alpha_0} \qquad (6-33)$$

式中，α_0 为反应器外侧与空气的自然对流换热系数，$W/(m^2 \cdot ℃)$。

根据串联热路热阻相加的原则，从玻璃反应器内壁到空气中的单位长度总热阻为：

$$R = R_1 + R_2 = \frac{1}{2\pi\lambda_g}\ln\frac{r_3}{r_2} + \frac{1}{2\pi r_3 \alpha_0} \qquad (6-34)$$

进一步获得单位长度的发热量 $q_1(W/m)$：

$$q_1 = \frac{t_{w1} - t_{w2}}{\dfrac{1}{2\pi\lambda_g}\ln\dfrac{r_3}{r_2} + \dfrac{1}{2\pi r_3 \alpha_0}} \qquad (6-35)$$

对于单位长度圆柱体，矿样在单位时间内的发热量为 q_2：

$$q_2 = \pi(r_2^2 - r_1^2)q_v \qquad (6-36)$$

显然，满足 $q_1 = q_2$。

联合式（6-33）、式（6-35）、式（6-36），推导出玻璃反应器内单位体积硫化矿

石的放热强度 q_v 为[25,274]：

$$q_v = \frac{(t_{w1} - t_f)}{(r_2^2 - r_1^2)\left(\dfrac{1}{2\lambda_g}\ln\dfrac{r_3}{r_2} + \dfrac{1}{2r_3\alpha_0}\right) + \dfrac{r_1^2}{4\lambda_0}\left(\dfrac{r_2^2}{r_1^2} - 1 - 2\ln\dfrac{r_2}{r_1}\right)}, \mathrm{W \cdot m^{-3}} \qquad (6-37)$$

式中，t_{w1} 为反应器矿样中心的温度，℃；t_f 为反应器外空气的温度，℃；r_1 为热电偶绝缘瓷套的半径，m；r_2 为玻璃反应器内半径，m；r_3 为玻璃反应器外半径，m；λ_0 为矿样导热系数，W/(m·K)。

图 6-17 给出了 5 种矿样在不同环境温度条件下的放热强度，可见其受环境温度的影响很大。在反应初始阶段，矿样的放热强度随环境温度的升高而增大；当氧化反应进行比较彻底以后，放热强度又逐渐减小，存在一个最大放热温度值。

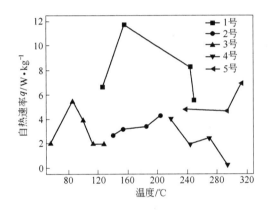

图 6-17　不同类型矿样的自热率比较

Fig. 6-17　Comparison of self-heating velocity for various samples

1 号—浅灰黑色破碎带角砾黄铁矿；2 号—浅黄色致密等粗颗粒黄铁矿；3 号—致密块状磁黄铁矿；

4 号—黄绿色块状构造黄铁矿；5 号—黄绿色致密块状黄铁矿

6.5　数值解算软件

开展硫化矿石爆堆内部空气流动与传热特性的数值求解研究需要满足三个基本条件：描述矿堆内风流场与温度场的数学模型、合适的离散化方法、数值分析软件。对特定物理问题进行数值求解的基本思路[275]是：将原来在时间、空间坐标系中连续的风流场、温度场，用有限个离散点上的值的集合来代替，进一步求解基于一定方法而建立的有关这些值的代数方程组，从而获得离散点上被求物理量的值；整个流程如图 6-18 所示。

常用的数值离散方法主要包括有限差分法、有限容积法、有限元法。有限差分法的基本原理是将求解区域用网格线交点（节点）所组成的集合来代替，而在每一个节点上，偏微分方程中的导数项用相应的差分式来表示；有限容积法是利用积分来离散微分方程，着眼于控制容积的积分平衡；有限元法是将计算区域划分成一组离散的元体，通过对控制方程做积分而得出离散方程，离散化方程常由变分原理或迦辽金法推得。

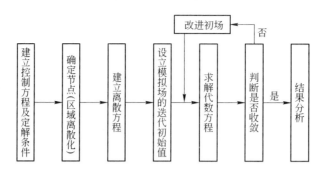

图 6 - 18   数值求解的流程

Fig. 6 - 18   The flowchart of numerical simulation

6.5.1   MATLAB 软件[276]

MATLAB 软件中有一个专门用来求解偏微分方程的 PDE 工具箱,该工具箱不但提供丰富的命令函数,而且还提供了求解偏微分方程的图形用户界面系统(GUI),使得这个求解过程更加人性化。类似有限元法,GUI 求解问题的过程可分为:

(1)绘制平面有界区域,即 DRAW 模式。系统提供了一系列的实体模型,包括矩形、圆、椭圆和多边形。可以通过公式把这些实体模型组合起来,生成所需要的平面区域。

(2)定义边界,即 BOUNDARY 模式。声明不同阶段的边界条件。

(3)定义偏微分方程,即 PDE 模式。确定方程的类型和方程的系数 C、A、F 和 D。根据具体情况,可以在不同的子区域上独立声明不同的系数。

(4)网格化区域,即 MESH 模式。可以控制自动生成网格的参数,还可以对生成的网格进行多次细化,使网格分割得更细、更合理。

(5)解偏微分方程,即 SOLVE 模式。对于椭圆型方程,可以激活并控制非线性自适应解题器来处理非线性方程;对于抛物型方程和双曲线型方程,设置初始边界条件后可以求出给定时刻的解;对于特征值问题,可以求出给定区间上的特征值。求解完成后还可以返回到第四步,对网格进一步细化,进行再次求解。

(6)计算结果可视化。通过设置系统提供的对话框,显示所求解的表面图、网格图、等高线图和箭头梯度图。对于抛物型和双曲线型问题的求解还可以进行动画演示。

6.5.2   ANSYS 软件[277]

ANSYS 软件是美国 ANSYS 公司研制的大型通用有限元(FEA)软件,其主要包括三个部分:前处理模块、分析计算模块、后处理模块。前处理模块提供了一个强大的实体建模及网格划分工具,用户可以方便地构造有限元模型;分析计算模块包括结构分析(可进行线性分析、非线性分析和高度非线性分析)、流体动力学分析、电磁场分析以及多物理场的耦合等分析,可模拟多种物理介质的相互作用,具有灵敏度分析及其优化分析能力;后处理模块可将计算结果通过彩色等值线显示、梯度显示、矢量显示、粒子流显示、立体切片显示、透明及半透明显示(可看到结构内部)等图形方式显示出来,也可将计算结果以图表、曲线形式输出。

ANSYS 热分析基于能量守恒原理的热平衡方程，利用有限元法计算物体内部各节点的温度，并导出其他热物理参数，包括稳态传热与瞬态传热。稳态传热即进入系统的热量加上系统自身产生的热量等于流出系统的热量，整个系统处于热稳态，任一节点的温度都不随时间变化；瞬态传热则是在这个过程中系统的温度、热流率、热边界条件以及系统内能都随时间有明显变化。

6.5.3　FLUENT 软件[278]

FLUENT 是目前处于世界领先地位的 CFD 软件之一，广泛用于模拟各种流体流动、传热、燃烧和污染物运移等问题。FLUENT 是用于模拟和分析具有复杂外形的流体流动以及热传导的专用 CFD 软件。它提供了完全的网格灵活性，可以使用非结构网格，甚至可以用混合型非结构网格。它还允许用户根据解的具体情况对网格进行修改（细化/粗化）。计算结果可以用云图、等值线图、矢量图、XY 散点图等多种方式显示、存储和打印，甚至传送给其他 CFD 或 FEM 软件。FLUENT 提供了用户编程接口，让用户定制或控制相关的计算和输入输出。

从本质上讲，FLUENT 只是一个求解器。FLUENT 本身提供的主要功能包括导入网格模型、提供计算的物理模型、施加边界条件和材料特性、求解和后处理。FLUENT 支持的网格生成软件包括 GAMBIT、TGrid、prePDF、GeoMesh 及其他 CAD/CAE 软件包。

利用 FLUENT 软件进行流体流动与传热的模拟计算。首先利用 GAMBIT 进行流动区域几何形状的构建、边界类型以及网格的生成，并输出用于 FLUENT 求解器计算的格式；然后利用 FLUENT 求解器对流动区域进行求解计算，并进行结果的后处理，其基本程序结构如图 6 – 19 所示。

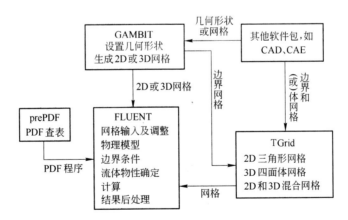

图 6 – 19　FLUENT 基本程序结构

Fig. 6 – 19　Program structure of FLUENT software

运用 FLUENT 软件进行求解的具体步骤如下：

（1）确定几何形状，生成计算机网格（用 GAMBIT，也可以读入其他程序）；

（2）输入并检查网格；

（3）选择求解器（2D 或 3D）；

（4）选择求解的方程（层流或紊流、传热模型），确定其他需要的模型，多孔介质等；

（5）确定流体的材料物性；

（6）确定边界类型及其边界条件；

（7）条件计算控制参数；

（8）流场初始化；

（9）求解计算；

（10）保存结果，进行后处理。

6.6 硫化矿石动态自热速率的测试装置及模拟

在室内模拟硫化矿石的整个自然发火过程可以掌握其自燃规律，对比不同矿样的自热难易程度，进而用于指导现场火灾的防治工作。

6.6.1 新的实验装置

为了克服现有的硫化矿石自热测定装置及操作方法中存在的某些不足，本书所述研究的课题组新发明了一种符合现场矿石动态自热特点，并能应用所测数据计算硫化矿石动态自热速率的装置及方法[50]。整个测试系统的详细设计方案为：在恒温箱内设置耐高温石英玻璃反应器主体，反应器的高度远大于直径（高度约为直径的 5~10 倍），上部加盖绝热层，并在开口处设排气管；反应器底部设垫板和绝热层，垫板和绝热层中间设供氧入口，容器中轴设有带绝缘层的热电偶；反应器外部的对应位置有另一个热电偶，两热电偶与恒温箱外的温度自动记录仪相连；外部供氧管进入恒温箱，与内部的氧气预热管连接；内部供氧管与氧气预热管的另一端相连，通向反应器的供氧入口；在外部供氧管和排气管上面分别设置流量调节阀，热电偶外层为绝缘陶瓷套，氧气预热管为多圈螺旋形，氧气流量由流量调节阀控制。整个装置的结构组成如图 6-20 所示。

在实验过程中，恒温箱外的微流量氧气通过流量调节阀进入恒温箱内的多圈螺旋形预热管，由内部供氧管从反应器底部进入反应器内并与矿样发生氧化作用。所需氧气流量可通过排气口的气体成分分析来确定；基本原则是使排气口的气体含氧量接近零，这样保证供给的氧气在反应器内反应完毕，并不让多余的氧气在流出时带走矿样的反应热。因此，计算矿样的氧化自热率时可以忽略进出反应器气体的焓差。经过预热的供给氧气流量很小，基本上保证供需平衡；如果矿样发生自热，热量基本是由反应器的径向向外释放，可以作为有内热源的一维传热来处理。在矿样内部，当导热系数为常数时，根据圆柱坐标一维稳定导热方程和有关边界条件及初始条件，可以推导出玻璃反应器内单位表面积矿石的氧化自热率。

具体操作步骤如下：将配制好的 0.1kg 矿样放入反应器，反应器中部插入带绝缘陶瓷套的热电偶；调整反应器内外两热电偶的位置，保证温度一致。通过恒温箱对矿样进行人工加温，一般将恒温箱初始温度定在 30~40℃，并供给适量的氧气，待矿样温度上升到与环境温度相同时，恒温等待约 1h；若矿样温度不超过环境温度，表明矿样无明显自热；此时再升高环境温度，升温幅度约为 10℃，待矿样温度与环境温度平衡后，继续恒温 1h，再观察矿样有无自热现象。若仍无自热迹象，就按上述方法循环下去，直到发现在某一恒温条件下矿样出现明显自热为止，并记录此时的环境温度。矿样出现自热时，还可以继续

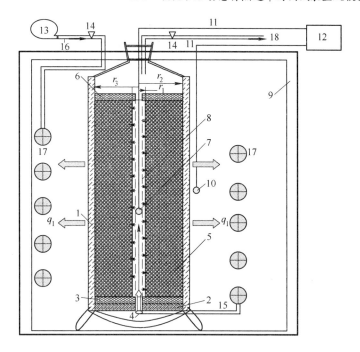

图 6 - 20 硫化矿石动态自热率测定装置结构示意图

Fig. 6 - 20 Sketch map of reaction device for measuring the dynamic spontaneous heating
rate of sulfide ore samples

1—石英玻璃反应器主体；2—垫板；3, 6—绝热层；4—供氧入口；5—矿样；7, 10—热电偶；8—绝缘层；
9—恒温箱；11—补偿导线；12—温度自动记录仪；13—氧气供给器；14—流量调节阀；15—内部供氧管；
16—外部供氧管；17—氧气预热管；18—排气管

升高环境温度，从而测定不同环境温度下的矿样自热升温幅度。当矿样温度总是小于等于
环境温度时，说明矿样不再继续自热，实验结束。

在不同反应时刻，改变恒温箱的温度，可以测定矿样的动态氧化自热率。与现有的硫
化矿石自热测试装置及方法相比，本发明的测试过程更加符合现场硫化矿石动态氧化的自
热规律，能够应用所测数据计算出矿石的动态自热速率。整个测试过程一般仅需少许几个
小时，矿样使用量少，且供氧稳定。

6.6.2 矿样自热过程的数值模拟

为了深入了解整个测试过程中矿样内部的传热规律，
利用有限元分析软件 ANSYS 进行数值模拟，进而掌握各
种类型矿样在不同实验条件下的自热特性。

6.6.2.1 反应器的几何模型

将上述自热测试装置看作圆柱体（底部为半球状），
由于具有轴对称性，可取其中的四分之一作为模拟对
象[238]。模型尺寸为：反应器高度（24cm）×反应器半径
（5cm）×90°，如图 6 - 21 所示；两种矿样的物性参数见
表 6 - 3。

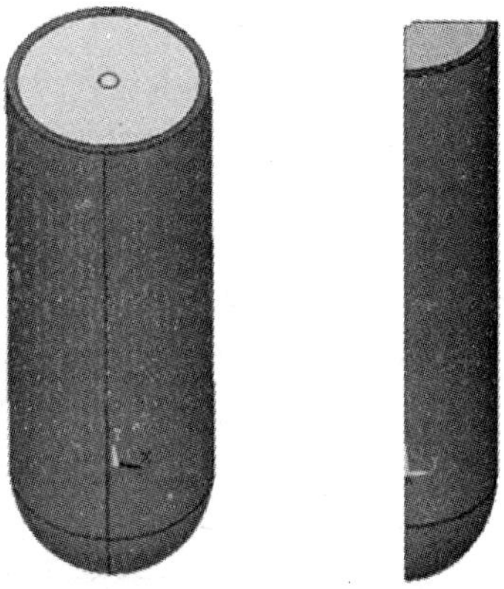

图 6 - 21 反应器的几何模型

Fig. 6 - 21 Geometrical model of
the reactor

表 6-3 矿样的相关参数

Table 6-3 Parameters of the tested samples

物性参数	密度/kg·m^{-3}	导热系数/W·(m·℃)$^{-1}$	比热容/J·(kg·℃)$^{-1}$	松散系数 k
矿样 1	3450	2.954	607	1.69
矿样 2	3030	1.964	605	1.40
反应器外壁	1860	0.4	600	—
空气	1.128	2.76×10^{-2}	1005	—

6.6.2.2 加载求解

矿样及反应器的初始温度设为 24.5℃，载荷步长为 1200s；在向模型的外侧壁施加温度载荷时，若矿样温度不超过环境温度，则每隔 1h 将施加的温度提升 10℃；在此通过 table 表参数及 do 循环来实现控制。最初在模型外侧壁施加 40℃ 的温度载荷，同样运用 table 表参数加载随温度发生变化的矿样生热率，如图 6-22 所示；矿样在不同环境温度下的生热率见表 6-4。

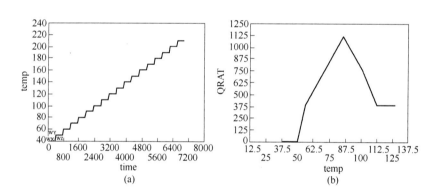

图 6-22 施加的温度载荷及生热率载荷

Fig. 6-22 Applied temperature load and heat generation rate load

（a）温度载荷；（b）生热率载荷

表 6-4 两种矿样在不同环境温度下的生热率

Table 6-4 Heat generation rate of two samples under different
environmental temperatures

环境温度/℃	24.5	50	56	86	100	113	127
矿样 1 的生热率/W·m^{-3}	0	50	4033.2	11182.9	7894.2	3946.1	3946.1
环境温度/℃	24.5	100	127	140	179	206	243
矿样 2 的生热率/W·m^{-3}	0	100	12754.2	8339	22073.7	25019.3	14225.94

6.6.2.3 结果显示与分析

依据上述求解步骤，获得矿样 1 在各个时刻的温度分布，见图 6 - 23。可以发现：矿样的温度分布随时间发生显著变化，初始自热温度为 60.59℃，出现自热的时间为 2h 40min；矿样各点温度随着环境温度的变化而呈周期性上升。

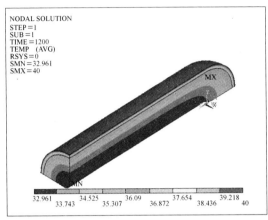

(a)

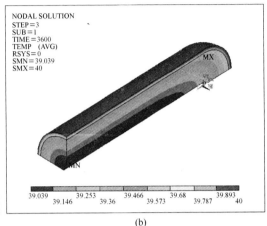

(b)

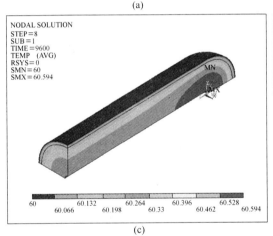

(c)

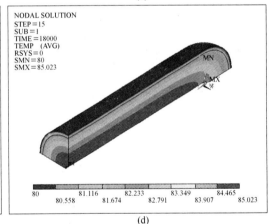

(d)

图 6 - 23 矿样 1 在不同时刻的温度场分布

Fig. 6 - 23 Temperature field of Sample 1 at different time

(a) 20min；(b) 60min；(c) 2h 40min；(d) 5h

通过改变矿样的物性参数，可以比较不同矿样发生自热的难易程度。矿样 2 在各个时刻的温度分布见图 6 - 24；可以发现，最先出现自热现象的环境温度为 110.5℃，经历的反应时间为 8h 2min。将温度分布图与矿样 1 在对应时刻的图进行比较，可以看出矿样 1 比矿样 2 更容易发生自热。

设置矿样不同的松散系数，分析了孔隙率对矿样氧化自热的影响。图 6 - 25 为同一种矿样在 $k=1.1$ 及 $k=1.51$ 两种松散系数下的温度场分布。结果表明：经过相同的自热时间，矿样松散系数为 1.51 时的温度分布均较松散系数为 1.1 时的低；即松散系数越小，矿样越容易发生自热。

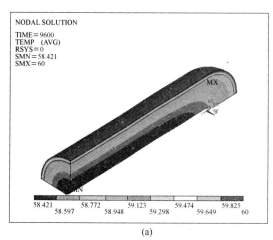

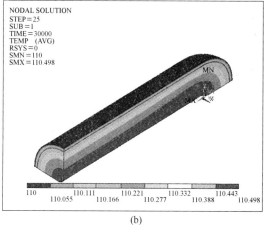

(a)   (b)

图 6 - 24 矿样 2 在不同时刻的温度分布

Fig. 6 - 24 Temperature field of Sample 2 at different time

（a）2h 40min；（b）8h 2min

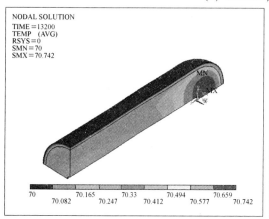

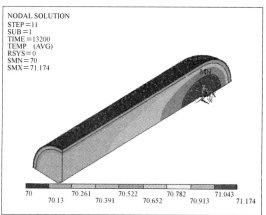

(a)   (b)

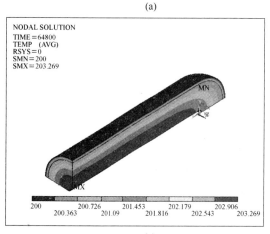

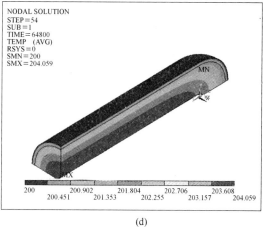

(c)   (d)

图 6 - 25 矿样在不同松散系数下的温度场分布

Fig. 6 - 25 Temperature field of samples with different loose coefficients

（a）3h 40min, $k = 1.51$；（b）3h 40min, $k = 1.1$；（c）18h, $k = 1.51$；（d）18h, $k = 1.1$

6.7 风流场与气体浓度场的数值模拟

为了深入了解采场环境中漏风流、SO_2 浓度、O_2 浓度的分布情况，运用 FLUENT 数值分析软件模拟了硫化矿石的氧化自热过程。图 6-26 为采场硫化矿石爆堆的简化示意图，设矿体一次爆破堆积的高度为 10m，溜井直径为 2m，进风道宽 5m。假设采场的漏风量为 0.2m³/s，进风中氧气的浓度为 20%，矿石堆的孔隙率为 0.5，矿石破碎后的平均块度为 10cm，硫化矿石的耗氧速率、SO_2 的生成速率均随温度而发生变化。

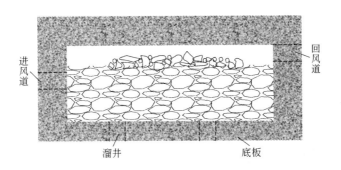

图 6-26 采场硫化矿石爆堆的简化图

Fig. 6-26 The simplified sketch map of sulfide ore stockpile in stope

由图 6-27 可以发现，采场漏风通过进风道渗入矿石堆内部，并经回风道、溜井流出，这为硫化矿石的氧化反应不断供给了新鲜空气。图 6-28 为采场中 SO_2 浓度场的分布图，在硫化矿石堆积的最初时间段里，SO_2 的生成量极少（一般仪器未能检测出）；随着矿石氧化程度的加强，SO_2 的生成量逐渐增多；在放矿第 60 天，采场中 SO_2 的浓度由最初的 0.001% ~0.016% 增大至 0.003% ~0.07%，而此时的矿石可能已经临近自燃（整个氧化自热过程中 SO_2 浓度很低，一般仪器很难检测出）。

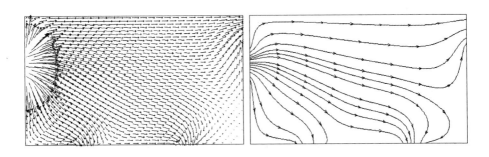

图 6-27 采场的风流矢量图

Fig. 6-27 The airflow vector in stope

图 6-29 表明，采场中 O_2 浓度在矿石氧化自热的整个过程中变化不大，一直维持在 19% ~20%。这是由于采场漏风在不断地向硫化矿石爆堆内部输入新鲜空气，而且当矿堆内外的温差较大时，空气的对流作用还将进一步加强。由此可知，采场中 SO_2、O_2 的浓度变化均不能作为硫化矿石自然发火早期预测预报的征兆。

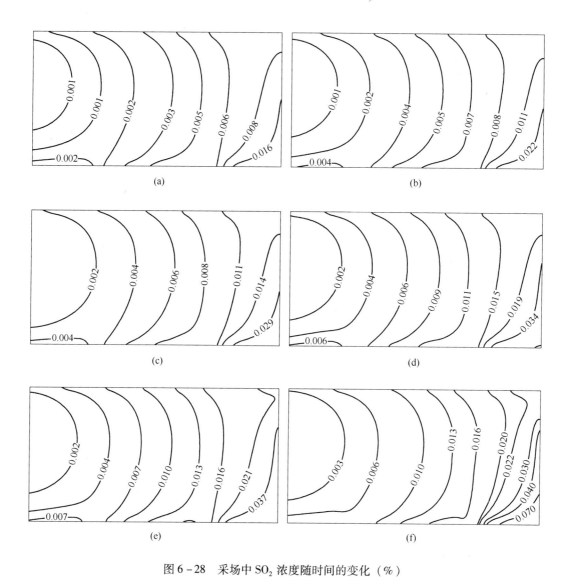

图 6 – 28 采场中 SO$_2$ 浓度随时间的变化（%）

Fig. 6 – 28 SO$_2$ concentration versus time in stope

（a）10d；（b）20d；（c）30d；（d）40d；（e）50d；（f）60d

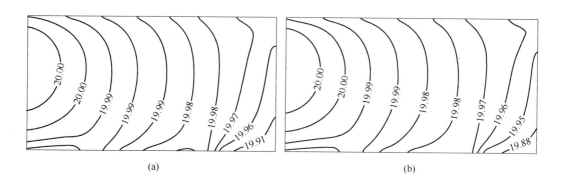

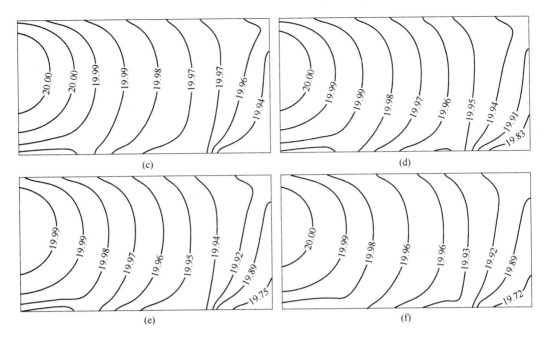

图 6 - 29 采场中 O_2 浓度随时间的变化关系（％）

Fig. 6 - 29 O_2 concentration versus time in stope

(a) 10d；(b) 20d；(c) 30d；(d) 40d；(e) 50d；(f) 60d

6.8 硫化矿堆温度场的数值模拟

6.8.1 基于 MATLAB 软件的矿堆温度场模拟[272]

将硫化矿堆的形状简化为半圆锥体，设锥体高为 $H = 3\text{m}$，底面半径 $R = 5\text{m}$，上部半径 $R' = 2\text{m}$。矿堆与底板岩石发生热传导，顶部及四周与空气发生对流换热，整个模型的初始温度为环境温度 25℃。

将室内测得矿样的发热率 q 值进行拟合，得到 $q(\text{J}/(\text{m}^3 \cdot \text{s}))$ 与环境温度 T 的关系式：

$$T \leqslant 125℃ \text{ 时}, \; q = 838.96 - \frac{807.95}{1 + \left(\dfrac{T}{97.26}\right)^{8.03}} \tag{6-38}$$

$$T > 125℃ \text{ 时}, \; q = -2.93(t - 384.84) \tag{6-39}$$

松散硫化矿石的导热系数受环境温度影响，两者之间满足式（6-39）：

$$\lambda = 0.001T + \lambda_0 \tag{6-40}$$

式中，λ_0 为 $T = 0℃$ 时的导热系数，设为 $0.38\text{W}/(\text{m} \cdot ℃)$。

硫化矿石的密度取 $4820\text{kg}/\text{m}^3$，松散矿石的密度取测试平均值 $2310\text{kg}/\text{m}^3$，矿堆的平均孔隙率为 0.52，松散矿石的比热容为 $294.4\text{J}/(\text{kg} \cdot ℃)$，对流换热系数为 $14.556\text{W}/(\text{m}^2 \cdot ℃)$，岩石的导热系数取 $2.5\text{W}/(\text{m} \cdot ℃)$，岩石的热扩散率取 $1.388 \times 10^{-6}\text{m}^2/\text{s}$，岩石的密度与比热容之积取 $1.801 \times 10^6\text{J}/(\text{m}^3 \cdot \text{s})$。

由于矿堆成轴对称分布，见图 6-30，故取其中一半的单元体进行研究。图 6-31 为矿堆内部最高温度的变化趋势图，可以看出，矿堆前期的温度较为平缓地升高，每天的增加值保持在 3~5℃之间；堆矿在 18 天以后的温度加速增长，日升温量超过 40℃，已进入了高速氧化阶段；大概在第 20 天时，矿堆内部最高温度上升到 300℃左右，表明硫化矿石已经发生严重自燃。矿堆整个剖面在不同时间的部分模拟结果见图 6 - 32，可知温度最高值处于矿堆的中心部位。

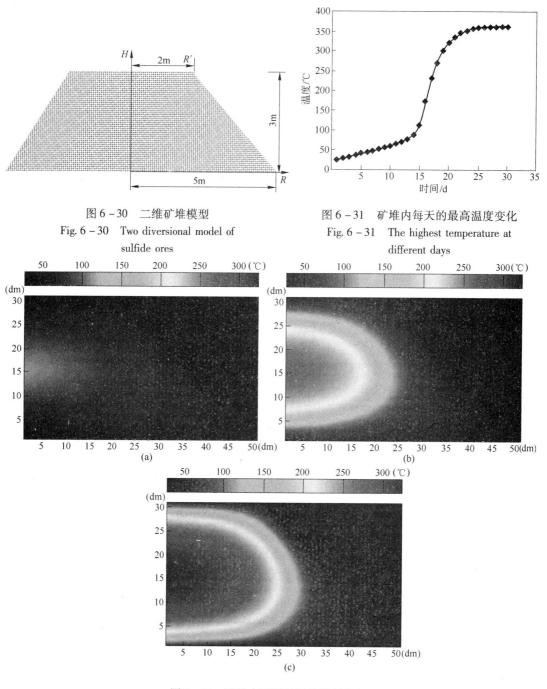

图 6 - 30　二维矿堆模型

Fig. 6 - 30　Two diversional model of sulfide ores

图 6 - 31　矿堆内每天的最高温度变化

Fig. 6 - 31　The highest temperature at different days

图 6 - 32　矿堆在不同时刻的温度分布

Fig. 6 - 32　Temperatures of the stockpile at different times

（a）第 15 天；（b）第 18 天；（c）第 20 天

矿堆的各个参量取值对数值模拟结果有较大影响。图6-33是在其他参量保持不变的情况下，λ_0 在 0.3 ~ 1W/(m·℃) 之间变化时所获得的温度变化曲线。λ_0 取 0.3 时，矿堆在约 12 天后进入快速氧化阶段，温度加速增长直至发生自燃；λ_0 取 1 时，在约 60 天时才开始加速氧化及升温，矿堆的安全堆放时间相应延长。图6-34为硫化矿石的比热容处于 294.4 ~ 700J/(kg·℃) 之间变化时矿堆每天的最高温度分布规律；图6-35 则是矿石密度在 2310 ~ 6000kg/m³ 之间变化时日最高温度的变化情况。相对而言，对流换热系数只对硫化矿堆表面附近的温度分布有影响，对矿堆内部的温度影响不大。

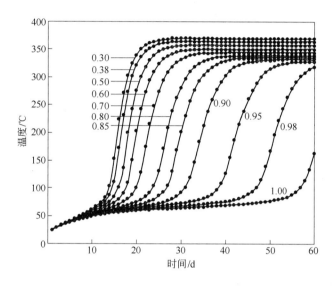

图 6-33 不同导热系数下的最高温度变化

Fig. 6-33 The highest temperature of ores with different thermal conductivity coefficient

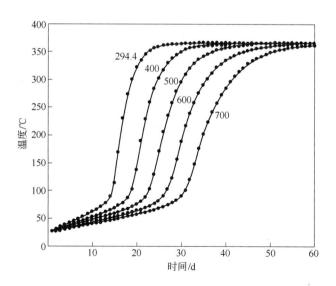

图 6-34 不同比热容时每天最高温度的变化

Fig. 6-34 The highest temperature of ores with different specific heat capacity

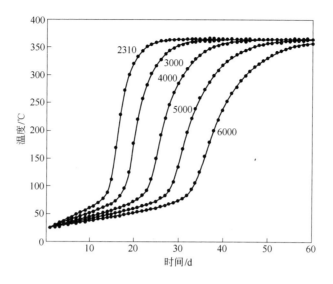

图 6 – 35 不同密度时每天最高温度的变化情况

Fig. 6 – 35 The highest temperature of ores with different densities

本实例所取的发热率为胶状黄铁矿的室内测试值，胶状黄铁矿是一种自燃性较强的硫化矿物，发热量大，模拟所需要的自燃时间较短。此外，该传热数值模型忽略了空气流动对矿堆的散热效应，只适用于无风或风量较小的环境条件。

6.8.2 冬瓜山铜矿矿仓硫精矿自热的温度场

为了预测存放在冬瓜山铜矿仓库内的硫精矿所表现出的自燃危险性大小，利用 FLU-ENT 软件模拟了不同时刻矿堆的温度场。仓库内部封闭较严实，风速可近似看作 0；矿堆的上表面与大气相通，可以发生对流换热，对流换热系数设为 6.148W/(m^2 · ℃)；其他 5 个面的导热系数设置为 2.5W/(m · ℃)；矿仓在夏季的环境温度为 36℃；矿堆体积：长 60m、宽 20m、高 3m；硫精矿的密度为 2310kg/m^3，导热系数为 0.45W/(m · ℃)，平均生热率为 70.35W/m^3，比热容为 1350.5J/(kg · ℃)。

图 6 – 36 为硫精矿堆在不同时刻，其中间部分水平剖面的温度场分布；可以看出，随着储存时间的延长，硫精矿的温度逐渐上升；由于矿堆内部的氧化生成热不容易散发，中间部分的温度高于边界温度，而且温差越来越大；中心位置的温度由 20 天后的 66℃上升到 140 天后的 360℃。通过室内测试，确定硫精矿的自燃点约为 250℃；由此可知，矿仓硫精矿储存 3 个月左右即可能发生自燃。因此，硫精矿的储存周期不能超过 90 天，必须及时进行托运处理。

6.8.3 某硫铁矿矿山自燃矿石爆堆的灭火效果预测

为了有效治理某硫铁矿矿山爆堆的自燃火灾，拟在发火区域注入添加有阻化剂的水溶液，见图 6 – 37。由于水流可以带走大部分的热量，且阻化剂又能有效地减缓硫化矿石的进一步氧化，阻止热量产生，这样可望将火区温度降低到正常生产的环境温度。在此，运用 ANSYS 软件对矿山发火区域的灭火效果进行模拟。

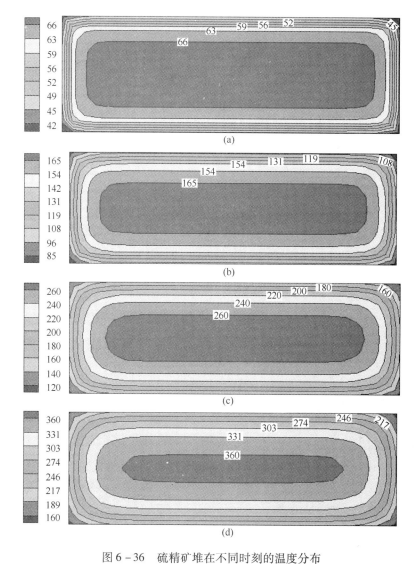

图 6 - 36　硫精矿堆在不同时刻的温度分布

Fig. 6 - 36　Temperature field of sulfide concentrates at different time

(a) 20d；(b) 60d；(c) 100d；(d) 140d

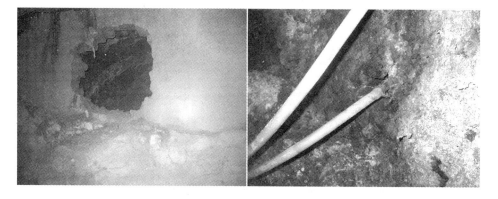

图 6 - 37　用防火墙堵封的发火硫铁矿石爆堆及灭火现场

Fig. 6 - 37　The ore stockpile with spontaneous combustion hazard in stope

（1）前处理。硫铁矿自燃温度场的模拟属于非线性瞬态热分析；根据实际条件，各个参数的设置值依次为：硫铁矿的密度3210kg/m³，硫铁矿的导热系数3.86W/(m·℃)，硫铁矿的比热容607J/(kg·℃)，围岩的导热系数2.5W/(m·℃)，围岩的密度2750kg/m³。

（2）加载计算及后处理。

1）载荷的施加。发火区域的上部围岩与大气相通，在该位置的节点上施加对流载荷；其余三条边可认为无限延伸，不与火区发生热传导。根据当地的气候条件，地表平均气温设为15℃，地表大气的换热系数为65W/(m²·℃)。

2）边界条件的设置。初始温度取决于发火区域的平均温度及围岩温度，火区的平均温度取80℃，围岩的平均温度为20℃。

3）后处理。ANSYS软件有后处理POST1和时间历程后处理POST26两大模块。在通用后处理中，可查看整个模块在某一载荷步或子步的计算值，如某时刻发火区域内部各点的温度值。时间历程后处理则查看某点温度值随时间变化的状况，如在整个降温过程中发火区域某点的温度随时间的变化规律。

模拟条件：火区范围30m×30m×30m，注水温度15℃，注水量24m³/h。发火区域完全密闭后，在自然冷却作用下，各个时刻的温度分布（从完全密闭初始时刻算起到第200天之间，各个时刻的温度分布），如图6-38所示。

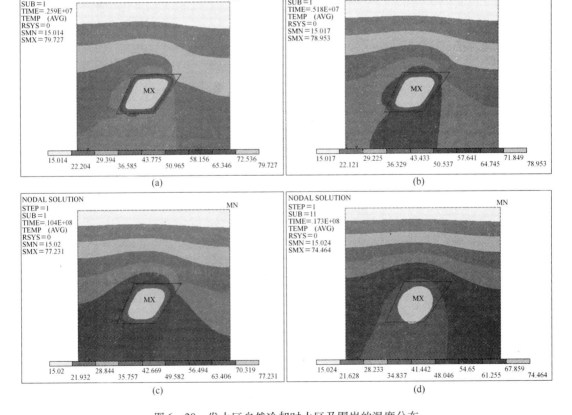

图6-38 发火区自然冷却时火区及围岩的温度分布

Fig. 6-38 Temperature field of the fire area under natural cooling

(a) 30d; (b) 60d; (c) 120d; (d) 200d

在往发火区域注入添加有阻化剂的水溶液后，水流将与高温区发生对流作用而带走大部分热量。按照前面所述的操作步骤，得到发火区域在各个时刻的温度场分布（从注入阻化剂的初始时刻起，到第 200 天后），如图 6 - 39 所示。

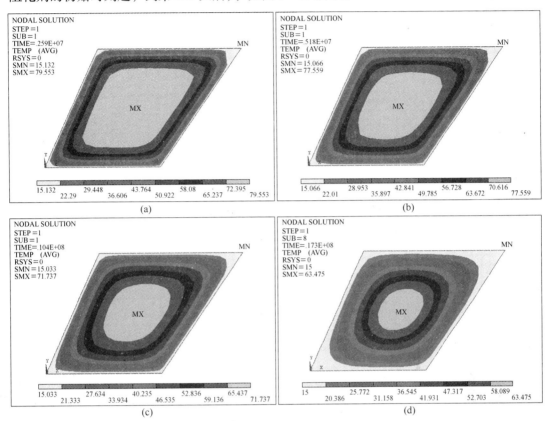

图 6 - 39　注入阻化剂溶液后不同时间发火区的温度分布

Fig. 6 - 39　Temperature field of the fire area at different time under the action of chemical suppressants

（a）30d；（b）60d；（c）120d；（d）200d

整个发火区域的平均温度随时间的变化规律如图 6 - 40 所示；由此可以看出，在注入阻化剂溶液约 180 ~ 200 天以后，该矿山采场的发火矿石爆堆才可能具备正常开采的生产条件。

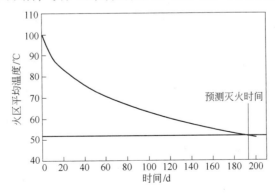

图 6 - 40　发火区平均温度随时间的变化规律

Fig. 6 - 40　Average temperature of the fire area versus time

6.9 本章小结

（1）硫化矿石自然发火的数学模型包含了诸多重要参数，本章着重介绍了确定矿堆孔隙率、硫化矿石的放热强度、当量导热系数、空气渗透系数等参数的实验测定方法及计算公式。

（2）给出了一种符合现场矿石动态自热特点，并能应用所测数据计算硫化矿石动态自热速率的装置及方法；利用 ANSYS 软件模拟了具备不同物性参数矿样的自热过程，进一步确定了矿样产生自热现象的最初温度与时间；结果表明，松散系数小的矿样容易发生自热。

（3）依据所建立的采场硫化矿石爆堆自燃数学模型，结合现场实际条件，运用 FLU-ENT 软件进行了仿真模拟。结果表明：采场漏风通过进风道渗入矿石堆内部，为硫化矿石的氧化反应不断供给了新鲜空气。在放矿初期，矿堆中 SO_2 的浓度极低；随着矿石氧化加剧，SO_2 的生成量也逐渐增多；在放矿第 60 天，采场中 SO_2 的浓度由初始阶段的 0.001% ~ 0.016% 上升为 0.003% ~ 0.07%，表明矿石已经发生严重自燃（整个自热过程中 SO_2 的浓度很低，仪器很难检测出）。采场中 O_2 浓度在硫化矿石氧化自热的整个过程中变化不大，一直保持在 19% ~ 20%。因此，采场中 SO_2、O_2 的浓度变化均不能用作硫化矿石自燃早期预测预报的征兆指标。

（4）利用 MATLAB 数值软件所获得的分析结果清楚显示了矿堆内部各点的温度变化情况，前 12 天以内的最高温度稳定升高，日增加值维持在 5℃ 以内；直至第 18 天，温度快速增长，日增温量逐渐上升并超过 40℃，在此段时间内处于高速氧化阶段；约 20 天后，矿堆已严重自燃。硫化矿堆各个参量的取值对模拟结果影响较大，包括硫化矿石的导热系数、比热容、密度等。

（5）某硫铁矿山采场矿石爆堆发生了严重的自燃灾害，在往发火区域注入阻化剂溶液后，矿石的氧化生成热不仅借助围岩发生热传导，而且注入其内部的水溶液还会与矿石发生对流换热而带走大部分热量。运用 ANSYS 软件，获得该矿山发火区域在密闭自然冷却及注入阻化剂溶液后不同时间的温度分布；最终估算出该发火区域的灭火时间约为 180 ~ 200 天。

7 硫化矿自燃火灾的非接触式检测技术研究及应用

7.1 硫化矿石自然发火检测技术的研究概况

目前，现场检测硫化矿石自燃特性的技术手段主要是往矿石爆堆中插入钢管，同时将温度（气体）传感器置入管内；定期测得相关数据并分析，进而确定硫化矿石的自然发火危险性程度。如图 7-1 所示，在国内某发火硫铁矿山采场，通过人工进行矿石爆堆温度的连续监测，掌握矿堆在不同时期的温度分布情况；结果发现，矿石爆堆不同位置、经历不同时间后的温度变化并未呈现出明显的规律（见图 7-2），再者，采场环境相当恶劣（高温、高湿），工作强度大，工人不适宜长时间停留。

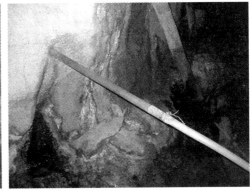

图 7-1 现场发火矿石爆堆的温度测定

Fig. 7-1 Temperature measuring of ore stockpile in stope

早在 20 世纪 90 年代，本书所述研究的课题组成员曾开展了硫化矿石爆堆氧化自燃规律的现场试验，即在堆放矿石的同时，往矿堆中插入多根管壁钻有小孔的钢管，将测温（气体传感器）探头置于管中，上下移动而测出矿石堆内部的温度梯度[148,149]。试验结果表明，硫化矿石氧化自热中的平均温度变化表现出三个明显阶段：

（1）在氧化自热孕育期，温度低于 30~32℃，升温速率小于 0.5℃/d；

（2）处于氧化自热发展期时，温度为 32~60℃，升温速率大于 1℃/d；

（3）临近自然发火时，温度达 60℃ 以上，且升温速率大于 10℃/d。

此外，硫化矿堆的表面温度在氧化自热前期变化甚小，而在临近发火时不断上升；整个测试过程中的 O_2 浓度变化不大，一直维持在 17%~18%；仅在临近自燃时才能检测出 SO_2 气体。

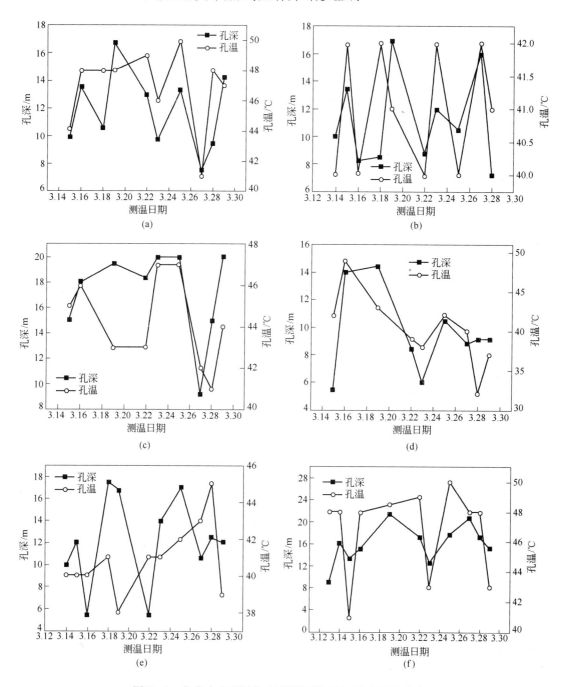

图7-2 往发火矿石爆堆中插管测得不同时期的温度分布

Fig. 7-2 Temperature distribution of ore stockpile at different time

(a) 890-3-1 号孔；(b) 890-3-3 号孔；(c) 880-3-2 号孔；(d) 880-3-3 号孔；

(e) 890-3-5 号孔；(f) 880-3-5 号孔

（注：890-3-1 代表井下 890 层面 3 月份测得 1 号孔的温度）

理论与实践表明，SO_2 是硫化矿石从低温氧化发展到自热危险阶段（临近自燃）的产物，加上 SO_2 容易在空气中进一步发生氧化，在采场环境中很难用气体传感器检测出来，故不能作为矿石自然发火预测预报的征兆。温度是一个易于测量的变量，其变化直接显示出硫化矿石氧化自热的本质和程度，也能反映地质、采矿技术条件和气象因素等外界热交换条件，因此温度可以作为硫化矿石自燃危险性预测预报的定性或定量指标。由第6章的数值模拟结果可知，有必要研制出适用于现场硫化矿堆表面温度精确测量的检测装置，从而更加准确地预测矿堆内部的温度变化。

7.2 非接触式测温技术概述

温度测量技术可以划分为接触式测温与非接触式测温两大类，见图7-3[279]。接触式测温要求温度敏感元件与被测对象相接触，经换热使两者温度相等时确定物体的温度。该方法可靠、准确度高，测量仪的构成比较简单。由于敏感元件必须与被测对象接触，该过程可能破坏被测物体的温度场分布，导致测量误差。若测温元件不能和被测对象完全接触，则无法达到充分的热平衡，从而造成测温元件与被测对象温度的不一致，引起误差。接触过程中，某些介质具有强烈的腐蚀性，在高温条件下影响更大，不能保证测温元件的可靠性和工作寿命。常用的接触式测温仪[280]包括：

（1）膨胀式温度计，利用液体和气体的热膨胀及物质的蒸汽压变化，或者基于两种金属的热膨胀差来测量温度；

（2）热电阻温度计，基于固体材料的电阻随温度发生变化的原理测量温度；

（3）热电偶温度计，利用热电效应测量温度；

（4）其他原理的温度计，如基于半导体器件温度效应的集成温度传感器、基于晶体的固有频率随温度变化的石英晶体传感器等。

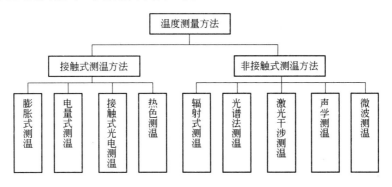

图 7-3 温度测量方法分类

Fig. 7-3 Classification of methods for temperature measuring

采用非接触式测温技术测量温度时，温度敏感元件无需与被测对象发生接触，而是通过辐射能量进行热交换，依据辐射能的大小来推算被测物体的温度。这类温度仪表不破坏被测物体原有的温度场，热惯性小，在被测对象处于运动状态时也适用。非接触式测温技术涉及辐射式测量方法，主要包括红外测温仪及红外热成像技术。

7.2.1 红外辐射的基本理论[80,107,281]

物质由带电粒子构成，带电粒子在振动或被某种方式激发时，将向空间发射出电磁波。波长为 $0.1 \sim 100\mu m$ 的红外线光波既能为物体吸收又可以在吸收后重新转变为热量，该过程称为热辐射，其本质是物体放射电磁波并向四周传播的现象。物体温度在绝对温度以上时均能放射出热射线，且放射量只取决于物体自身的温度。红外线按波长可以划分为4个波段，见表7-1；而在矿山自燃隐蔽火源的探测中主要用到中远红外。红外线在电磁波谱中只占极小部分，如图7-4所示。

表7-1 红外线的分类
Table 7-1 Classification of infrared

名　称	波长范围/μm	简称	名　称	波长范围/μm	简称
近红外	0.75~3	NIR	远红外	6~15	FIR
中红外	3~6	MIR	极远红外	15~1000	XIR

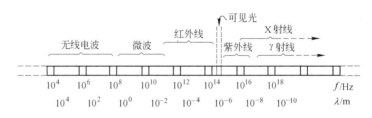

图7-4 电磁波谱
Fig. 7-4 Electromagnetic wave spectrum

7.2.1.1 黑体模型及基尔霍夫定律

热射线的传播特性包括传播速度、放射、反射、折射现象。如图7-5所示，当一定的辐射能 Q_i 入射到某个物体表面时，将发生三种现象[281]：其中一部分能量 Q_o 被该物体吸收，一部分能量 Q_r 被反射，另一部分能量 Q_t 发生透射；物体的吸收、反射和透射都是辐射波长的函数。

根据能量守恒定律，必然有 $Q_i = Q_o + Q_r + Q_t$，即

$$\frac{Q_o}{Q_i} + \frac{Q_r}{Q_i} + \frac{Q_t}{Q_i} = 1 \qquad (7-1)$$

左边三项依次称为物体的吸收率 α、反射率 ρ、透射率 τ；式（7-1）也可以表示为：$\alpha + \rho + \tau = 1$。

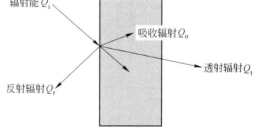

图7-5 辐射在物体上的反射、吸收及透射
Fig. 7-5 The reflection, adsorption, and transmission of radiation

物体除反射、吸收和透射到其面上的辐射以外，自身还会发射辐射。若吸收的辐射能大于同一时间发出的辐射能，其总能量增加，温度则升高；反之温度降低。当 $\alpha = 1$，$\rho = 0$，$\tau = 0$，即没有反射和透射时，称该物体为"黑体"。自然界中没有完全的辐射吸收体、反射体和透射体，绝大多数为三者的混合体。

7.2.1.2　普朗克定律

普朗克提出一种与经典理论完全不同的能量量子化假设，建立了辐射出射度的正确公式，导出描述黑体辐射光谱分布的普朗克公式；即黑体的光谱辐射出射度为：

$$M_\lambda = \frac{2\pi hc^2}{\lambda^5} \times \frac{1}{e^{hc/\lambda k_B T} - 1} \tag{7-2}$$

式中，M_λ 为黑体的光谱辐射出射度，$W/(m^2 \cdot \mu m)$；λ 为辐射电磁波的波长，μm；k_B 为玻耳兹曼常数，$1.38065 \times 10^{-23} J/K$；$h$ 为普朗克常量，$6.6261 \times 10^{-34} J \cdot s$；$T$ 为黑体热力学温度，K；c 为光速，$3 \times 10^8 m/s$。

7.2.1.3　维恩位移定律

在一定温度下，绝对黑体的光谱辐射出射度存在一极大值，该值对应的波长称为峰值波长，用 λ_m 表示。热力学温度越高，λ_m 越短，辐射能量向短波段集中。维恩指出绝对黑体光谱辐射峰值波长 λ_m 与热力学温度 T 成反比，即：

$$\lambda_m = 2897.8/T = b/T \tag{7-3}$$

式中，λ_m 为黑体最大光谱辐射出射度的波长，μm；b 为维恩常数，$2897.8 \mu m \cdot K$。

7.2.1.4　斯忒藩－玻耳兹曼定律

物体的温度大于绝对温度零度时，都会发射出红外辐射，其辐射功率服从黑体辐射定律，唯一区别是物体的比辐射率。斯忒藩观察到黑体全波辐射出射度和黑体热力学温度的四次方成正比，即：

$$P = \sigma T^4 \tag{7-4}$$

式中，P 为单位面积发射的辐射功率，W/m^2；σ 为斯忒藩－玻耳兹曼常量，5.671×10^{-8} $W/(m^2 \cdot K^4)$；T 为绝对温度，K。

该定律表明，极小的温度波动将引起全波辐射出射度的很大变化。

7.2.2　红外测温仪的工作原理

红外系统本质上是一个用于接收波长为 $0.75 \sim 1000 \mu m$ 电磁辐射的光学－电子系统，其基本功能是将接收到的红外辐射转换成为电信号并用于实现某种实际应用。红外测温仪则是通过接收被测物体的辐射能来确定物体温度，且仅能给出物体的表面温度。与接触式温度测试装置相比，红外测温仪具有诸多优点[279]：

（1）无需与被测物体接触，可远距离测量；

（2）响应速率快，时间在毫秒甚至微秒数量级；

（3）灵敏度高；

（4）测温范围宽。

由于被测对象、测温范围、应用场合不同，红外测温仪的外观设计和内部构造有所差异，但基本结构相似。如图 7-6[282] 所示，整个系统主要由光学系统、探测器、信号处理电路及显示终端等组成。基本工作原理是：光学系统汇聚视场内的目标红外辐射能量，视场大小则由光学零件及位置确定；红外能量聚焦在光电探测器上并转化为相应的电信号；

信号经放大器和信号处理电路校正后再转化为被测目标的温度值；测温仪上的激光仅用于瞄准目标。

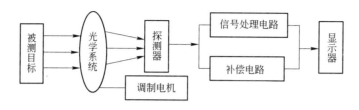

图 7-6 红外测温系统结构

Fig. 7-6 The basic structure of infrared thermometer system

红外测温仪有多种类型[283]：

（1）按测温范围划分为高温测温仪（700～3200℃）、中温测温仪（100～700℃）、低温测温仪（小于100℃）。

（2）从结构上划分为便携式测温仪、台式测温仪。便携式测温仪是把前述各部件紧凑地结合在一起并以干电池作电源，具有携带和使用方便的特点，通用性强，专用性差，规格品种不多，使用精度不高；台式测温仪则是把光学系统、光电转换元件和前置放大器组合为一体，把信号处理电路和显示器另外组合成一体，两者之间用多芯电缆连接，用交流电源供电，其规格品种较多，专用性强，使用精度较高。

（3）按测量方式划分为主动式、被动式。主动式测量是由辐射源照射被测物体，根据物体对辐射的吸收、反射、透射情况，确定物体的热特性或其他物理性质；被动式测量则是利用物体自身的红外辐射特性相对于周围环境的差异，通过测量其辐射能量来确定物体的物理性能。

（4）按工作原理划分为三类。第一类为全辐射测温仪，通过收集目标发出的整个光谱范围内的全部辐射能量来确定物体温度，具有结构简单、使用方便、灵敏度低、误差较大等特点；第二类为单色测温仪，通过测量目标在某一辐射光谱波段内的辐射功率来确定目标温度；第三类为比色测温仪，其依靠两组不同的单色滤光片收集两相近辐射波段下的辐射能量，通过电路进行比较，根据比值确定温度，其特点是结构比较复杂，但灵敏度高，适合于中、高温范围的测量。

将红外测温仪应用于金属矿山矿石自燃火灾的检测中，可以判断硫化矿堆的易氧化区域、自燃火源的位置和范围以及自燃危险性程度等。

7.2.3 红外热成像仪的工作原理

热成像技术是将不可见的红外辐射转换成可视图像，红外热成像仪便是基于该原理研制而成的。如图7-7所示，目标和背景各点的辐射通过光学系统，经光机进行逐点扫描，将目标温度分布场的各点辐射，投射到探测器上，由探测器将红外辐射转换成电信号，再经放大处理，最终把目标和背景各点的温度显示出来，形成一幅清晰的热分布图像[284]。采用面阵焦平面器件，可省去光机扫描，直接凝视成像。热成像仪不仅能测温，还可以实时显示物体表面二维温度的分布与变化规律。

红外热成像仪有多种分类方法[285]：依据发展技术水平可以区分为第一代热成像仪和第二代热成像仪；从扫描速度看，可以划分为慢扫描和快扫描热成像仪；基于所采用的探测器类型，有采用热电探测器和采用光电探测器两大类。

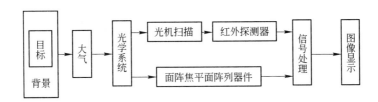

图 7 - 7　红外热成像仪的原理图

Fig. 7 - 7　The basic structure of infrared thermal image system

7.3　硫化矿氧化自热的非接触式测定实验

前面的研究结论已表明，温度是表征硫化矿石自然发火的一个重要物理量，其可以反映矿石氧化自热的危险程度以及矿堆聚热、散热条件的优劣。定期检测硫化矿堆的温度是预测预报金属矿山自燃灾害的重要途径之一，而矿堆温度的有效监测依赖于便利、可靠的检测技术。采场（矿仓）矿石存放量大、形状多变、块度分布不均、不同位置的温度值相差甚大（尤其在矿石发生自燃时）、作业环境恶劣等，极大限制了接触式温度测定技术的应用。此外，现场环境还要求温度的监测满足响应速度快、操作方便、测试成本低等条件。这一系列问题使得常用的温度检测仪器（如水银温度计、半导体温度计、表面温度计等）均不能满足上述要求。

因此，本节主要是在实验室内同时运用红外测温仪与多点接触式测温表测量不同类型硫化矿堆的温度，研究矿堆表面的温度分布规律；通过变换测量间距、夹角等参数，系统分析各种测量误差；掌握外界条件对温度测量的影响，为寻求新的温度检测装置和发明新的温度监测技术提供重要依据[286~289]。

7.3.1　实验准备与实验步骤

7.3.1.1　矿样采集

从冬瓜山铜矿仓及井下采场共采集三种具有代表性的矿样，1 号是粉末状硫精矿，2 号是小块的硫化矿石，3 号是大块的硫化矿石，见图 7 - 8。

由于实验是在室内环境中开展的，每次测量所用的矿样量较少。1 号、2 号矿样堆积成近圆锥体形状，3 号矿样作为一个整体进行研究；具体参数如下：

（1）1 号堆的圆周半径约 9.5cm，高 9cm，密度 2.932g/cm³，含水率 5.65%；

（2）2 号矿堆，圆周半径约 5cm，高约 10cm；

（3）3 号矿样的长轴为 18cm，短轴约 8cm，厚约 4cm。

7.3.1.2　实验仪器

采用的两种测温仪器分别是 Raytek 红外测温仪和 Center309 多点接触式测温表。便携

(a)　　　　　　　　　　(b)　　　　　　　　　　(c)

图 7 - 8　不同类型的测试矿样

Fig. 7 - 8　Different kinds of tested samples

(a) 1 号粉状硫精矿；(b) 2 号小块硫化矿石；(c) 3 号大块硫化矿石

式红外测温仪体积较小、坚固，可装入口袋中，只需对准目标，无需接触，扣动扳机，不到一秒钟即可在显示屏上安全读取热的、危险的或难以接触物体的表面温度，具体性能参数见表 7 - 2。测温表具有 4 组输入（分别与 T1、T2、T3、T4 K 型热电偶连接），4 位液晶显示，4 组数据同时显示，每个通道可记录 16000 组数据，带有 RS232 数据分析软件；具有最大、最小、平均值记录，读值锁住，自动关机，低电池电压指出等功能；测量精度高，响应速度快，可以自动储存数据，测定结果可以借助计算机进行处理，具体性能参数见表 7 - 3。两种仪器的测温范围、操作条件、测量精度均满足本次实验要求；其他相关仪器包括尺子（用来测量测温间距）、加热装置、热源等；加热装置的外观见图 7 - 9。

表 7 - 2　Raytek 红外测温仪的性能指标

Table 7 - 2　The performance indexes of Raytek thermometer

测温范围	-18 ~ 275℃	距离系数	8 : 1
重复性	读数的 ±2% 或 ±2℃	激光瞄准	具有激光瞄准功能
发射率	0.95	尺　寸	152mm × 101mm × 38mm
精　　度	-1 ~ 260℃ 时为 ±2% 或 ±2℃；-18 ~ -1℃ 时为 ±3℃		

表 7 - 3　四通道可记录测温表的性能参数

Table 7 - 3　The performance indexes of Center309 thermometer

量程范围	-200 ~ 1370℃	电磁兼容性	总精度 = 指定精度 ±2℃
分辨率	-200 ~ 200℃ 时为 0.1℃；200 ~ 1370℃ 时为 1℃	反应时间	3s/次
环境条件	操作温湿度：0 ~ 50℃；0 ~ 80% RH 存储温湿度：-10 ~ 60℃；0 ~ 80% RH	尺寸	184mm × 64mm × 30mm
准确度	-200 ~ 200℃：±(0.2% rdg + 1℃) 200 ~ 400℃：±(0.5% rdg + 1℃) 400 ~ 1370℃：±(0.2% rdg + 1℃)	质量	250g

(a)   (b)

图 7 – 9   矿样的加热装置

Fig. 7 – 9   Devices used for heating up the samples

（a）坩埚热炉；（b）HANBA 程序升温装置

    汉巴（HANBA）可程式高温实验箱参照国家专业标准 JB/T 5520—91 设计制造，采用高精度智能数显温控仪，可直接输入、显示、控制温度，具有超温保护（数字设定可调）和加热丝短路保护设施，主要用于非挥发性及非易燃易爆试样的干燥、烘焙、消毒、保温、热处理，也可用于一般的恒温实验工作；其性能指标见表 7 – 4。

表 7 – 4   汉巴（HANBA）可程式高温实验箱性能指标

Table 7 – 4   The performance indexes of procedure – temperature box

型号	HT302E	工作尺寸	550mm × 550mm × 600mm
编号	A07118	产品质量	约 150kg
外形尺寸	990mm × 740mm × 1110mm	温度范围	20 ~ 300℃
电源要求	AC220V、50Hz	安装功率	约 2.5kW
温度波动度	≤ ± 0.5℃	温度均匀度	≤ ± 2.5%

7.3.1.3   实验步骤

    实验中的环境条件：室内温度为 15.1 ~ 19.4℃，相对湿度为 49% ~ 94%。由于少量的矿样在常温环境下堆积时很难发生氧化自热，故采用彩虹牌电热暖手器（中型）对 1 号粉状硫精矿进行加热；内热源对大块矿石及小块矿堆的加热效果不佳，则分别利用 S63 – 10 坩埚电阻炉与汉巴（HANBA）可程式高温试验箱进行加热处理。各种矿样的表面不光滑，不同位置处的温度存在较大差异，故取 5 个有代表性的样点进行测试，测量点的布置如图 7 – 10、图 7 – 11 所示。

    将加热后的矿样快速置于常温环境中，用红外测温仪和接触式测温表同时测量矿样表面同一位置处的温度。接触式传感器测量的温度为准确值，用于参考；红外测温仪的读取值由于受外界因素的影响而存在一定误差。通过改变红外测温仪的感温距离、感温角度、操作环境（包括环境温度、湿度、环境与矿堆的温差）、不同矿堆参数（包括矿物组成、块度、含水量、体积）等，重复展开有关测试，进而获得测量误差随外界条件的变化规律；整个测试系统如图 7 - 12 所示。

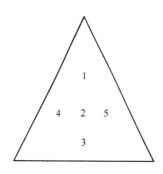

图 7 - 10　锥体矿堆表面点的布置
Fig. 7 - 10　Points disposal of Sample 1 and 2

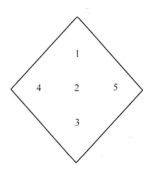

图 7 - 11　大矿块表面的测点布置
Fig. 7 - 11　Points disposal of Sample 3

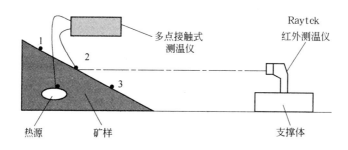

图 7 - 12　非接触式测温实验系统
Fig. 7 - 12　The experimental system of non - contact test

其中，支撑体用于固定红外测温仪，但能进行上下、前后、左右移动，通过变换测量角度，用于测试矿堆表面不同位置处的温度；多点接触式测温表的两个探头分别用来测量内热源（只针对 1 号粉状矿样）与表面相应点的温度。

7.3.2　实验数据分析

根据三种矿样自身的特点，分别在间距为 10cm、1m 条件下进行表面温度的测量；以垂直表面、与表面成一定角度对 3 号大块状矿石进行测试。获得三种矿样的表面温度数据，选取其中有代表性的点进行分析，见图 7 - 13 ~ 图 7 - 19。

由图 7 - 13 ~ 图 7 - 16 可以看出，矿样表面温度随着测量距离的不断增大而呈下降趋势，这是矿石不断向周围环境散热的结果。在图 7 - 13 中，热源温度的变化趋势比表面温度的变化要缓慢，主要原因是矿堆表面与大气发生对流散热。结合图 7 - 14 ~ 图 7 - 16 可以发现，同一种矿样表面不同位置点的温度不同，三种矿样表面的温度变化趋势不一样，块状矿样的表面温度下降最快。这是由于块状矿石与周围环境的换热接触面积大，2 号矿样堆积时存在一定的孔隙，空气容易渗透到内部，带走一部分热量。图 7 - 17 表明 1 号矿样的测量误差随测量距离的延长而增大；由图 7 - 18 可知，测量间距为 1m 时，引起的误差明显大于测量间距为 10cm 时的误差。

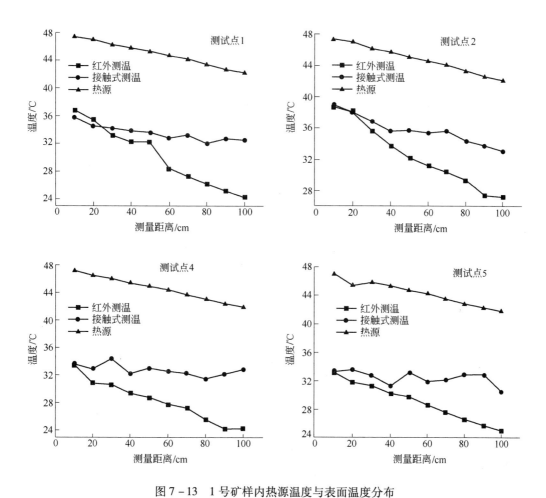

图 7 - 13　1 号矿样内热源温度与表面温度分布

Fig. 7 - 13　Temperature distribution of heat source and surface for Sample 1

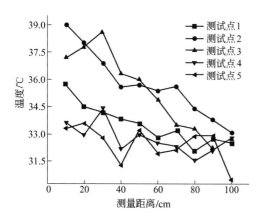

图 7 - 14　1 号粉状硫化矿堆的表面温度变化

Fig. 7 - 14　Surface temperature of Sample 1

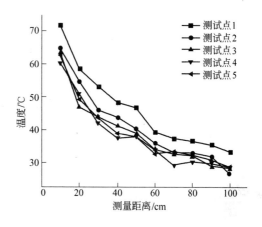

图 7 - 15　2 号小块硫化矿石堆表面温度变化

Fig. 7 - 15　Surface temperature of Sample 2

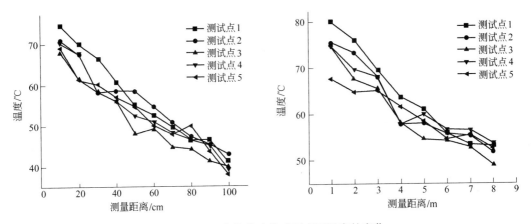

图 7 - 16 3 号大块状硫化矿石表面温度的变化

Fig. 7 - 16 Surface temperature of Sample 3

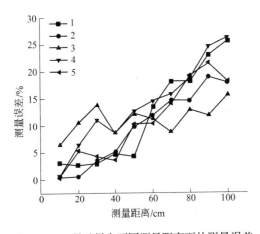

图 7 - 17 1 号矿样在不同测量距离下的测量误差

Fig. 7 - 17 Measuring error versus distance
for Sample 1

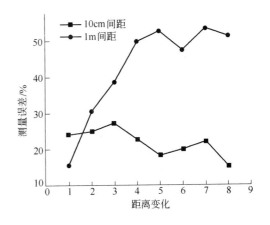

图 7 - 18 两种测量间距下的测量误差比较

Fig. 7 - 18 Measuring error under
two spaces

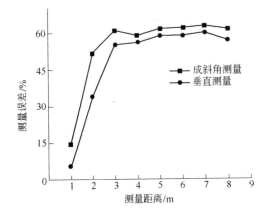

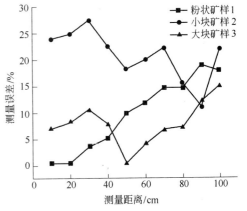

图 7 - 19 矿样测量误差与测量角度及距离的关系

Fig. 7 - 19 Correlation between measuring error, measure angles, and measure distance

从图 7 - 19 中可以看出，当垂直矿块表面进行测量时，测量误差明显小于成一定倾角测量时所引起的误差；粉状矿样的测量误差随测量距离的增大而较稳定地增长；测量块状矿样时，测量误差波动很大，但总体上是随测量距离的加大而呈增长的趋势。这主要是由于块状硫化矿石表面不光滑，测点不能很好重合的缘故。图 7 - 20 表明，不同环境温度下的测量误差也存在差异。

以 1 号粉状硫精矿为例，将测量误差与测量距离的关系进行拟合，其结果如式（7 - 5）所示。

$$y = -0.4549x^3 + 0.6938x^2 - 0.0591x + 0.0002 \qquad (7-5)$$

式中，x 为测量距离，m；y 为测量误差。

由图 7 - 21 可以看出，粉状矿样的测量误差与测量距离近似成三阶多项式关系。

依据式（7 - 5），进一步得到硫精矿堆表面真实温度值的解算公式，见式（7 - 6）。

$$T_g = T_m \times (0.4549x^3 - 0.6938x^2 + 0.0591x + 0.9998) \qquad (7-6)$$

式中，T_g 为矿堆表面温度的真实值；T_m 为感温仪的测量值；x 为测量距离。

显然，式（7 - 6）只能在一定的操作环境中适用，即满足表 7 - 5 中的相关参数。实验过程中，当测量距离增大到某一程度时，所测得的结果与实际值完全偏离，已不再适用。

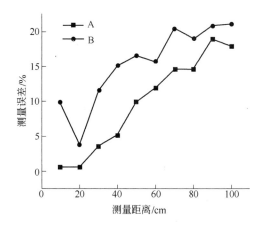

图 7 - 20　矿样在不同环境条件下的测量误差

Fig. 7 - 20　Measuring error of samples under
different environmental conditions

A—环境温度 15.1℃，相对湿度 77%，矿样表面
温度 16.6℃，晴天；B—环境温度 17.2℃，
相对湿度 54%，矿样表面温度 17.3℃，阴天

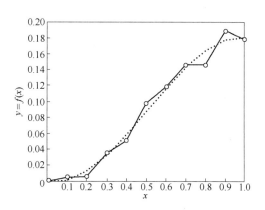

图 7 - 21　测量误差与测量距离的三阶曲线拟合

Fig. 7 - 21　Third order curve fitting between
measuring error and distance

表 7 - 5　1 号粉状矿样的测量参数

Table 7 - 5　Measuring parameters for Sample 1

测量距离/m	测量角度/(°)	环境温度/℃	矿样粒度/μm	相对湿度/%	矿样温度/℃
0.1 ~ 1	90	15.1 ~ 19.4	48 ~ 75	49 ~ 94	15.1 ~ 47.4

此外，刘辉等人[290] 在室内运用红外热成像仪测试了硫化矿石堆的表面温度分布，并

拟合出了不同测量距离下真实温度与仪器读数之间的关系，同时还获得了硫化矿石矿样的表面辐射率，约为0.88。

7.3.3 红外测温误差的产生机理

根据基尔霍夫定理，红外测温仪器接收到硫化矿堆表面的辐射亮度包括目标辐射、环境反射和大气辐射三部分。因此，运用红外仪测得的亮度温度、颜色温度或辐射温度等均不能代表矿堆的真实温度；即使经过大气传输因子修正，其值与矿堆表面的真实温度仍存在差异。作用于测温仪的辐射照度可表示为[291]：

$$E_\lambda = A_0 d^{-2} [\tau_{a\lambda} \varepsilon_\lambda L_{b\lambda}(T_0) + \tau_{a\lambda}(1 - \alpha_\lambda) L_{b\lambda}(T_u) + \varepsilon_{a\lambda} L_{b\lambda}(T_a)] \tag{7-7}$$

式中，$L_{b\lambda}(T)$ 为温度达到 T 时矿堆的辐射率；T_0 为矿堆的表面温度；T_u 为采场的环境温度；T_a 为大气温度；ε_λ 为矿堆表面的发射率；α_λ 为表面吸收率；$\tau_{a\lambda}$ 为大气的光谱透射率；$\varepsilon_{a\lambda}$ 为大气的发射率；A_0 为热成像仪最小空间张角所对应目标的可视面积；d 为矿堆与仪器之间的距离；一般条件下 $A_0 d^{-2}$ 为常值。

由于热成像仪通常工作在某一个很窄的波段，$3 \sim 5\mu m$ 或 $8 \sim 14\mu m$ 之间，故可以认为 ε_λ、α_λ、$\tau_{a\lambda}$ 与 λ 无关；则热成像仪的响应电压[292]：

$$V_s = A_R A_0 d^{-2} \left\{ \left[\tau_a \left[\varepsilon \int_{\lambda_1}^{\lambda_2} R_\lambda L_{b\lambda}(T_0) d\lambda + (1 - \alpha) \int_{\lambda_1}^{\lambda_2} R_\lambda L_{b\lambda}(T_u) d\lambda \right] + \varepsilon_a \int_{\lambda_1}^{\lambda_2} R_\lambda L_{b\lambda}(T_a) d\lambda \right\} \right.$$
$$\tag{7-8}$$

式中，A_R 为热成像仪透镜的面积；R_λ 为探测器的响应率。

设 $K = A_R A_0 d^{-2}$，$\int_{\lambda_1}^{\lambda_2} R_\lambda L_{b\lambda}(T) d\lambda = f(T)$，则式 (7-5) 可以转化为：

$$V_s = K\{\tau_a[\varepsilon f(T_0) + (1 - \alpha)f(T_u)] + \varepsilon_a f(T_a)\} \tag{7-9}$$

若矿堆表面满足灰体，$\varepsilon = \alpha$，对大气有 $\varepsilon_a = \alpha_a = 1 - \tau_a$，可得：

$$V_s = K\{\tau_a[\varepsilon f(T_0) + (1 - \varepsilon)f(T_u)] + (1 - \tau_a)f(T_a)\} \tag{7-10}$$

由普朗克辐射定律，有：

$$T_r^n = \tau_a[\varepsilon T_0^n + (1 - \alpha) T_u^n] + \varepsilon_a T_a^n \tag{7-11}$$

因此，矿堆表面真实温度的计算式为[292,293]：

$$T_0 = \left\{ \frac{1}{\varepsilon} \left[\frac{1}{\tau_a} T_r^n - (1 - \alpha) T_u^n - \frac{\varepsilon_a}{\tau_a} T_a^n \right] \right\}^{1/n} \tag{7-12}$$

使用不同工作波段的热成像仪时，n 取不同值：在 $8 \sim 13\mu m$ 时，$n = 4.09$；$6 \sim 9\mu m$ 时，$n = 5.33$；$2 \sim 5\mu m$ 时，$n = 8.68$。

对式 (7-12) 进行微分，推算出热成像仪测温误差的计算公式，见式 (7-13)[292]。

$$\frac{dT_0}{T_0} = \frac{1}{n\varepsilon T_0^n} \left\{ -\left[\frac{1}{\tau_a} T_r^n - (1 - \alpha) T_u^n - \frac{\varepsilon_a}{\tau_a} T_a^n \right] \frac{d\varepsilon}{\varepsilon} + T_u^n d\alpha + (\varepsilon_a T_a^n - T_r^n) \frac{d\tau_a}{\tau_a^2} - \frac{T_a^n}{\tau_a} d\varepsilon_a + \right.$$
$$\left. \frac{n}{\tau_a} T_r^n \frac{dT_r}{T_r} - (1 - \alpha) n T_u^n \frac{dT_u}{T_u} - \frac{n\varepsilon}{\tau_a} T_a^n \frac{dT_a}{T_a} \right\} \tag{7-13}$$

由此可见，矿堆真实温度测量的精度受大气发射率、大气透射率、大气温度，以及矿堆表面的发射率、吸收率以及环境温度等影响；不同工作波段，误差的影响程度也不一样[293]。

7.3.3.1 辐射率[294,295]

物体的发射率很难确定，主要是影响发射率的因素有很多，如物体形状、表面粗糙度、凹凸度、氧化程度、颜色、厚度等。许俊芬等人通过综合分析矿物组成与热辐射性的关系发现：化学键中离子的振动是产生红外辐射的能量基础，离子半径较小的过渡族氧化物通常具有较高的热发射率；矿石中杂质离子浓度和晶体缺陷的增加有利于热发射率的提高，多数矿物的热辐射率随温度升高而越加趋向于绝对黑体的热辐射率；矿物表面越粗糙，粒度越细，比表面积越大，热辐射率随着增大。测温误差随物体辐射率的变化关系见图 7-22。

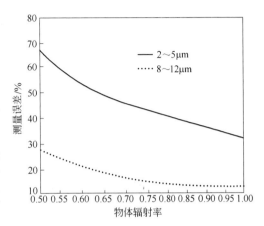

图 7-22 测温误差与物体辐射率的关系
Fig. 7-22 Correlation between measuring error and emissivity

7.3.3.2 测量距离因素[296~298]

距离对测温精度的影响涉及两方面：随着距离的增大，大气透过率减小而导致测温误差；当距离增加时，热成像仪的瞬时视场面积随之增大，目标尺寸相对于瞬时视场面积的倍数减小；当目标不能充满瞬时视场时，输出信号降低，造成测量误差。图 7-23 表明，在不考虑大气的辐射与吸收时，探测器所接收到的目标辐射强度与距离无关。实际应用中，大气的透光率将随距离的增加而降低，到达探测器的目标辐射强度也随距离的增加而逐渐减小。

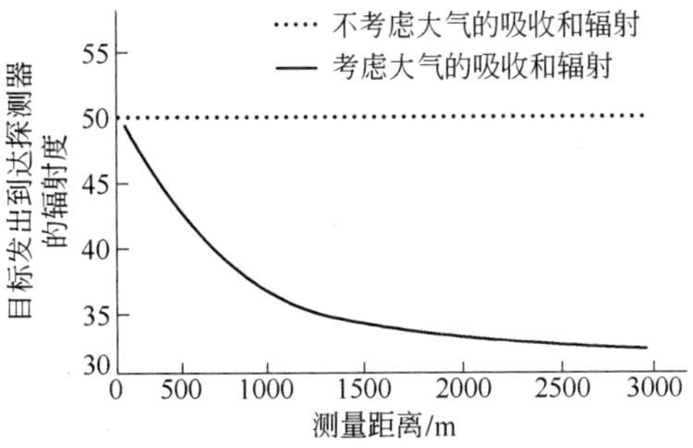

此外，测量距离还可能使热像图中观测到的物面相对于真实物面在不同区域有一定程度的几何压缩或拉伸，测量结果不能真实反映被测表面的几何信息，见图 7-24。

图 7-23 测量距离与辐射强度的关系
Fig. 7-23 Correlation between measuring distance and radiation intensity

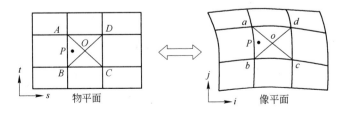

图 7-24 物平面与像平面的几何对应关系
Fig. 7-24 Geometric correlation between the target and corresponding image

7.3.3.3 大气环境的影响[294,298]

被测物体所辐射的能量必须经过大气才能到达探测系统，该过程会被大气中的气体分子和尘埃吸收与散射而发生衰减。吸收红外辐射的气体主要是 CO_2（2.65～2.8m、4.15～4.45m、13.0～17.0m 三个吸收波段）和 H_2O（2.55～2.84m、5.6～7.6m、12～30m 三个吸收波段）。

（1）大气吸收时，使一部分红外辐射能量转变成其他形式的能量或另一种光谱分布。辐射能量在大气吸收中的衰减程度可由大气模式补偿，从而获得大气的吸收程度与物体距离、相对湿度及大气温度的关系式，但目前大多数红外测温系统未作该种补偿，造成测量误差。测温误差随大气吸收率的变化关系见图 7-25。

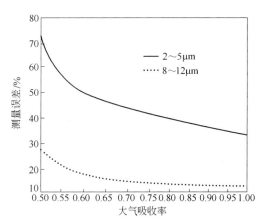

图 7-25 测温误差与大气吸收率的关系

Fig. 7-25 Correlation between measuring error and adsorption rate of atmosphere

（2）大气尘埃和其他悬浮粒子的散射作用，使红外辐射偏离原来的传播方向。当悬浮粒子的半径与红外辐射的波长大小或范围接近时，这种影响更为明显。

7.3.3.4 环境温度

被测物体所处环境的温度与太阳辐射、风力、邻近物体等有关。环境温度比被测物体的温度高，或被测物体温度与环境温度相近时，均会引起较大误差。在风力较大的环境中，受到风速对流冷却的影响，可以借助经验公式进行修正[294]：

$$T_1 = T_2(F_1/F_2)^{0.488} \tag{7-14}$$

式中，T_1 为风速在 F_1 下的过热温度；T_2 为风速在 F_2 下的过热温度。

张健等人[299]分析了被测物体附近高温物体的温度、位置和被测物体对附近高温物体吸收率的影响，得出这些因素对被测物体真实温度影响的理论计算公式。研究表明：在其他因素相同的条件下，$T_h \leqslant 375K$ 时，热成像仪的测温误差可忽略不计；当 $T_h \geqslant 375K$ 时，对工作在 2～5m 波段的热成像仪测温误差急剧增大；而对工作在 8～13m 的热像仪，测温误差随附近物体温度的增加而缓慢增大。

7.3.3.5 其他影响因素

由于水的热红外吸收强，若物质的含水率高，其表面的热发射率将增大[300]。红外测温系统所测温度是被测目标表面上确定面积的平均温度，被测物体与背景的大小比例也会影响测量误差。再者，仪器的选择、员工操作方法（测量角度）等均会给温度测量带来误差[286,287]。

7.4 温度检测装置的改进

由前面的研究结论可以看出，Raytek 红外测温仪与热成像仪应用于现场硫化矿堆表面温度的精确检测中时还需进行一系列的改进。

（1）红外测温仪（热成像仪）作为手持式操作工具，在测量过程中可能会因手的抖动而引发一系列误差。因此，可以考虑将仪器安放在一个固定装置上，且能随机调整测量所需的高度，携带方便。

（2）为了保证仪器在操作过程中尽可能与硫化矿堆表面呈垂直角度，可以考虑配置一个相匹配的角度测量仪。

（3）测量距离与相对误差的关系式已经确定，还需要配置相应的距离测量仪。

通过资料收集与分析，建议将下述两种仪器与红外测温系统组装在一起，进而满足金属矿山硫化矿自燃检测中的实际要求。

（1）摄影所用的三脚架。具有三节高度调节部件，可以根据现场实际条件调整测量所需高度；外拔式调节结构可任意调控测量所需角度；水平仪能保证测量仪器随时与地平线保持平行；不作业时可以收藏，携带方便；能防尘、防潮，适用于金属矿山中的恶劣环境。

（2）手持式激光测距仪[301]。激光测距仪是利用激光的相干性、单色性、方向性、高亮度等特性，实现距离、长度、角度等参数的测量。手持式激光测距仪作为一种短程式激光测距仪，具有精度高、体积小、重量轻、分辨率高、抗干扰能力强、性价比高、使用方便等优点，而且可以通过内部计算获得周长、面积、体积、角度等数据；在光线不良的井下环境中作业时，肉眼可见红色激光、显示屏具有照明功能；能简单测量出工作人员难以接近地方的距离，并克服人工皮尺测量效率差、精度低等缺点。市场上有多种型号的手持式激光测距仪，表 7－6 给出了 Disto Classic5 型手持式激光测距仪的主要技术指标，以满足矿山测量中的要求[246]。

表 7－6　Disto Classic5 型手持式激光测距仪的技术指标

Table 7－6　Some technical indexes of Disto Classic5 distance measuring apparatus

测量精度	3mm	一体化水准器	有
最小显示	1mm	操作温度	$-10 \sim 50℃$
测程	$0.2 \sim 200m$	尺寸	$172mm \times 73mm \times 45mm$
测量时间	$0.5 \sim 4s$	质量	335g
一体化望远镜	有		

7.5 硫化矿自燃非接触式检测装置的选择及应用

7.5.1 矿山红外测温装置的选择方法

选购适用于金属矿山矿石自燃检测的红外测温仪时，主要从三个方面予以考虑：性能指标（如温度测量范围、光斑尺寸、工作波长、测量精度、响应时间等）、环境和工作条件（如环境温度、湿度、显示和输出、保护附件等）、性价比（如使用方便、维修和校准

性能、价格等)。具体如下[283,302~306]:

(1) 确定测温范围。测温范围是红外测温仪最重要的一个性能指标之一,每个型号的红外测温仪都有自己特定的测温范围。用户确定被测温度的范围既不要过窄,也不要过宽。范围选择不宜过宽,否则测量精度受影响;测温越窄,监控温度的输出信号分辨率越高,精度可靠性容易解决,但仪器成本增加。

(2) 目标尺寸。红外测温仪可划分为亮度测温仪和辐射比测温仪。运用亮度测温仪进行温度测量时,被测目标面积应充满测温仪的视场。若在井下测量面或点,建议被测目标尺寸超过视场50%为宜。如果目标尺寸小于视场,背景辐射就会进入测温仪的视场,会干扰测温读数,造成误差。图7-26给出了目标与视场的大小与测量效果之间的关系。

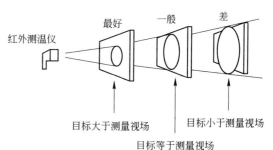

图 7 - 26 目标、视场及测量效果的关系
Fig. 7 - 26 Relationship of objective, field and measuring effect

(3) 确定响应时间。响应时间表示红外测温仪对被测温度变化的反应速率,即为达到最后读数的95%时所需时间;其与光电探测器、信号处理电路及显示系统的时间常数有关。确定响应时间主要是依据目标的运动速度和目标的温度变化速度;测量运动或快速加热的目标,需选用快速响应的红外测温仪;对于静止、目标存在热惯性,或现有控制设备的速度受到限制时,测温仪的响应时间则可以放宽要求。对矿山静止的目标,可以放宽该要求。

(4) 确定辐射率。任何一种物质都有确定的辐射率,但由于储存矿堆的现场环境相当恶劣,硫化矿石表面的辐射率发生改变。确定被测物体发射率的方法主要有:

1) 参考厂家说明书中给出不同材料的发射率表;

2) 用红外测温仪和标准热电偶在静态条件下同时测得物体的温度,当两者值调整为一致时,其辐射率即为所求值;

3) 温度在260℃以下的物体,可以在被测物表面贴上一块标准发射率纸或涂上发射率已知的黑漆,在温度达到平衡时,用测温仪分别测量覆盖和紧邻的未覆盖部分的温度,从而获得被测物的发射率;

4) 对于高温物体,可以在被测物表面做一空腔,当空腔深度与口径之比超过6:1时,认为该空腔近似为黑体,用红外测温仪分别测量空腔和旁边的温度,得出该物体的发射率。实验表明,物体的发射率与测试方向有关;为了准确测出硫化矿石堆的真实温度,测温仪应垂直于被测矿石堆的表面,最好使测量方向与被测矿石堆表面的法线方向保证在30°角之内,否则应对发射率做进一步修正。

(5) 确定距离系数。距离系数是测量距离与被测物直径之比,也称作光学分辨率。光学分辨率越高,红外测温仪的购置成本就高;距离系数越大,允许被测物的直径则越小。只有当被测目标充满测量视场才能正确测量,故对于单波段测温仪,目标直径必须大于距离系数要求的尺寸,至少达到计算值的1.5倍;如果被测目标过小,应该选用比色测温仪。在使用单色测温仪时，被测物必须充满测温仪视场。在井下仅用作矿探测时，光学分辨率保证在 8：1 ~ 20：1 之间即可；若考虑采空区等其他位置，光学分辨率应在 30：1 ~ 75：1 之间。

（6）波长的选择。辐射率随波长变化比随温度变化明显得多，故测温仪工作波长的选择十分重要。应该选择处于辐射率高，吸收率、透过率低的波段。若被测物附近存在火焰和烟雾水气干扰时，须遵循以下原则：被测物体在所选工作波段内有较高的发射率、较低的透射率及反射率，而干扰源在所选的工作波段内有较低的发射率；红外测温仪的工作波段，必须选择在大气透射率较高的波段上。对于矿井测温，一般处在低温区，选用波长 $8 \sim 14 \mu m$ 为宜。

（7）环境条件。测温仪的工作环境（如腐蚀、震动、水蒸气、灰尘、烟雾）将影响测温精度及使用寿命。在环境温度高，灰尘、烟雾、蒸汽浓度大的矿山，应选用厂商提供的保护罩、水冷却（空气冷却）系统、空气吹扫器等选件。工作环境存在易燃气体或在井下操作时，应选购本质安全型红外测温仪；还需要修正辐射率和排除烟尘水气等各类干扰，维持原准确度。

（8）操作简便。红外测温仪应该直观、操作简单、携带方便，容易被矿山工作人员掌握和使用，如便携式红外测温仪等。

同理，选用红外热成像仪也是一项综合权衡利弊的工作，需要考虑各种功能的选配因素[307,308]。具体涉及如下几点：

（1）选择合适的测温范围，并能根据被测对象的距离自动调节焦距。

（2）可以依据矿堆的湿度，自动调节湿度中心点、湿度分辨率。

（3）能够在同一断面上显示多个点的温度及辐射率，并且可以进行温度比较。

（4）具有广角镜头、特写镜头，以满足某些特殊要求；当使用特殊镜头时，仪器内的部件可以自动进行红外线透射率的修正。

（5）方便对特定区域内的图像进行处理，如放大或缩小，以消除外界噪声的干扰，并能在同一屏上显示多幅图像。

（6）能够以等温度的方式显示图像，如调节多级彩色、灰度或反色显示；具有统计功能，可以在图像的任何位置上标注文字注解。

（7）可以使图像存储并传递到计算机中，仪器内部设有时钟，能够显示正确的检测时间，并与图像一同记录下来。

（8）仪器能设置声音报警，当温度高于某个设定值时，可以发出声音报警。

此外，若要远距离检测目标，还须在红外热成像仪上添加望远镜以满足远距离高精度的测量要求。用于一般的自然温度环境中时，可选购温度分辨率高的仪器；而针对矿山硫化矿堆温度变化较慢的场合，选用帧频较低的仪器即可。

目前，生产红外测温装置的厂家主要有英国 LAND 公司、美国 RAYTEK 公司、瑞典 AGA 公司、日本航空公司、西安仪表厂等。任何一座矿山应该结合自身的应用实际选购特定型号的红外测温仪器，尽量做到价廉物适；表 7 - 7[104] 列出了多种适用于矿山自燃火灾检测的各类红外热成像仪。由于热成像仪价格昂贵，大多数矿山采用红外测温仪进行矿石自燃火源的探测。

表7-7 适用于矿山自燃火灾检测的各类红外热成像仪

Table 7-7 Some infrared thermal image apparatuses for detecting the fire in mines

种 类	IRC-160ST	PV-320	Jade	TVS-2000MⅡ	TVS-600	HR-2
制冷方式	液氮	无制冷	闭循环	斯特林制冷	无制冷	液氮
光谱范围/μm	3.5~5.5	2~14	8~12	3~5.4; 8~12	8~14	8~14
温度分辨率	0.02K	<0.2℃	0.03K	0.1℃	0.1℃	0.1K
视 场	9.1°×6.8°	—	17°×17°	15°×15°	25.8°×19.5°	12°×12°
精度/%	—	0.4	—	—	0.4	—
电 源	充电电池	12V（DC）	—	220~240V（AC）	充电电池	12V（DC）
探测温度/℃	-20~200	-18~523	-40~300	—	-20~300	0~100
工作温度/℃	—	-40~54	—	0~40	0~40	—
湿度/%	—	—	—	<90	<90	—
尺寸/mm×mm×mm	—	140×114×114	—	185×300×181	115×220×142	—
质量/kg	4.1	2.3		3.8	2	6.5
生产商	美国CE公司	美国电子	法国CEDIP	日本航空	日本航空	中国
参考价/美元	6.0	5.5	17~22	6~8	6.0	3.5

7.5.2 矿堆自燃检测装置的应用

基于前面的理论与实验分析结果，本课题组选取 Raytek 红外测温仪及 IRISYS 红外热成像仪对国内有自燃灾害的典型金属矿山进行了现场检测，见图 7-27。其中，IRISYS-1011 型仪器的具体性能参数见表 7-8，各项指标均满足现场要求。

图 7-27 红外热成像仪在现场中的应用

Fig. 7-27 Application of infrared thermal image on locale

表7-8 IRISYS-1011 红外热成像仪的性能指标

Table 7-8 Performance indexes of IRISYS-1011 apparatus

测温范围	-10~300℃	测量精度	0.5℃
镜头观测角度	20°×20°	影像显示画素	128×128pixels
温度检知器	16×16pixel array	画面显示速率	8Hz
红外线感应频谱	8.0~14.0m	发射率设置	自动输入
图像处理功能	多点显示、温差显示、可选择彩色或灰阶色功能，能与计算机相连接		

河南银家沟硫铁矿在开采过程中，Ⅱ号矿体发生过多次自热自燃现象。该矿体伴生有菱铁矿、铜锌矿；菱铁矿已构成较大规模的矿体，可熔铁平均品位达31.77%；硫铁矿中铜、锌平均品位已达0.59%、0.61%。随着该矿山生产规模的扩大，残留在采场的矿石增加，矿石氧化增温加快；在2004年开采910、900分层时开始出现明火。至2007年9月，火区明显扩大，矿山被迫停止该矿体的开采。

在治理该矿山自燃的工作中，为了对比采取灭火技术方案前后各高温采矿进路的降温效果，测量了发火矿体采矿进路的温度；结果见表7-9及图7-28。

表7-9　利用红外测温仪测量硫铁矿不同位置的温度

Table 7-9　In-situ measuring data with Raytek thermometer in different places

测 点 位 置	表面温度/℃	环境温度/℃	水温/℃
860m、2号矿体3进路	32~35	20.1	—
870m、2号矿体3进路	42~46	27.2	—
880m、2号矿体脉外运输巷	36~42	26.7	—
890m、2号矿体3进路口	35~38	27.5	42
900m、2号矿体脉外运输巷	36~38	28.5	42
910m、2号矿体脉外运输巷1	35~37	27.5	—

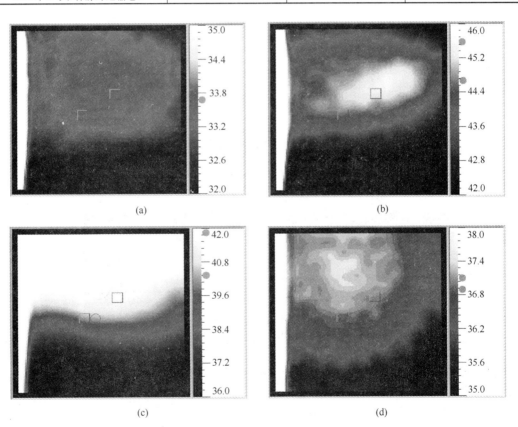

(a)　(b)

(c)　(d)

图7-28　利用IRISYS热成像仪获得不同巷道位置的热成像图

Fig. 7-28　Surface thermal imager pictures of the fireproof wall in stope

（a）860m、2号矿体3进路测点防火墙表面热成像；（b）870m、2号矿体3进路测点防火墙表面热成像；
（c）880m、2号矿体脉外运输巷测点防火墙表面热成像；（d）890m、2号矿体3进路口测点防火墙表面热成像安徽铜陵有色冬瓜山铜矿用于存放硫精矿的矿仓空间大，储存环境相当恶劣，不方便采用接触式测量技术对硫精矿堆的温度进行连续监测。为了系统、有针对性地监控硫精矿的自热危险性程度，将整个矿仓划分为 $2n$ 个面积大小近似相等的矩形区域，见图 7 - 29。员工可以手持红外热像仪立于仓库过道的固定位置，定期检测不同区域的温度变化。若将所测结果与前面时间的检测值进行比较，一旦发现异常现象，即可及时采取相应的灭火技术与措施

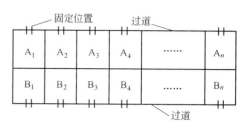

图 7 - 29　硫精矿矿仓的区域划分
Fig. 7 - 29　Distribution plotted
in the storehouse

进行治理，防止事态恶化。图 7 - 30 为高硫精矿及硫铁精矿在冬、夏季节中的热成像图。可以发现，硫精矿堆的温度在夏季明显要高于冬季；在各个季节里，硫铁精矿的温度始终比高硫精矿的温度值高；即在相同的环境下，硫铁精矿的自燃危险性更大。

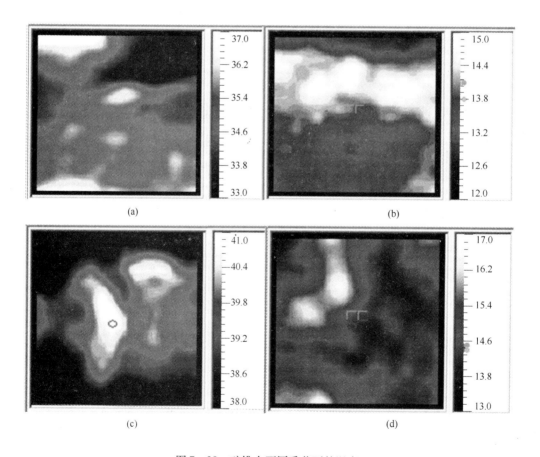

图 7 - 30　矿堆在不同季节下的温度
Fig. 7 - 30　Surface temperature of sulfide concentrates in summer and winter
（a），（b）分别为高硫精矿在夏季、冬季时的温度分布；
（c），（d）分别为硫铁精矿在夏季、冬季时的温度分布

　　长期的现场观测结果表明，当矿堆的表面温度超过环境温度 10℃ 以上时，硫精矿堆内部已表现出早期的自燃征兆，需要即刻采取治理措施，如喷洒防灭火阻化剂溶液，并用抓斗翻耙高温区域等，避免自燃灾害向恶态发展。图 7-31 ~ 图 7-33 给出了硫精矿堆在不同状态下的热成像图。

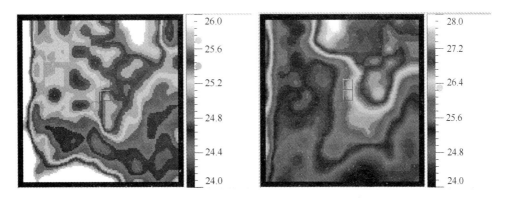

图 7-31　正常状态下硫精矿堆的热成像图

Fig. 7-31　Thermal image pictures of sulfide concentrates in normal condition

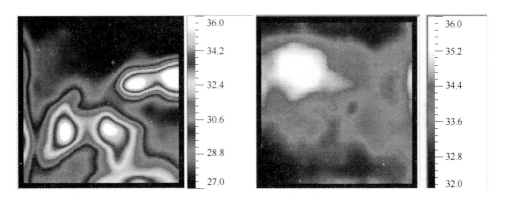

图 7-32　有早期自燃征兆的矿堆表面热成像图

Fig. 7-32　Thermal image pictures of sulfide concentrates with spontaneous combustion omen

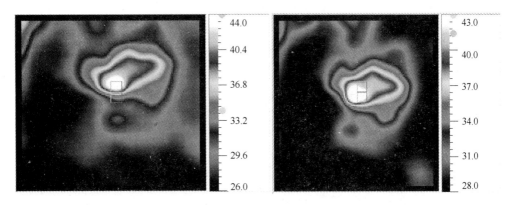

图 7-33　硫精矿堆自燃时的表面热成像图

Fig. 7-33　Thermal image pictures of sulfide concentrates with spontaneous combustion phenomenon

此外，在准确获得硫化矿堆的表面温度分布以后，还可以结合前面第 5、6 章的研究内容，建立硫精矿堆的物理模型并运用数值分析软件预测矿堆内部的温度变化趋势[309,310]，进一步掌握硫精矿的自然发火态势。

7.5.3 硫化矿堆自燃火源位置的反演

运用红外检测技术仅能获得硫化矿堆的表面温度，有必要依据红外辐射量来确定矿堆内部自燃热源的位置与温度，这就涉及热传导的反问题[311~313]。

硫化矿石自然发火时，自燃火源点不断向外辐射红外电磁波，并将矿堆内部的自燃信息以场的形式表现出来。在消除某些干扰因素后，通过获取矿堆表面辐射能量场的变化信息，可以建立硫化矿堆表面辐射能量场与自燃火源的对应关系，依据场的变化规律反演火源的具体位置。

选取硫化矿内部红外辐射强度最大处的位置为坐标原点，并将矿堆视为均质、各向同性的介质。依据传热学理论，硫化矿堆的三维非稳态、有内热源的导热方程可表示为：

$$a \nabla^2 T = \frac{\partial T}{\partial t} - \frac{q_r}{\rho_e c_e} \tag{7-15}$$

初始条件：
$$T\big|_{t=0} = T(x, y, z, 0)$$

第二类边界条件：
$$-\lambda_e \frac{\mathrm{d}T}{\mathrm{d}t}\bigg|_{z=0} = q(x, y, 0, t_r)$$

式中，a 为松散矿石的热扩散率，m^2/s；∇^2 为拉普拉斯算子；q_r 为硫化矿石的氧化放热量，W/m^2；ρ_e、c_e、λ_e 分别为松散矿石的当量密度、当量比热容、当量导热系数，kg/m^3、$kJ/(kg \cdot K)$、$W/(m \cdot K)$；T 为矿体温度，$℃$；t 为反应时间，s；$T(x, y, z, 0)$ 为初始温度分布；$q(x, y, 0, t_r)$ 为被检测矿堆的表面辐射强度，W/m^2。

由此，可以进一步得到[312,313]：

$$T(x,y,z,t) = \iiint_{-\infty}^{+\infty} G(x,y,z,t/x',y',z',0) T(x,y,z,0) \mathrm{d}x' \mathrm{d}y' \mathrm{d}z' +$$
$$\int_0^t \mathrm{d}\tau \iiint_{-\infty}^{+\infty} G(x,y,z,t/x',y',z',\tau) \frac{q_r(x',y',z',\tau)}{\rho_e c_e} \mathrm{d}x' \mathrm{d}y' \mathrm{d}z' \tag{7-16}$$

式中，$G(x, y, z, t/x', y', z', \tau)$ 为三维热传导的格林函数，表示当 $t > 0$ 时，在 $x = x'$，$y = y'$，$z = z'$ 处存在强度为 1 的热源，并释放出 $Q = c_e \rho_e$ 的热量，此刻矿堆内部的温度分布。

当 $T(x, y, z, 0)$ 为常量时，式 (7-16) 又可以表示为[311]：

$$T(x,y,z,t) = T(x,y,z,0) + \iint_{-\infty}^{+\infty} \frac{q_r(x',y',z')}{\rho_e c_e} \frac{1}{4\pi a^2 r} \mathrm{erfc}\left(\frac{r}{2a}\sqrt{\frac{1}{t}}\right) \mathrm{d}v \tag{7-17}$$

式中，$\mathrm{erfc}\left(\dfrac{r}{2a}\sqrt{\dfrac{1}{t}}\right)$ 为补余误差函数。

由式 (7-17) 可知，在硫化矿石自然发火初期，自燃火源可近似看作无限空间的点源分布[311]，则有：

$$T(x,y,z,t) = T(x,y,z,0) + \frac{Q_r(x',y',z')}{4\pi a^2 \rho_e c_e} \frac{1}{r} \mathrm{erfc}\left(\frac{r}{2a}\sqrt{\frac{1}{t}}\right) \mathrm{d}v \tag{7-18}$$

$$Fo = \frac{a^2 \tau}{r^2}$$

式中，$Q_r(x', y', z')$ 为在坐标 (x', y', z') 处，矿石自燃的放热量；Fo 为傅里叶数。式 (7-18) 为热源 $Q_r(x', y', z', t)$ 在经历热传导时间 t 后，硫化矿堆的温度场。

在实际应用中，通过测得硫化矿堆表面的红外辐射强度，依据上述原理便可判定矿堆内部热源的热流量，进而确定具体的火源位置。刘辉等人[314]的研究结果表明，现有的热成像仪用于探测硫化矿石堆 10m 以内的火源具有可行性，并深入探讨了自燃矿石的定位方法。

7.6 本章小结

（1）红外测温是一项非接触式测量技术，可以快速确定物体的表面温度，市场上尚未出现专门用于检测金属矿山硫化矿温度的红外测温装置。通过阐述红外测温仪及热成像仪的工作原理，论证了红外测温装置应用于矿山硫化矿自燃检测中的可行性。

（2）在室内开展了硫化矿自热温度的非接触式测定实验，分析了三种矿样在不同环境条件、不同测量间距、不同测量角度下的相对误差变化。结果表明：矿样表面温度随测量距离的增大而呈下降趋势，块状矿样的表面温度下降速率最快，同一矿样表面不同位置点的温度有所差异；当垂直矿块表面进行测量时，测量误差明显低于成一定倾角测量所引起的误差；测量误差总体上随测量距离的延长而增大。获得粉状矿样在测量间距为 100cm 以内时，表面真实温度值的解算公式为：$T_g = T_m \times (0.4549x^3 - 0.6938x^2 + 0.0591x + 0.9998)$。

（3）考虑将三脚架、手持式激光测距仪等装置与红外测温系统结合起来，进而满足金属矿山硫化矿自燃的检测条件。系统分析了硫化矿自燃检测中各种误差的产生机理；结果表明，矿堆的真实温度受测量距离、工作波段、大气透射率、大气发射率、大气温度和被测物体表面的发射率及吸收率以及环境温度等因素影响。

（4）选择用于矿山硫化矿自燃检测的红外测温装置时，需要全面考虑仪器的性能指标、工作环境、性价比等因素。将实验所用仪器有效地应用到国内典型金属矿山自燃火灾的检测中，验证了所选装置的实用性。

8 主要研究结论与展望

8.1 主要研究结论

（1）硫化矿石在恒温恒湿环境中发生氧化作用以后，表观颜色由初始时的土灰色转变为红褐色，并表现出明显的结块特性；不同矿样的颜色深浅、结块程度各异。矿样氧化前后的 FTIR、XRD、EDAX 图谱均发生显著变化，表明有新的矿相生成，且不同矿样的氧化程度存在较大差异。在自然条件下放置一段时间后，各个矿样的表观形貌均未发生明显改变，而相应的测试图谱仍表现出差异，表明矿样仍发生了一定程度的氧化。随着反应时间的延长，矿样的氧化增重率及水溶性 Fe^{2+}、Fe^{3+}、SO_4^{2-} 的含量明显增加，但不同矿样的增加量表现出差异。

（2）影响硫化矿石常温氧化行为的因素有很多，诸如硫化矿物的晶体结构、化学成分、痕量元素的含量、环境温度、铁离子浓度、氧气浓度、空气湿度、矿样的粒度分布、环境的 pH 值、微生物以及地质条件等。较高的环境温度及氧气浓度有利于矿石氧化，矿样粒度越小越容易发生自热，铁离子与细菌对硫铁矿的氧化具有催化作用，含水率保持在某一范围内时才对矿样的氧化自热起催化作用；晶体结构、痕量元素含量对硫化矿石常温氧化的影响表现出不确定性。

（3）解释硫化矿石自燃的理论主要有物理吸附氧机理、化学热力学机理、电化学机理以及微生物氧化机理。物理吸附氧机理将矿石自燃归结于物理吸附氧的热效应，电化学机理将硫化矿石的氧化自燃视为一种电化学反应过程，微生物作用机理则认为微生物在硫化矿石的低温氧化过程中发挥重要作用，化学热力学机理将硫化矿石的自燃归结于各种氧化反应模式及热效应。新提出的硫化矿石自燃的机械活化理论认为：金属矿床在开采中，多种形式的机械力（地压、爆破冲击波、器械产生的作用力等）施加在矿石上，相当于一个机械活化过程，使得硫化矿石的化学反应活性增强，并且引发了机械能与化学能的转化；在一定的外界条件下，硫化矿石更加容易发生氧化自热，最终导致自燃火灾。

（4）硫化矿石经历机械活化作用以后，粒度变小、比表面积增大、出现团聚效应、产生晶格畸变及晶格缺陷、引起晶型转变及化学键断裂。活化矿样的初始放热温度及最大反应速率所对应的温度值均有所降低；暴露在自然环境条件下，经历机械活化后的硫化矿石矿样更加容易发生氧化反应。

（5）硫化矿氧化自热性质的新测试系统由程序控温箱、金属网篮、热电偶以及温度自动记录仪表等构成。运用金属网篮交叉点温度法，基于氧化反应动力学方程解算出硫铁精矿、高硫精矿以及原矿的表观活化能分别是 13.7366kJ/mol、21.3817kJ/mol、36.2350 kJ/mol。由此表明，硫铁精矿的自燃倾向性最大，高硫精矿次之，而原矿的自燃倾向性最小，结果与实际相符。

（6）采用 TG-DSC 联合法测试了硫化矿石的热行为，发现硫化矿石在 480～580℃之间的氧化分解反应符合一级扩散模式；运用 Coats-Redfern 积分法解算出矿石在相应温度区间及升温速率下的表观活化能、指前因子依次为：247.009kJ/mol、$1.873 \times 10^{13} s^{-1}$，251.307kJ/mol、$4.259 \times 10^{13} s^{-1}$，196.26kJ/mol、$5.226 \times 10^{9} s^{-1}$。

（7）硫化矿石发生预氧化作用以后，TG 曲线向下移动，DSC 曲线中峰的宽度变小，起始反应温度降低；矿样发生预氧化前的表观活化能值为 364.017～474.228kJ/mol，而预氧化后的平均值降低到 244.523～333.161kJ/mol。由此表明，经历一段时间的预氧化作用以后，硫化矿石的自燃倾向性增大。

（8）TG-DSC 联合法用于判定硫化矿石的自燃倾向性，具有测试速度快、试样用量少、测试成本低、可重复性操作强等优点。新建立的以活化能为指标的硫化矿石自燃倾向性鉴定标准，经不断验证与修正后可以用于规范金属矿山硫化矿石的自燃倾向性判定流程。

（9）硫化矿石在氧化自热过程中，松散矿堆内部的风流场、氧气浓度场、温度场均随时间发生动态变化。硫化矿堆的自然发火期是矿石崩落下来与空气接触后，直至出现自燃征兆所经历的时间，取决于硫化矿石的物理化学性质、堆积状态参数、孔隙率、通风供氧、蓄热和散热环境等内外界因素。

（10）基于 Frank-Kamenetskii 自燃模型，解算出高硫精矿与硫铁精矿在环境温度分别为 5℃、10℃、15℃、25℃、30℃ 的条件下，自燃临界堆积厚度依次为 0.4550m、0.4278m、0.4026m、0.3578m、0.3388m，0.3170m、0.3068m、0.3062m、0.2786m、0.2706m。由此表明，在相同的环境中，硫铁精矿的自燃临界堆积厚度较高硫精矿的小；不同环境温度下，硫精矿的自燃临界堆积厚度有较大差异，临界值随环境温度的升高而减小。

（11）硫化矿石自燃的未确知测度综合模型包含了矿石的低温氧化增重率、矿石中水溶性铁离子的含量、矿石爆堆中水溶液的 pH 值、矿石的含水量、矿物成分的 ST 值、矿石的自热幅度、矿石的着火点、采场矿石的损失率、矿岩的环境温度、矿石爆堆体积、采矿方法、矿山通风条件等。将其应用于采场硫化矿石爆堆的自燃危险性预测中是合理、有效的；该方法解决了硫化矿石爆堆自燃危险性评价中的诸多不确定性问题，并能进行定量分析，进而用于指导矿山的安全生产。

（12）新发明的硫化矿石动态自热速率的测定装置及方法能够运用所测数据计算出矿石的动态自热速率；整个测试过程耗时短、矿样使用量少、供氧稳定。利用 ANSYS 软件模拟矿样在不同物性参数条件下的自热性质时发现，硫化矿石的松散系数越小，矿样越容易发生自热。在往某硫铁矿山采场的自燃区域注入阻化剂溶液以后，矿堆内部的氧化生成热将借助围岩与水流向外传递；依据 ANSYS 软件的模拟结果，估算出该发火矿区的灭火时间约为 180～200 天。

（13）运用 FLUENT 软件模拟采场风流的流动规律时发现：采场漏风通过进风道渗入矿堆内部，为硫化矿石的氧化反应不断提供新鲜空气；在放矿初期，矿堆中 SO_2 的浓度极低，很难用仪器检测出来；随着矿石氧化加剧，SO_2 的生成量也逐渐增多；在放矿第 60 天，采场中 SO_2 的浓度由初始阶段的 0.001%～0.016%上升为 0.003%～0.07%，表明矿石已经发生严重自燃；采场中 O_2 浓度在硫化矿石氧化自热的整个过程中变化不大，一直保持在 19%～20%。因此，这两种气体浓度的变化均不能用作硫化矿石自燃早期预测预报的征兆指标。

（14）红外探测是一种非接触式、能快速测量物体表面温度的先进技术，市场上未出现专门用于检测金属矿山硫化矿石温度的红外测温装置。在室内开展了硫化矿石自热温度的非接触式测定实验，结果表明：矿样表面温度随测量距离的不断增大而呈下降趋势，块状矿样的表面温度下降最快，同一种矿样表面不同位置点的温度分布也各不相同；当垂直矿块表面进行测量时，测量误差明显低于成一定倾角测量时而引起的误差；测试误差总体上随测量距离的加长而增大，获得粉状矿样在测量间距为100cm以内时，表面真实温度值的解算公式为：$T_g = T_m \times (0.4549x^3 - 0.6938x^2 + 0.0591x + 0.9998)$。

（15）红外测温装置用于检测硫化矿的自燃火灾时，受测量距离、工作波段、大气透射率、大气发射率、大气温度、矿堆表面的发射率、吸收率、环境温度以及操作方法等诸多因素影响。将三脚架、手持式激光测距仪等装置与红外测温系统结合起来，可以满足金属矿山硫化矿自燃火灾的现场检测。选购适用于矿山硫化矿自燃检测的红外测温装置时，需要全面考虑仪器的性能指标、环境和工作条件、性价比等因素。现场实践表明，将Raytek红外测温仪与IRISYS红外热成像仪应用于金属矿山硫化矿自燃火灾的检测中，具有可行性与实用性。

与以往的研究成果比较，作者研究的主要创新点有：

（1）综合运用X射线衍射法（XRD）、电镜扫描法（SEM）、能谱分析法（EDAX）、傅里叶变换红外光谱法（FTIR）等先进测试技术揭示了硫化矿石在常温环境中氧化进程的微观结构及中间产物变化规律，进而用于判断硫化矿石的氧化难易程度。

（2）提出了一种新的解释硫化矿石自燃的机械活化理论，认为矿石发生自燃的本质原因是金属矿床在开采过程中受到多种形式机械力的共同作用，产生机械活化效应，导致硫化矿石的化学反应活性提高，在一定的环境条件下更加容易发生氧化自热。

（3）提出了硫化矿自燃倾向性测试的动力学研究方法。运用TG-DSC联合法测试了硫化矿的热行为，并建立了以活化能为指标的硫化矿石自燃倾向性鉴定标准。该标准所规范的测试流程比已有的硫化矿石自燃倾向性测定步骤更为简便，具有测试周期短、样品用量少、可重复性操作强等优点。

（4）提出了矿仓硫精矿的自燃临界堆积厚度这一概念，解算出不同环境温度下的临界值，为矿山的安全生产提供了技术指导。建立了采场环境中硫化矿石爆堆自燃危险性的未确知测度综合评价模型，全面考虑了影响矿石爆堆自燃的各种因素，实现硫化矿石自燃危险性从定性到定量的综合评价。

（5）运用数值分析软件揭示了硫化矿自然发火过程中风流场、O_2浓度场、SO_2浓度场以及温度场的变化规律，可以有效指导典型金属矿山矿石自燃火灾的防治工作。通过自行设计的测试系统，揭示了硫化矿自燃非接触式检测中各种测量误差的产生机理，掌握了红外测温装置的最佳工作条件，并且进一步开展了金属矿山自燃火灾非接触式测温系统配套装置的研究。

8.2 研究工作的展望

（1）作者着重针对金属矿山硫化矿自燃的发生机理及其预测预报技术开展研究，而在矿山发生自燃火灾之后如何有效治理甚少有提及，这也是金属矿山矿石自燃防治领域的研究重点。

（2）尽管作者系统分析了硫化矿石常温氧化的诸多影响因素，但在矿山环境中矿石的氧化自热同时受多种因素共同影响，因此还需要开展多因素耦合作用下硫化矿石氧化行为的模拟工作。

（3）作者所提出的硫化矿石自燃倾向性鉴定新标准是基于国内典型金属矿山十几个代表性样本所测数据而建立起来。鉴于不同矿山、同一矿山不同位置矿石的物理化学性质差异较大，今后需要加大更多样本的 TG-DSC 联合测试，深入分析外界因素及各种数据处理方法对测试指标的影响，并对鉴定标准进行反复论证，以完善硫化矿石自燃倾向性的判定程序。

（4）硫化矿石自燃是一个非稳态瞬时变化的动力学反应过程。鉴于矿山现场条件的复杂性，作者在研究中将采场硫化矿石爆堆视为各向同性的均匀多孔介质，简化了某些数学模型的边界条件和物性参数。因此，在今后的研究中需要进一步修正和改进所建立的数学模型，更加切合实际地反映现场硫化矿堆的自然发火规律，从而有效地指导现场工作。

（5）硫化矿自燃火灾的非接触式检测技术仅能了解矿堆表面的温度分布，还需加大现场矿堆自燃火源探测及热传导反演理论的研究，进而明确掌握金属矿山硫化矿自燃火源的具体位置。

（6）硫化矿自燃火灾的预测预报工作具有复杂性与经验性等显著特点，可以考虑将专家经验、知识与众多的矿山安全信息融合为一个智能化系统，建立金属矿山硫化矿自燃预测预报专家系统，从而简便、高效、可靠地处理矿山安全问题。

参 考 文 献

［1］《采矿手册》编辑委员会编. 采矿手册［M］. 北京：冶金工业出版社，1991.

［2］Ninteman D J. Spontaneous oxidation and combustion of sulfide ores in underground mines［R］. Information Circular 8775，USA：Bureau of Mines，1978.

［3］Dimitrov R，Boyanov B. Investigation of the oxidation of metal sulphides and sulphide concentrates［J］. Thermoch. Acta，1983，64：27～37.

［4］韩鹏，牛桂芝. 中国硫矿主要矿集区及其资源潜力探讨［J］. 化工矿产地质，2010，32（2）：95～104.

［5］何满潮，庞忠和. HEMS 降温系统研发及深井热害控制对策［R］. 中国矿业大学（北京），徐州矿务集团有限公司，2007.

［6］胡汉华. 深热矿井环境控制［M］. 长沙：中南大学出版社，2009.

［7］邬长福. 高硫金属矿床内因火灾及其灭火措施［J］. 矿业安全与环保，2002，29（2）：21～22.

［8］Wang Xinran. Exploring conditions leading to self-heating of pyrrhotite-rich materials［D］. Montreal：McGill University，Canada，2007.

［9］Stachulak J S. Computerized fire monitoring，criteria，techniques and experience at Inco Limited［J］. CIM Bulletin，1990，83（937）：59～67.

［10］叶红卫，王志国. 高硫矿床开采的特殊灾害及其发生机理［J］. 有色矿冶，1995，4：38～41.

［11］杨培章. 国内外硫化矿床内因火灾的防治［J］. 世界采矿快报，1990：57～61.

［12］谢庆龙. 铜坑矿细脉带矿体火灾防治及开采技术研究［J］. 采矿技术，2002，2（2）：25～26.

［13］吴世铨. 硫化矿自燃和药包自爆的预防措施［J］. 云锡科技，1992，19（4）：14～23.

［14］陈寿如，谢圣权. 硫化矿炸药自爆新判据和治理措施研究［J］. 工程爆破，2005，11（3）：19～22.

［15］廖明清. 高硫矿火区开采中高温气浪的成因及伤亡事故的预防［J］. 湖南有色金属，1990，6（1）：11～14.

［16］王国利. 硫化矿爆破安全技术的发展［J］. 工程爆破，1997，3（2）：65～68.

［17］钱柏青. 铜山铜矿井下采场硫化矿石自燃的机理探讨及预防措施［J］. 有色金属，2005，57（3）：99～102.

［18］沈福尧. 三次硫化矿石自燃火灾的分析及其预防对策［J］. 金属矿山，1994，2：50～51.

［19］吴大敏. 新桥硫铁矿矿石自燃特征及综合防治措施［J］. 化工矿物与加工，2001，10：20～23.

［20］覃和醒. 矿房矿石自燃治理措施的研究与应用［C］//第六届全国采矿学术会议文集. 北京：《中国矿业》杂志社，1999：245～246.

［21］叶图强，林钦河. 装药车装填的乳化炸药在高硫矿山的自燃事故原因分析与预防措施［J］. 中国矿业，2007，16（10）：49～53.

［22］Yang Fuqiang，Wu Chao，Hu Hanhua，et al. Fire-extinguishing techniques research on spontaneous combustion of a sulfide iron ore dump in mining stope［C］//Progress in Safety Science and Technology（PART A）. Beijing：Science Publishing，2008：869～874.

［23］阳富强，吴超. 未确知测度模型在矿仓硫精矿自燃危险性评价中的应用［J］. 煤炭学报，2010，35（2）：264～268.

［24］占丰林，蔡关峰. 高硫矿山高温采场的成因及危害与防治措施［J］. 矿业研究与开发，2006，26（1）：71～73.

［25］吴超，孟廷让著. 高硫矿井内因火灾防治理论与技术［M］. 北京：冶金工业出版社，1995.

［26］长沙矿山研究院. 硫化矿床自燃机理及鉴别指标研究［R］. 长沙：长沙矿山研究院，1992.

[27] 赵国彦，古德生，吴超. 硫化矿床内因火灾灭火试验研究［J］. 中国矿业，2001，10（2）：34～37.

[28] Soundararajan R，Amyotte P，Pegg M J. Explosibility hazard of iron sulphide dusts as a function of particle size［J］. Journal of Hazardous Materials，1996，51：225～239.

[29] Wu Chao，Meng Tingrang. Safety assessment technique for the spontaneous detonation of explosives in the mining of sulfide ore deposits［J］. Mining Technology，1996，78（902）：285～289.

[30] 孙浩，阳富强，吴超，等. 硫化矿石自燃机理及防治技术研究进展［J］. 金属矿山，2009，12：5～14.

[31] 李孜军. 硫化矿石自燃机理及其预防关键技术研究［D］. 长沙：中南大学资源与安全工程学院，2007.

[32] 谢振华，金龙哲，刘向来. 煤炭自燃预测预报技术及其应用［J］. 湘潭师范学院学报（自然科学版），2004，26（4）：59～62.

[33] 罗海珠，梁运涛. 煤自燃发火预测预报技术的现状与展望［J］. 中国安全科学学报，2003，13（3）：76～78.

[34] 宋学义，李济吾. 硫化矿石氧化自燃的研究现状及评价［J］. 湖南冶金，1989，1：35～39.

[35] 周勃，吴爱祥. 金属矿山内因火灾综合因素预报法的应用［J］. 有色矿山，1999，2：18～21.

[36] Rosenblum F，Spira P. Self-heating of sulfides［C］//The Thirteenth Annual Meeting of the Canadian Mineral Processors. 1981：34～49.

[37] Stéphanie Somot，Finch James A. Possible role of hydrogen sulphide gas in self-heating of pyrrhotite-rich materials［J］. Minerals Engineering，2010，23：104～110.

[38] Navarra A，Graham J T，Somot S，et al. Mössbauer quantification of pyrrhotite in relation to self-heating［J］. Minerals Engineering，2010，23：652～658.

[39] 万兵. 硫化矿床自燃发火可能性鉴别［J］. 世界采矿快报，1998，14（11）：28～31.

[40] 邓时升. 浅谈硫化矿石自燃与含碳量的关系［J］. 化工矿山技术，1980，6：6.

[41] 李孜军，吴超，周勃. 硫化矿石氧化性的实验室综合评判［J］. 铜业工程，2003，1：40～43.

[42] 吴超，阳富强，郗军芳. 硫化矿石动态自热率测定装置及其数值模拟［J］. 科技导报，2009，27（1）：74～79.

[43] Yang Fuqiang，Wu Chao. Investigation of the propensity of sulfide concentrates to spontaneous combustion in storage［J］. Journal of Loss Prevention in the Process Industries，2010，24：131～137.

[44] 阳富强，吴超，石英. 热重与差示扫描量热分析法联用研究硫化矿石的热性质［J］. 科技导报，2009，27（22）：66～71.

[45] 李萍，叶威，张振华，等. 硫化亚铁自然氧化倾向性的研究［J］. 燃烧科学与技术，2004，10（2）：168～170.

[46] 王慧欣. 硫化亚铁自燃特性的研究［D］. 青岛：中国海洋大学化学化工学院，2006.

[47] 赵军，张兴凯，王云海. 基于程序升温氧化法的硫化矿石自燃倾向性研究［J］. 中国安全生产科学技术，2009，5（2）：25～29.

[48] 贺兵红，吴超. 硫化矿石自燃倾向性的实验室测定方法与应用［J］. 安全与环境工程，2006，13（1）：92～95.

[49] Rosenblum F，Spira P. Evaluation of hazard from self-heating of sulfide rock［J］. CIM Bull，1995，88（989）：44～49.

[50] 吴超，李孜军. 硫化矿石动态自热率测定装置及测定方法：中国，200610136832［P］.

[51] Beamish B Basil，Barakat Modher A，George John D St. Spontaneous-combustion propensity of New Zealand coals under adiabatic conditions［J］. International Journal of Coal Geology，2001，45：217～224.

[52] Ren T X, Edwards J S, Clarke D. Adiabatic oxidation study on the propensity of pulverised coals to sponta-neous combustion [J]. Fuel, 1999, 78: 1611~1620.

[53] 陆伟, 王德明, 周福宝, 等. 绝热氧化法研究煤的自燃特性 [J]. 中国矿业大学学报, 2005, 34 (2): 213~217.

[54] 叶威, 张振华, 李萍, 等. 硫化亚铁绝热氧化反应的影响因素研究 [J]. 石油化工腐蚀与防护, 2003, 20 (1): 19~21.

[55] Chen X D. On basket heating methods for obtaining exothermic reactivity of solid materials: The extent and impact of the departure of the crossing-point temperature from the oven temperature [J]. Trans IChemE, 1999, 77B: 187~192.

[56] Chen X D, Chong L V. Some characteristics of transient self-heating in an exothermically reactive porous solid slab [J]. Trans IChemE, 1995, 73B: 101~107.

[57] 李孜军, 古德生, 吴超. 高温高硫矿床矿石自燃危险性的评价 [J]. 金属矿山, 2004, 5: 57~59.

[58] 宋学义, 文艳. 硫化矿岩自燃倾向性的研究 [J]. 湖南冶金, 1991, 3: 10~15.

[59] 周国华, 彭鹏, 唐承丽, 等. 二十世纪九十年代我国区域经济发展不平衡性的测度及评价 [J]. 中国软科学, 2002, 10: 87~92.

[60] 邱东. 多指标综合评价方法的系统分析 [M]. 北京: 中国统计出版社, 1991.

[61] 阳富强, 吴超. 基于距离判别分析理论的硫化矿石自燃倾向性等级划分 [J]. 煤炭学报, 2010, 35 (12): 2111~2115.

[62] 李孜军, 汪发松, 马树宝. 基于层次分析法和集对理论的硫化矿自燃倾向性评定 [J]. 科技导报, 2009, 27 (19): 69~73.

[63] 赵军, 张兴凯, 王云海. 硫化矿石自燃倾向性鉴定技术研究 [J]. 中国安全生产科学技术, 2009, 5 (6): 105~111.

[64] Good B H. The oxidation of sulphide minerals in the Sullivan mine [J]. CIM Bulletin, 1977, 70 (782): 83~85.

[65] 岳梅, 赵峰华, 朱银凤, 等. 硫化物矿物氧化反应动力学实验研究 [J]. 地球科学进展, 2004, 19 (1): 47~54.

[66] 王海晖. 煤自燃倾向性测试方法综述 [J]. 安全与环境学报, 2009, 9 (2): 132~137.

[67] Zhang Jianzhong, Kuenzer Claudia, Tetzlaff Anke, et al. Thermal characteristics of coal fires 2: Results of measurements on simulated coal fires [J]. Journal of Applied Geophysics, 2007, 63: 135~147.

[68] Zhou Fubao, Wang Deming. Directory of recent testing methods for coals to spontaneous combustion [J]. Journal of Fire Science, 2004, 22 (2): 91~96.

[69] Carras J N, Young B C. Self-heating of coal and related materials: models, application and test methods [J]. Progress in Energy and Combustion Science, 1994, 20: 1~15.

[70] 仲晓星. 煤自燃倾向性的氧化动力学测试方法研究 [D]. 徐州: 中国矿业大学安全工程学院, 2007.

[71] Wu Chao, Li Zijun, Zhou Bo. Coincidence on relevant substances of sulfide ores in the oxidation process at ambient temperature and a new method for predicting fire [J]. Transactions of Nonferrous Metals Society of China (English Edition), 2004, 14 (1): 33~37.

[72] Sahu H B, Mahapatra S S, Panigrahi D C. An empirical approach for classification of coal seams with re-spect to the spontaneous heating susceptibility of Indian coals [J]. International Journal of Coal Geology, 2009, 80: 175~180.

[73] 阳富强, 吴超, 贾永军, 等. GM (1, 1) 模型在含硫矿堆温度场预测中的应用 [J]. 矿业快报, 2007, 6: 12~14.

［74］ Wu Chao. Fault tree analysis of spontaneous combustion of sulfide ores and its risk assessment ［J］. Journal of Central South University of Technology（English Edition），1995，2（2）：77~80.

［75］ 李明，吴超，李孜军. 多因素耦合条件下硫化矿自燃神经网络动态预测模型研究 ［J］. 中国安全科学学报，2007，17（8）：32~36.

［76］ 夏长念，吴超. 采场硫化矿石爆堆自燃危险性评价研究 ［J］. 火灾科学，2005，15（2）：106~110.

［77］ 高科，李明，吴超，等. 突变级数法在硫化矿爆堆自燃发火预测中的应用 ［J］. 金属矿山，2008，2：20~34.

［78］ 刘辉，吴超，李孜军. 硫化矿石自燃灾害的脆性风险源 ［J］. 中南大学学报（自然科学版），2011，42（3）：752~757.

［79］ 阳富强，吴超. 基于未确知测度理论的硫化矿石爆堆自燃危险性评价 ［J］. 中南大学学报（自然科学版），2010，41（6）：2373~2380.

［80］ 阳富强. 硫化矿石堆自燃预测预报技术研究 ［D］. 长沙：中南大学资源与安全工程学院，2007.

［81］ 古德生，李夕兵等. 现代金属矿开采技术 ［M］. 北京：冶金工业出版社，2006.

［82］ 李鸿业，陈希廉，刘立民，等. 硫化矿床矿岩自燃的地质调查 ［J］. 化工矿山技术，1979，4：1~7.

［83］ 谢列达 Б К，沙仁 Д И，布博克 К Г. 硫化矿床内因火灾的预防和扑灭 ［M］. 冶金工业部有色冶金设计总院译. 北京：中国工业出版社，1964.

［84］ 张虹，张春生. 黄铁矿自燃机理及其预防 ［J］. 铜业工程，2004，3：53~54.

［85］ 黄跃军. 高温高硫矿床矿石自燃性及防治技术研究 ［J］. 有色矿冶，2000，16（1）：13~15.

［86］ 李济吾，宋学义. 矿岩氧化自燃数学模型的研究 ［J］. 南方冶金学院学报，1990，11（1）：7~17.

［87］ 吴超，孟廷让. 采场硫化矿石爆堆自燃早期预测数模的研究 ［J］. 中南矿冶学院学报，1994，25（增刊4）：56~59.

［88］ Rosema A，Guan H，Veld H. Simulation of spontaneous combustion，to study the causes of coal fires in the Rujigou Basin ［J］. Fuel，2001，80：7~16.

［89］ Fierro V，Miranda J L，Romero C，et al. Model predictions and experimental results on self-heating prevention of stockpiled coals ［J］. Fuel，2001，80：125~134.

［90］ Yuan Liming，Smith Alex C. Numerical study on effects of coal properties on spontaneous heating in longwall gob areas ［J］. Fuel，2008，87：3409~3419.

［91］ William Hogland，Marcia Marques. Physical，biological and chemical processes during storage and spontaneous combustion of waste fuel ［J］. Resources，Conservation and Recycling，2003，40：53~69.

［92］ Sensogut C，Ozdeniz A H. Statistical modelling of stockpile behaviour under different atmospheric conditions—western lignite corporation（WLC）case ［J］. Fuel，2005，84：1858~1863.

［93］ Liu Lang，Zhou Fubao. A comprehensive hazard evaluation system for spontaneous combustion of coal in underground mining ［J］. International Journal of Coal Geology，2010，82：27~36.

［94］ Wu Chao，Wu Guomin，Li Zijun，et al. A frame of knowledge-based consulting system for sulfide ore spontaneous combustion forecast ［C］//Mine Hazardous Prevention and Control Technology. Beijing：Science Press，2007：9~15.

［95］ 鲜学福，王宏图，姜德义. 我国煤矿矿井防灭火技术研究综述 ［J］. 中国工程科学，2001，3（12）：28~32.

［96］ 王永湘. 利用指标气体预测预报煤矿自燃火灾 ［J］. 煤矿安全，2001，6：15~16.

［97］ 卢守善，宋玉方. 柴里煤矿自然发火的预测预报 ［J］. 煤矿安全，1995，8：12~13.

［98］ 许延辉，许满贵，徐精彩. 煤自燃火灾指标气体预测预报的几个关键问题探讨 ［J］. 矿业安全与

环保，2005，32（1）：16～24.

[99] Liu Hui, Wu Chao. A new approach to detect fire source underground mine for preventing spontaneous combustion of sulfide ores [J]. Procedia Engineering, 2010, 7: 318～326.

[100] 谢振华. 大屯矿井煤炭自燃机理及预测预报技术研究 [D]. 北京：北京科技大学土木与环境工程学院，2005.

[101] 王德明. 矿井火灾学 [M]. 徐州：中国矿业大学出版社，2008.

[102] 熊盛青，陈斌，于长青，等. 地下煤层自燃遥感与地球物理探测技术 [M]. 北京：地质出版社，2006.

[103] 祁明星，万兆昌. 陕北煤田火区磁探工作方法及效果 [J]. 煤炭科学技术，1987，8：291～297.

[104] 程卫民，陈平，崔洪义，等. 矿井煤炭自燃高温火源点区域的探测实践 [J]. 煤炭科学技术，1999，27（11）：4～7.

[105] 王连成，高克德. 地质雷达探测采空区隐蔽火源 [J]. 煤炭科学技术，1988，26（2）：7～9.

[106] Voigt Stefan, Tetzlaff Anke, Zhang Jian-zhong, et al. Integrating satellite remote sensing techniques for detection and analysis of uncontrolled coal seam fires in North China [J]. International Journal of Coal Geology, 2004, 59: 121～136.

[107] Gangopadhyay Prasun K, Lahiri-Dutt Kuntala, Saha Kanika. Application of remote sensing to identify coal fires in the Raniganj Coalbelt, India [J]. International Journal of Applied Earth Observation and Geoinformation, 2006, 8: 188～195.

[108] 宋录生，孙淑君，武英刚，等. 矿井惰性气体防灭火技术 [M]. 北京：化学工业出版社，2008.

[109] Kim Ann G. Locating fires in abandoned underground coal mines [J]. International Journal of Coal Geology, 2004, 59: 49～62.

[110] Taku Ide S, Orr Jr F M. Comparison of methods to estimate the rate of CO_2 emissions and coal consumption from a coal fire near Durango, CO [J]. International Journal of Coal Geology, 2011, 86: 95～107.

[111] 中南工业大学，新桥硫铁矿. 新桥硫铁矿采场矿石自燃防灭火综合技术研究 [R]. 1995.

[112] 胡汉华. 铜山铜矿采场防灭火试验研究 [J]. 金属矿山，2001，5：48～51.

[113] 李济吾. 某硫化矿石氧化自燃的调查及防止措施 [J]. 江西冶金，1994，14（2）：40～13.

[114] Wu Chao, Li Zijun, Zhou Bo, et al. Investigation of chemical suppressants for inactivation of sulfide ores [J]. Journal of Central South University of Technology, 2001, 8（3）: 180～184.

[115] 吴超，李孜军. 一种抑制硫化矿石氧化自燃的复合防灭火剂：中国，200710001108.2. [P]2010.

[116] 陈平. 结晶矿物学 [M]. 北京：化学工业出版社，2006.

[117] 李萍，翟玉春，张振华，等. FeS 引发储油罐着火温度动态变化曲线的研究 [J]. 中国安全科学学报，2004，14（3）：44～48.

[118] Raichur A M, Wang X H, Parekh B K. Quantifying pyrite surface oxidation kinetics by contact angle measurements [J]. Colloids and Surfaces A: Physicochemical and Engineering Aspects, 2000, 167: 245～251.

[119] 张平，陈永亨，刘娟，等. 黄铁矿氧化的原位衰减全反射红外光谱表征 [J]. 光谱学与光谱分析，2008，28（11）：2554～2556.

[120] 翁诗甫. 傅里叶变换红外光谱仪 [M]. 北京：化学工业出版社，2005.

[121] Murphy R, Strongin D R. Surface reactivity of pyrite and related sulfides [J]. Surface Science Reports, 2009, 64: 1～45.

[122] Belzile N, Chen Y W, Cai M F, et al. A review on pyrrhotite oxidation [J]. Journal of Geochemical Exploration, 2004, 84: 65～76.

[123] Vanyukov A V, Razumovskaya N N. Hydrothermal oxidation of pyrrhotites [J]. Izv. Vyssh. Uchelon.

Zaved. ，Tsvetn. Metall. 1979，6：605～610.

[124] Janzen M P, Nicholson R V, Scharer J M. Pyrrhotite reaction kinetics：reaction rates for oxidation by oxygen, ferric iron, and for nonoxidative dissolution ［J］. Geochimica et Cosmochimica Acta, 2000, 64 (9)：1511～1522.

[125] Gunsinger M R, Ptacek C J, Blowes D W, et al. Evalution of long-term sulfide oxidation processes within pyrrhotite-rich tailings, Lynn Lake, Manitoba ［J］. Contaminant Hydrology 2006, 83：469～471.

[126] Steger H F. Oxidation of sulphide minerals-Ⅵ Ferrous and ferric iron in the water soluble oxidation products of iron sulphide minerals ［J］. Talanta, 1979, 26：455～460.

[127] Abraitis P K, Pattrick R A D, Vaughan D J. Variations in the compositional, textural and electrical properties of natural pyrite：a review ［J］. International Journal of Mineral Processing, 2004, 74 (1-4)：41～59.

[128] Lehner S W, Savage K S, Ayers J C. Vapor growth and characterization of pyrite (FeS_2) doped with Co, Ni, and As：variations in semiconducting properties ［J］. J. Cryst. Growth, 2006, 286 (2)：306～317.

[129] Stephen Lehner, Kaye Savage, Madalina Ciobanu, et al. The effect of As, Co, and Ni impurities on pyrite oxidation kinetics：An electrochemical study of synthetic pyrite ［J］. Geochimica et Cosmochimica Acta, 2007, 71：2491～2509.

[130] Stephen Lehner, Kaye Savage. The effect of As, Co, and Ni impurities on pyrite oxidation kinetics：Batch and flow-through reactor experiments with synthetic pyrite ［J］. Geochimica et Cosmochimica Acta, 2008, 72：1788～1800.

[131] 仇勇海，陈白珍. 金属硫化矿体自燃的电化学机理 ［J］. 中国有色金属学报，1995，5 (4)：1～4.

[132] Nowak P, Krauss E, Pomianowski A. The electrochemical characteristics of the galvanic corrosion of sulphide minerals in short circuited model galvanic cells ［J］. Hydrometallurgy, 1984, 12：95～110.

[133] 刘庆友，李和平，周丽. 硫化矿原电池效应研究现状 ［J］. 矿物岩石地球化学通报，2007，26 (3)：284～289.

[134] 吴超，孟廷让，王坪龙，等. 水对硫化矿石氧化速度的影响研究 ［J］. 西部探矿工程，1994，6 (2)：59～62.

[135] 仇勇海，陈白珍. 水在金属硫化矿体自燃中的作用 ［J］. 中国有色金属学报，1996，6 (3)：5～10.

[136] Rosenblum F, Spira P. Evaluation and control of self-heating in sulphide concentrates ［J］. CIM Bulletin, 2001, 94 (1056)：92～99.

[137] 万鑫，赵杉林，李萍. 氧气浓度对铁的硫化物自燃性的影响 ［J］. 腐蚀与防护，2005，26 (12)：512～514.

[138] McKibben M A, Barnes H L. Oxidation of pyrite in low temperature acidic solutions：rates laws and surface texture ［J］. Geochim. Cosmochim. Acta, 1986, 50：1509～1520.

[139] Williamson M, Rimstidt J D. The kinetics and electrochemical rate-determining step of aqueous pyrite oxidation ［J］. Geochim. Cosmochim. Acta, 1994, 58：5443～5454.

[140] 冯春花，李均淑. 铁离子在硫化矿氧化自燃过程中的作用 ［J］. 长沙矿山研究院季刊，1992，12 (增刊)：167～170.

[141] Steger H F. Oxidation of sulfide minerals Ⅶ. Effect of temperature and relative humidity on the oxidation of pyrrhotite ［J］. Chemical Geology, 1982, 35：281～295.

[142] 李济吾. 溶液 pH 值对硫化矿石氧化速度的影响研究 ［J］. 南方冶金学院学报，1993，14 (2)：95～101.

[143] 兰叶青，周钢，刘正华. 不同条件下黄铁矿氧化行为的研究 ［J］. 南京农业大学学报，2000，23

（1）：81～84.

［144］ 蔡美芳，党志. 实验室条件下磁黄铁矿的氧化机理 ［J］. 华南理工大学学报（自然科学版），2005，33（11）：10～14.

［145］ 李均淑，徐开梁. 硫化矿石氧化自燃机理的探讨 ［J］. 长沙矿山研究院季刊，1992：8～12.

［146］ 赵雪娥，蒋军成，王若菌. 含硫油品储罐自燃机理及预防技术研究 ［J］. 油气储运，2006，25（3）：51～54.

［147］ 阳富强，吴超，李孜军，等. 采场环境中硫化矿石氧化自热的影响因素 ［J］. 科技导报，2010，28（21）：106～111.

［148］ Wu Chao, Wang Pinglong. In-situ measurement of breeding-fire of sulfide ore dumps ［J］. Transactions of Nonferrous Metals Society of China (English Edition)，1997，7（1）：33～37.

［149］ 王坪龙. 硫化矿石自燃发火规律现场实验研究 ［J］. 化工矿物与加工，1999，5：8～10.

［150］ 程传煊. 表面物理化学 ［M］. 北京：科学技术出版社，1995.

［151］ Wang H H, Dlugogorski B Z, Kennedy E M. Coal oxidation at low temperatures：oxygen consumption, oxidation products, reaction mechanism and kinetic modeling ［J］. Progress in Energy and Combustion Science，2003，29：487～513.

［152］ 李林. 煤自然活化机理及自燃过程实验研究 ［D］. 重庆：重庆大学资源及环境科学学院，2008.

［153］ 吴超，周勃，孟廷让. 硫化矿石低温氧化阶段的电化学机理及其应用 ［J］. 中南矿冶学院学报，1994，25（增刊4）：20～23.

［154］ 宋学义，文彦. 硫化矿岩自燃机理的研究 ［J］. 湖南冶金，1989，4：1～7.

［155］ 柳建设. 硫化矿物生物提取及腐蚀电化学研究 ［D］. 长沙：中南大学资源加工与生物工程学院，2002.

［156］ Silverman M P. Mechanism of bacterial pyrite oxidation ［J］. Bacteriol.，1967，94：1046～1051.

［157］ 关晓辉，赵以恒，刘海宁. 硫化物（矿石）的生物氧化机制研究 ［J］. 东北电力学院学报，1999，19（2）：1～9.

［158］ 奥尔松 G J. 金属硫化矿物的生物氧化基本原理 ［J］. 国外金属矿选矿，2004，12：34～38.

［159］ 杨松荣，邱冠周，胡岳华. 硫化矿生物氧化机理的探讨 ［J］. 有色金属，2003，55（3）：80～82.

［160］ Wu C, Li Z J. A simple method for predicting the spontaneous combustion potential of sulfide ores at ambient temperature ［J］. Transactions of the Institutions of Mining and Metallurgy，Section A，2005，114（2）：125～128.

［161］ Wu C, Meng T R. Experimental investigation on chemical thermodynamics behavior of sulphide ores during spontaneous combustion ［J］. West-China Exploration Engineering. 1995，7：57～65.

［162］ Balaz P. Mechanical activation in hydrometallurgy ［J］. Int. J. Miner. Process. 2003，72：341～354.

［163］ 李冷，曾宪滨. 粉碎机械力化学的进展及其在材料开发中的应用 ［J］. 武汉工业大学学报，1993，15（1）：23～26.

［164］ 吴其胜. 无机材料机械力化学 ［M］. 北京：化学工业出版社，2008.

［165］ 杨南如. 机械力化学过程及效应（Ⅰ）—机械力化学效应 ［J］. 建筑材料学报，2000，3（3）：19～26.

［166］ Peters K. Mechanochemische Peaktionen ［J］. Frankfurt，1962：78～79.

［167］ 张超. 机械化学热量仪与机械化学能量学研究 ［D］. 长沙：中南大学化学化工学院，2008.

［168］ 陈津文，吴年强，李志章. 描述机械合金化过程的理论模型 ［J］. 材料科学与工程，1998，16（1）：19～23.

［169］ 赵中伟，赵天从，李洪桂. 固体机械力化学 ［J］. 湖南有色金属，1995，11（2）：44～48.

［170］ 杨南如. 机械力化学过程及效应（Ⅱ）—机械力化学过程及应用 ［J］. 建筑材料学报，2000，3

(2): 93~97.

[171] Heinicke G. Recent advances on Tribochemistry [C]//Proc In Symp on Powder Technology 81. Kyoto, 1981: 354~364.

[172] 陈鼎. 固液反应球磨工艺及其原理研究 [D]. 长沙: 中南大学材料科学与工程学院, 2003.

[173] 邱俊, 吕宪俊, 陈平, 等. 铁矿选矿技术 [M]. 北京: 化学工业出版社, 2009.

[174] 陈鼎, 陈振华. 机械力化学 [M]. 北京: 化学工业出版社, 2008.

[175] 陈鼎, 严红革, 黄培云. 机械力化学技术研究进展 [J]. 稀有金属, 2003, 27 (2): 293~298.

[176] Balaz P, Takacs L, Luxova M, et al. Mechanochemical processing of sulphidic minerals [J]. Int. J. Miner. Process, 2004, 74S: S365~S371.

[177] 赵中伟, 杨家红. 固体缺陷类型与化学反应速度 [J]. 中南工业大学学报, 1997, 28 (1): 28~29.

[178] Carslaw H S, Jaeger J C. Heat conduction solids [M]. New York: Oxford University Press, 1959: 255.

[179] Schwarz R B, Koch C C. Formation of amorphous alloys by the mechanical alloying of crystalline powders of pure metals and powders of intermetallics [J]. Applied Physics Letters, 1986, 49 (3): 146~148.

[180] 肖忠良. 机械活化硫化矿能量学研究 [D]. 长沙: 中南大学化学化工学院, 2003.

[181] Urakaev F Kh, Boldyev V V. Mechanism and kinetics of Mechanochemical processes in comminuting devices 2. Application of the theory [J]. Experiment. Powder Technology, 2000, 107: 197~206.

[182] Nakayama Keiji, Leiva Jesus Andino, Enomoto Yuji. Chemi-emission of electrons from metal surfaces in the ting process due to metal/interactions [J]. Tribology International, 1995, 28 (8): 507~515.

[183] Nakayama Keiji, Hashimoto Hiroshi. Triboemission, tribochemical reaction, and friction and wear in ceramics under various n-butane gas pressures [J]. Tribology International, 1996, 29 (5): 385~393.

[184] 解世俊. 金属矿床地下开采 [M]. 北京: 冶金工业出版社, 2008.

[185] Welham N J. Mechanochemical processing of enargite (Cu_3AsS_4) [J]. Hydrometallurgy, 2001, 62: 165~173.

[186] Zhao Zhongwei, Zhang Youxin, Chen Xingyu, et al. Effect of mechanical activation on the leaching kinetics of pyrrhotite [J]. Hydrometallurgy, 2009, 99: 105~108.

[187] Godockova E, Balaz P, Bastl Z, et al. Spectroscopic study of the surface oxidation of mechanically activated sulphides [J]. Applied Surface Science, 2002, 200: 36~47.

[188] 李洪桂, 赵中伟, 赵天从. 机械活化黄铁矿的物理化学性质 [J]. 中南工业大学学报, 1995, 26 (3): 349~352.

[189] Bal P, Bastl Z, Bfianin J, et al. Surface and bulk properties of mechanically activated zinc sulphide [J]. Journal of Materials Science, 1992, 27: 653~657.

[190] 张有新, 何利华, 刘旭恒, 等. 机械活化对磁黄铁矿浸出动力学的影响 [J]. 中南大学学报 (自然科学版), 2010, 41 (6): 2085~2090.

[191] Feng D, Aldrich C. A comparison of the floatation of ore from the Merensky Reef after wet and dry grinding [J]. Int. J. Miner. Process., 2000, 60: 115~129.

[192] Tromans D, Meech J A. Enhanced dissolution of minerals: Microtopography and mechanical activation [J]. Minerals Engineering, 1999, 12 (6): 609~625.

[193] Hu Huiping, Chen Qiyuan, Yin Zhoulan, et al. Mechanism of mechanical activation for sulfide ores [J]. Transactions of Nonferrous Metals Society of China, 2007, 17: 205~213.

[194] 胡慧萍. 机械活化硫化矿结构与性质变化规律的基础研究 [D]. 长沙: 中南大学化学化工学院, 2003.

[195] Agnew C J, Welham N J. Oxidation of chalcopyrite by extended milling [J]. Int. J. Miner. Process.,

2005，77：208~216.

[196] Eymery J P, Ylli F. Study of a mechanochemical transformation in iron pyrite [J]. Journal of Alloys and Compounds, 2000, 298：306~309.

[197] Aylmore Mark G, Lincoln Frank J. Mechanochemical milling-induced reactions between gases and sulfide minerals I. Reactions of SO_2 with arsenopyrite, pyrrhotite and pyrite [J]. Journal of Alloys and Compounds, 2000, 309：61~74.

[198] Aylmore Mark G, Lincoln Frank J. Mechanochemical milling-induced reactions between gases and sulfide minerals：II. Reactions of CO_2 with arsenopyrite, pyrrhotite and pyrite [J]. Journal of Alloys and Compounds, 2001, 314：103~113.

[199] Samayamutthirian Palaniandy, Khairun Azizi Mohd Azizli, Hashim Hussin, et al. Study on mechanochemical effect of silica for short grinding period [J]. Int. J. Miner. Process, 2007, 82：195~202.

[200] Ludwig G. X-ray testing of crystallite size, lattice defects and amorphization phenomena [C]//in：Juhasz Z ed. . Analysis of Mechanically Activated Solids. Budapest：Kozlekedesi Dokumentdcios Vallalat, 1978.

[201] 曾凡, 胡永平, 杨毅, 等. 矿物加工颗粒学 [M]. 徐州：中国矿业大学出版社, 2001.

[202] 杨华明. 材料机械化学 [M]. 北京：科学出版社, 2010.

[203] 陈启元, 胡慧萍, 尹周澜. 硫化矿机械活化机理研究现状与展望 [J]. 中国稀土学报, 2004, 22 （专辑）：117~127.

[204] 张超, 刘士军, 陈启元. 机械活化黄铁矿的储能研究 [J]. 有色金属（冶炼部分）, 2009, 3：7 ~10.

[205] Hu Huiping, Chen Qiyuan, Yin Zhoulan, et al. Study on the kinetics of thermal decomposition of mechanically activated pyrite [J]. Thermochimica Acta, 2002, 389：79~83.

[206] Hu Huiping, Chen Qiyuan, Yin Zhoulan, et al. Thermal behaviour of mechanically activated pyrites by thermogravimetry（TG）[J]. Thermochimica Acta, 2002, 398：233~240.

[207] Welham N J. Mechanochemical processing of gold-bearing sulphides [J]. Minerals Engineering, 2001, 14（3）：341~347.

[208] 阳富强, 吴超. 硫化矿样氧化自热性质的新测试方法 [J]. 中国有色金属学报, 2010, 20（5）：976~982.

[209] 刘剑, 陈文胜, 齐庆杰. 基于活化能指标煤的自燃倾向性研究 [J]. 煤炭学报, 2005, 30（1）：67~70.

[210] Yang Fuqiang, Wu Chao. Evaluation on spontaneous combustion tendency of sulfide ores by activation energy [C]//The 2nd International Conference on Mine Hazards Prevention and Control. Paris：Atlantis Press, 2010：244~250.

[211] Jones J C, Henderson K P, Littlefair J, et al. Kinetic parameters of oxidation of coals by heat-release measurement and their relevance to self-heating tests [J]. Fuel, 1998, 77（1/2）：19~22.

[212] 仲晓星, 王德明, 陆伟, 等. 交叉点温度法对煤氧化动力学参数的研究 [J]. 湖南科技大学学报（自然科学版）, 2007, 22（1）：13~16.

[213] 陈镜泓, 李传儒. 热分析及其应用 [M]. 北京：科学出版社, 1985.

[214] Iliyas A, Hawboldt K, Khan F. Thermal stability investigation of sulfide minerals in DSC [J]. Journal of Hazardous Materials, 2010, 178：814~822.

[215] 沈兴. 差热、热重分析与等温固相反应动力学 [M]. 北京：冶金工业出版社, 1995.

[216] 李敏, 胡松, 孙学信, 等. 热重与差示扫描量热分析法联用研究城市生活垃圾中可燃物反应机理 [J]. 化学工程, 2003, 3：53~57.

[217] 胡垚沁, 郁强, 周传华. 黄铁矿氧化焙烧过程的热分析 [J]. 有色金属, 1997, 49（1）：78~82.

[218] 苏宁, 李江华. 试验条件对菱铁矿热分析曲线的影响 [J]. 昆钢科技, 2008, 1: 42~47.

[219] 刘剑, 赵凤杰. 升温速率对煤的自燃倾向性表征影响的研究 [J]. 煤矿安全, 2006, 5: 4~6.

[220] Dimitrov R, Bonev I. Mechanism of zinc sulphide oxidation [J]. Thermochimica Acta, 1986, 106: 9 ~25.

[221] Yang Fuqiang, Wu Chao, Cui Yan, et al. Apparent activation energy for spontaneous combustion of sulfide concentrates in storage yard [J]. Transactions of Nonferrous Metals Society of China, 2011, 21: 395 ~401.

[222] Forsmo S P E. Oxidation of magnetite concentrate powders during storage and drying [J]. Int. J. Miner. Process, 2005, 75: 135~144.

[223] Zivkovic Z D, Mitevska N, Savovic V. Kinetics and mechanism of the chalcopyrite-pyrite concentrate oxidation process [J]. Thermochimica Acta, 1996, 282/283: 121~130.

[224] Dunn J G. The oxidation of sulphide minerals [J]. Thermochimica Acta, 1997, 300: 127~139.

[225] 胡荣祖, 高胜利, 赵凤起, 等. 热分析动力学 [M]. 2版. 北京: 科学出版社, 2001.

[226] Min Fanfei, Zhang Mingxu, Chen Qingru. Non-isothermal kinetics of pyrolysis of three kinds of fresh biomass [J]. Journal of China University of Mining & Technology, 2007, 17 (1): 0105~0111.

[227] 庞永莉, 肖国先, 酒少武. 菱铁矿热分解动力学研究 [J]. 西安建筑科技大学学报 (自然科学版), 2007, 39 (1): 136~140.

[228] Popescu C. Integral method to analyze the kinetics of heterogeneous reactions under non-isothermal conditions: A variant on the Ozawa-Flynn-Wall method [J]. Thermochimica Acta, 1996, 285: 309~323.

[229] Malow M, Krause U. The overall activation energy of the exothermic reactions of thermally unstable materials [J]. Journal of Loss Prevention in the Process Industries, 2004, 17: 51~58.

[230] 周勃, 吴超, 李茂楠, 等. 硫化矿石预氧化前后自燃倾向性的比较研究 [J]. 中国矿业, 1998, 7 (5): 77~79.

[231] 文虎. 煤自燃过程的实验及数值模拟研究 [D]. 西安: 西安科技大学能源学院, 2003.

[232] 张瑞林, 杨运良, 马哲伦, 等. 自燃采空区风流场、温度场及热力风压场的计算机模拟 [J]. 焦作工学院学报, 1998, 17 (4): 253~257.

[233] 贝尔, 著. 李竞生, 等译. 多孔介质流体动力学 [M]. 北京: 中国建筑工业出版社, 1983.

[234] 黄文章. 煤矸石山自然发火机理及防治技术研究 [D]. 重庆: 重庆大学资源及环境科学学院, 2004.

[235] 邓军. 煤自然发火期预测模型的研究与应用 [D]. 西安: 西安交通大学能源与动力工程学院, 2004.

[236] 刘剑. 采空区自然发火数学模型及其应用研究 [D]. 沈阳: 东北大学资源与土木工程学院, 1999.

[237] Incropera Frank P, Dewitt Dawitt P. Introduction to Heat Transfer [M]. New York: School of Mechanical Engineering, Purdue University, 1985.

[238] 吴晓光. 煤自然发火实验台温度场数值模拟研究 [D]. 西安: 西安科技大学能源学院, 2005.

[239] Yang Fuqiang, Wu Chao, Pan Wei, et al. Risk prediction for spontaneous combustion of sulfide ores in stope [A]. Progress in Safety Science and Technology (Part A) [C]. Beijing: Science Press, 2010: 586~592.

[240] 邓军, 徐精彩, 张迎弟, 等. 煤最短自然发火期实验及数值分析 [J]. 煤炭学报, 1999, 24 (3): 274~278.

[241] 余明高, 王清安, 范维澄, 等. 煤层自然发火期预测的研究 [J]. 中国矿业大学学报, 2001, 30 (7): 384~387.

[242] 余明高, 黄之聪, 岳超平. 煤最短自然发火期解算数学模型 [J]. 煤炭学报, 2001, 26 (5): 516 ~519.

[243] 李济吾, 宋学义. 硫化矿石氧化自燃时间的研究 [J]. 湖南冶金, 1990, 5 (3): 7 ~12.

[244] 边炳鑫, 解强, 赵由才, 等. 煤系固体废弃物资源化技术 [M]. 北京: 化学工业出版社, 2005.

[245] 盛耀彬, 汪云甲, 束立勇. 煤矸石山自燃深度测算方法研究与应用 [J]. 中国矿业大学学报, 2008, 37 (4): 545 ~550.

[246] 中南大学资源与安全工程学院, 铜陵有色冬瓜山铜矿. 硫化矿石结块和硫铁精矿自燃控制关键技术研究 [R]. 2008.

[247] 孙金华, 丁辉. 化学物质热危险性评价 [M]. 北京: 科学出版社, 2005.

[248] Janes D, Carson A, Accorsi, et al. Correlation between self-ignition of a dust layer on a hot surface and in baskets in an oven [J]. Journal of Hazardous Materials, 2008, 159: 528 ~535.

[249] Nelsonim I, Balakrishnan E, Chen X D. A Semenov model of self-heating in compost piles [J]. Trans IChemE, 2003, 81 (Part B): 375 ~383.

[250] 仲晓星, 王德明, 周福宝, 等. 金属网篮交叉点法预测煤自燃临界堆积厚度 [J]. 中国矿业大学学报, 2006, 35 (6): 718 ~721.

[251] Jones J C. A new and more reliable test for the propensity of coals and carbons to spontaneous heating [J]. Journal of Loss Prevention in the Process Industries, 2000, 13: 69 ~71.

[252] Jones J C, Puignou A. On the thermal ignition of wood waste [J]. Trans IChemE, 1998, 76 (Part B): 205 ~210.

[253] Nugroho Y S, Mcintosh A C, Gibbs B M. Using the crossing point method to assess the self-heating behavior of Indonesian coals [C]//Symposium (International) on Combustion. 1998, 27 (2): 2981 ~2989.

[254] Sujanti W, Zhang D K, Chen X D. Low-temperature oxidation of coal studied using wire-mesh reactors with both steady-state and transient methods [J]. Combustion and Flame, 1999, 117: 646 ~651.

[255] 王光远. 论未确知性信息及其数学处理 [J]. 哈尔滨建筑工程学院学报, 1990, 23 (4): 1 ~9.

[256] 吴义锋, 薛联青, 吕锡武. 基于未确知数学理论的水质风险评价模式 [J]. 环境科学学报, 2006, 26 (6): 1047 ~1052.

[257] 刘开第, 庞彦军, 孙光勇, 等. 城市环境质量的未确知测度评价 [J]. 系统工程理论与实践, 1999, 12: 52 ~58.

[258] 阳富强, 高进, 张玉柱, 等. 尾矿库安全评价的未确知测度模型 [J]. 现代矿业, 2010, 8: 7 ~10.

[259] 闫乐林, 王国旗, 许满贵, 等. 煤矿安全预评价的未确知测度模型及应用 [J]. 灾害学, 2004, 19 (2): 18 ~22.

[260] 李如忠, 洪天求, 熊鸿斌, 等. 基于未确知数学理论的沉积物重金属污染评价模式 [J]. 农业环境科学学报, 2007, 26 (6): 216 ~217.

[261] 曹庆奎, 刘开展, 张博文. 用熵计算客观型指标权重的方法 [J]. 河北建筑科技学院学报, 2000, 17 (3): 40 ~42.

[262] Wu Chao, Xia Changnian, Li Zijun. Study assessment system for evaluating combustion of sulfide ores in mining stope [C]//Progress in Safety Science and Technology (Part A-B). Beijing: Science Press, 2006: 1599 ~1603.

[263] 中南大学资源与安全工程学院, 新疆阿舍勒铜业股份有限公司. 新疆阿舍勒铜矿矿石自燃倾向性综合判定的研究 [R]. 2004.

[264] 刘玉新. 颗粒材料孔结构形态的测量和表征 [J]. 中国粉体技术, 2000, 6 (4): 21 ~23.

[265] 格雷格 S J，辛 K S W，著. 吸附、比表面积与孔隙率［M］. 高敬琼等译. 北京：化学工业出版社，1989.

[266] 林瑞泰. 多孔介质传热传质引论［M］. 北京：科学出版社，1995.

[267] 孙强，段法兵，谢和平. 煤体爆破破碎分维评价方法的研究［J］. 岩石力学与工程学报，2000，19（4）：505～508.

[268] 肖旸. 近距离煤层采空区自然发火预测模型［D］. 西安：西安科技大学能源学院，2005.

[269] 刘艳华，徐精彩，贺敦良. 空气在破碎煤体中的流动特性［J］. 陕西煤炭技术，1991，2：20～22.

[270] 王振平，文虎，黄福昌. 松散煤体中的氧气扩散模型及数值分析［J］. 煤炭学报，2002，27（3）：229～232.

[271] 王补宣. 工程传热传质学（下册）［M］. 北京：科学出版社，1998.

[272] 毛丹. 散堆硫化矿石典型导热特性研究［D］. 长沙：中南大学资源与安全工程学院，2008.

[273] 吴超，宋学义，孟廷让. 巷道型高温采场不稳定传热系数的研究［J］. 中南矿冶学院学报，1992，23（6）：646～651.

[274] 宋学义，吴超，谢永铜. 硫化矿石氧化自热量的测定方法研究［J］. 湖南冶金，1991，6：3～8.

[275] 杨世铭，陶文铨. 传热学［M］. 3版. 北京：高等教育出版社，1998.

[276] 石博强，腾贵法，李海鹏，等. MATLAB 数学计算范例教程［M］. 北京：中国铁道出版社，2004.

[277] 张朝晖，范群波，贵大勇，等. ANSYS 8.0 热分析教程与实例解析［M］. 北京：中国铁道出版社，2005.

[278] 赵玉新. FLUENT 中文全教程［M］. 长沙：国防科技大学出版社，2003.

[279] 杨永军. 温度测量技术现状和发展概述［J］. 测试技术，2009，29（4）：62～65.

[280] 王魁汉. 温度测量技术［M］. 沈阳：东北工学院出版社，1991.

[281] 田裕鹏. 红外检测与诊断技术［M］. 北京：化学工业出版社，2006.

[282] 晏敏，楚武，永红，等. 红外测温原理及误差分析［J］. 湖南大学学报（自然科学版），2004，31（5）：110～112.

[283] 程卫民，王振平，辛嵩，等. 矿井煤炭自燃红外探测仪的选择及应用方法［J］. 煤矿安全，2003，34（10）：23～25.

[284] 周晓冬，邓志华，陈晓军，等. 数字红外热像测温技术的应用和局限［J］. 火灾科学，1999，8（4）：64～69.

[285] 彭焕良. 热成像技术发展综述［J］. 激光与红外，1997，27（3）：131～136.

[286] 阳富强，吴超. 红外探测技术在硫化矿石堆自燃检测中的应用［J］. 金属矿山，2009，3：149～153.

[287] Yang Fuqiang，Wu Chao，Gao Ge，et al. Technical development on non-contact measurement of monitoring self-heating of sulfide ore dumps［C］//The Third International Symposium on Modern Mining & Safety Technology Proceedings. Beijing：Coal Industry Publishing House，2008：900～905.

[288] 李珞铭，吴超，阳富强，等. 红外测温法测定硫化矿石堆自热温度的影响因素研究［J］. 火灾科学，2008，17（1）：49～53.

[289] 高歌，吴超，阳富强，等. 红外测温技术监测硫精矿堆自热状态的研究［J］. 安全与环境学报，2008，8（5）：146～149.

[290] 刘辉，吴超，阳富强，等. 红外热像技术探测硫化矿石自燃火源的影响因素及其解决方法［J］. 科技导报，2010，28（2）：91～95.

[291] 郑兆平，曾汉生，丁翠娇，等. 红外热成像测温技术及其应用［J］. 红外技术，2003，25（1）：96～98.

[292] 杨立. 红外热像仪测温计算与误差分析 [J]. 红外技术, 1999, 21 (4): 20~24.

[293] 孙晓刚, 李云红. 红外热像仪测温技术发展综述 [J]. 激光与红外, 2008, 38 (2): 101~107.

[294] 寇蔚, 杨立. 热测量中误差的影响因素分析 [J]. 红外技术, 2001, 23 (3): 32~34.

[295] 许俊芬, 王树根. 矿物的热辐射性质及其应用 [J]. 四川有色金属, 1996, 1: 31~34.

[296] 孙丽. 距离对红外热像仪测温精度的影响研究 [D]. 长春: 长春理工大学光电工程学院, 2008.

[297] 刘高文, 郭一丁. 红外热成像仪温度场测量的几何信息还原 [J]. 红外技术, 2004, 26 (1): 56~59.

[298] 韩玉阁, 宣益民. 大气传输特性对目标与背景红外辐射特性的影响 [J]. 应用光学, 2002, 23 (6): 8~13.

[299] 张健, 杨立, 刘慧开. 环境高温物体对红外热像仪测温误差的影响 [J]. 红外技术, 2005, 27 (5): 719~422.

[300] Chatterjee R S. Coal fire mapping from satellite thermal IR data-A case example in Jharia Coalfield, Jharkhand, India [J]. ISPRS Journal of Photogrammetry & Remote Sensing, 2006, 60: 113~128.

[301] 张啸. 手持式激光测距仪的研究与设计 [D]. 合肥: 合肥工业大学计算机与信息学院, 2010.

[302] 孔庆云. Raytek 红外测温仪及应用 [J]. 传感世界, 1997, 4: 32~35.

[303] 李晓萍, 江洪喜. 红外测温及其应用 [J]. 煤炭技术, 2003, 22 (10): 88~89.

[304] 程文楷, 刘永平. 矿用红外辐射测温技术的研究 [J]. 煤炭学报, 1995, 20 (6): 578~582.

[305] 林瑶, 张德欣. 如何正确选择红外测温仪 [J]. 仪表技术与传感器, 1999, 10: 40~42.

[306] 郑子伟. 红外测温仪概述 [J]. 计量与测试技术, 2006, 33 (10): 22~23.

[307] 张亚琴, 郁标. 红外成像检测技术基本原理及其应用范围 [J]. 上海地质, 2002, 4: 49~50.

[308] 马民. 煤层隐蔽火源红外成像探测技术的应用研究 [D]. 西安: 西安科技大学能源学院, 2009.

[309] Wu Chao, Li Zijun, Yang Fuqiang, et al. Risk forecast of spontaneous combustion of sulfide ore dump in a stope and controlling approaches of the fire [J]. Archives of Mining Science, 2008, 53 (4): 565~579.

[310] Yuan Liming, Smith Alex C. CFD modeling of spontaneous heating in a large-scale coal chamber [J]. Journal of Loss Prevention in the Process Industries, 2009, 22: 426~433.

[311] 王振平, 程卫民, 辛嵩, 等. 煤巷近距离自燃火源位置的红外探测与反演 [J]. 煤炭学报, 2003, 28 (6): 603~607.

[312] Bogdan Cianciara, Henryk Marcak. Localization of fire source in the mining excavation on the base of temperature measurements [J]. Achieves of Mining Science, 1987, 32 (2): 243~265.

[313] 林瑞泰. 热传导理论与方法 [M]. 天津: 天津大学出版社, 1992.

[314] 刘辉. 硫化矿石自燃特性及井下火源探测技术研究 [D]. 长沙: 中南大学资源与安全工程学院, 2010.